普通高等教育"十一五"国家级规划教材

清华大学测控技术与仪器系列教材

Optical Engineering Fundamentals
(Second Edition)

光学工程基础
（第2版）

毛文炜 编著

Mao Wenwei

清华大学出版社
北京

内 容 简 介

本书是作者40多年来,在清华大学精密仪器与机械学系讲授光学课程所积淀经验的部分小结。全书内容共分9章:光波、光线和成像;近轴光学;理想光学系统;平面反射镜、反射棱镜与折射棱镜;常用光学系统;光学系统中的光束限制;光学系统的分辨率、景深及光能的传递;梯度折射率光线光学;变焦距镜头的理想光学分析。书中附有92道习题及部分参考答案,分章列有百余篇参考文献。

本书系统而深入地阐述了几何光学的基本概念、基本原理和规律,并详细介绍了几何光学的应用,加深了基础理论的阐述,同时也加强了基础理论的应用。书中引入了国外教材中的一些新方法、新原理、新理论、新表述。与传统内容相比,本书增添了一些新的章节和内容。

本书适用于光学工程、测控技术与仪器及机电类专业大专院校师生和从事相关领域的工程技术人员。

版权所有,侵权必究。举报: 010-62782989, beiqinquan@tup.tsinghua.edu.cn。

图书在版编目(CIP)数据

光学工程基础/毛文炜编著. --2版.--北京:清华大学出版社,2015(2023.8重印)
清华大学测控技术与仪器系列教材
ISBN 978-7-302-39906-3

Ⅰ.①光… Ⅱ.①毛… Ⅲ.①工程光学-高等学校-教材 Ⅳ.①TB133

中国版本图书馆 CIP 数据核字(2015)第 079926 号

责任编辑:庄红权
封面设计:常雪影
责任校对:王淑云
责任印制:曹婉颖

出版发行:清华大学出版社
网　　址: http://www.tup.com.cn, http://www.wqbook.com
地　　址: 北京清华大学学研大厦 A 座　　　　邮　编: 100084
社 总 机: 010-83470000　　　　　　　　　　邮　购: 010-62786544
投稿与读者服务: 010-62776969, c-service@tup.tsinghua.edu.cn
质量反馈: 010-62772015, zhiliang@tup.tsinghua.edu.cn
印 装 者: 涿州市般润文化传播有限公司
经　　销: 全国新华书店
开　　本: 185mm×260mm　　印　张: 15.25　　字　数: 371 千字
版　　次: 2006 年 5 月第 1 版　　2015 年 5 月第 2 版　　印　次: 2023 年 8 月第 4 次印刷
定　　价: 46.00 元

产品编号: 062953-02

"测控技术与仪器"系列教材编委会

顾　问（按姓氏笔画序）
　　　　金国藩（中国工程院院士）
　　　　温诗铸（中国科学院院士）
主　任　李庆祥
副主任　丁天怀　申永胜　贾惠波
委　员　刘朝儒　陈　恳　王东生　王伯雄
　　　　毛文炜　郁鼎文　郝智秀　季林红
秘　书　冯　涓　陆体军

序言

近年来,我国的科教事业突飞猛进,教育与科研的投入使全国各地的高校如雨后春笋般蓬勃发展。大学的根本使命是培养人才,而要培养高水平、高素质的人才,优秀教师和高质量教材是不可或缺的两个关键因素。

回顾清华大学近50年的教材情况,1952年院系调整,全面学习前苏联,所用教材几乎都源自前苏联。"文革"期间,教育事业遭到了空前的摧残,教材是"各科一本"的油印讲义。由于学生入学质量差,加之其他各种因素的干扰,导致学生只认得自己这本"讲义",见了别的书也不知道如何去读。1978年改革开放以后,在教育领导部门组织下,曾编写了部分统编教材。应该说统编教材集许多教师之智慧,搜集、整理、吸收了一些国内外教材的精华,但也应看到它们参差不齐。更为遗憾的是,科学技术发展日新月异,而我们的教材建设却总是滞后。

最近,我系组织教师编写本科生系列教材,总结我系教学改革成果,配合新教学计划的落实,创出新课程体系系列教材,跟上教学改革的步伐,与时俱进,是值得称赞的。我感到作为大学的教材应具有科学性、可读性和新颖性。教材的内容必须科学严谨,是科学技术规律的总结,深入浅出,符合认识规律,适时新颖,适应时代的要求,反映当代科学技术的发展前沿。我系将最新的科研成果转化到教材中,融入最新的教学和科研成果,全面提升教材质量,并符合教学规律和特点。

测控技术与仪器系列教材主要涉及光学工程、仪器科学与技术两个学科本科生课程中的基础课、专业课和实践课,内容新颖,实用性强;微机电系统工程是当代学科前沿,该系列教材则几乎囊括了微机电系统的原理、器件的设计与加工等内容,立论科学,内容新颖,引人入胜。

当然,任何一本教材都需要经过教师反复使用,不断更新改进,才能成为一本优秀教材。在此,谨希望作者们在教学中多多实践,听取学生的良好意见,不断提高质量,使之成为一套优秀系列丛书。

不断提高教学和教材质量,培养高水平的学生永远是我们教师的追求。

清华大学机械学院首任院长

中国工程院院士

金国藩

于清华园

再版前言

第二版对原书作了勘误和校正，补充了一些最新的或对解释初学者们的学习困惑更具针对性的参考文献；为使讲述"平面元件"的内容完整，增加了"折射棱镜与光楔"一节。折射棱镜是一个很有"特性"的光学元件，它的折射顶角在实践上相当于柱面系统中的光焦度。它是一个面对称系统，主截面中的光束压缩作用与垂直于主截面中的光束压缩作用不一样，是一种颇具特色的变形系统。在这一节中利用矢量形式的折射定律导出了旋转双光楔偏角计算公式，这个推导在教科书中鲜有反映；根据原书在使用中的体会，简化了1.4节中"非均匀介质中光线微分方程"的示意性推导过程；针对初学者们提出的问题，加写了一段说明显微镜系统使用光路和设计计算光路的区别与联系；为方便教与学，增加了"部分习题的参考答案"，并给出了全书的课件。

第二版去掉了原书名中的后缀（一），一是原书已包含了光学工程的基础内容，二是因为没有看见原由他人要编写的（二）出版。

课件是杨利峰协助笔者完成的，在此致谢。

作者于清华大学

2015/3/2

前言

为总结教学改革成果,配合新教学规划的落实,创出新课程体系的系列教材,清华大学精密仪器与机械学系学术委员会组织相关课程的授课教师编写本科生系列教材。本书是该系列教材中的一本,内容主要涉及光学工程学科中的几何光学。

全书共分 9 章。第 1 章讨论几何光学的基本原理和成像。其中对费马原理的数学表述作了一个粗浅的说明,主要是为便于应用费马原理分析问题。本章加入"非均匀介质中的光线微分方程"内容是为了将光线光学导向梯度折射率媒质。增加"几何光学中常用的曲面形状"这一小节有两个考虑,其一是随着透镜加工工艺的发展和透镜检测技术的进步,非球面透镜(反射镜)在光学系统中的应用已不少见了;其二是想说明近轴光学的原理及方法不仅适用于球面,同样也适用于非球面。第 2 章讨论近轴光学。沿用 Kidger Michael J 的做法,根据费马原理导出了整套近轴光学的理论,用意在于应用费马原理分析问题。应用矩阵工具处理近轴光学问题,虽然不如光线光路那么直观,但利用它有便利之处,即光线参量与系统参量是完全分离的,所以对诸如激光谐振腔稳定性、近轴光线相关性等问题的分析更为简便。第 3 章讨论理想光学系统。除介绍传统内容外,增加了一点对于"正切计算法"的再认识,意图在于利用矩阵光学说明理想光学系统与近轴光学在教学上的相互兼容性。第 4 章讲述平面反射镜与反射棱镜,不仅讨论了反射棱镜的成像问题,也讨论了棱镜调整及棱镜的制造误差计算等基础理论问题,其目的是想尽可能多地反映反射棱镜的研究全貌。第 5 章在讨论常用的放大镜、显微镜和望远镜等光学系统时,引出一些小问题让读者思考,为以后几何光学与光学设计的再学习做一点铺垫。第 6 章讲述光学系统中的光束限制,简述了光阑的定义和功能以及一些要注意的问题后,转入具体光学系统中的光阑分析,其目的在于简化繁琐的光阑理论,使讨论更加切合实际。将光学系统的分辨率、景深及光能的传递等问题都放在第 7 章中,一是为了节省篇幅,二是因为它们与光学系统的孔径大小有关。第 8 章讨论梯度折射率光线光学。梯度折射率介质是一种很有应用前景的介质,研究在其中行走光线的规律,并熟悉研究方法是学习光学工程的学生不可缺少的。最后一章在讨论变焦距镜头的理想光学分析时,努力将理想光学系统的知识应用于此,并努力理出一个清晰的解题思路,分清什么是未知的,什么又必须是已知的,相互之间还有一些什么制约。同时给出几个具体的设计实例和分析计算过程,方便读者分析参考。

以上罗列了编写这本教材的一些考虑,受限于作者本人的学识,不一定正确。另外从动笔到完稿，时间比较紧促，如有不妥之处，请读者指正，在此先表谢意。

书中插图，由杨利峰、肖晓晟、傅建曦绘制，在此表示感谢。

作　者

2005 年 10 月于清华园

目录

1 光波、光线和成像 1
- 1.1 引言 1
- 1.2 透镜对波面和光线的作用与透镜成像 5
- 1.3 费马原理 8
- 1.4 非均匀介质中的光线微分方程 14
- 1.5 几何光学中常用的曲面形状 15
- 习题 18
- 参考文献 19

2 近轴光学 20
- 2.1 近轴范围和近轴成像光线 20
- 2.2 单个近轴球面的成像性质 23
- 2.3 单个近轴球面成像的放大率 26
- 2.4 近轴球面系统中的近轴光线追迹 29
- 2.5 近轴矩阵光学 37
- 习题 44
- 参考文献 45

3 理想光学系统 46
- 3.1 理想光学系统与共线成像理论 46
- 3.2 理想光学系统的基点与基面 48
- 3.3 理想光学系统的物像关系 53
- 3.4 理想光学系统的放大率 59
- 3.5 理想光学系统的组合 62
- 3.6 透镜 70
- 习题 72
- 参考文献 73

4 平面反射镜、反射棱镜与折射棱镜 ... 75
4.1 平面反射镜 ... 75
4.2 反射棱镜 ... 78
4.3 反射棱镜转动引起的光轴方向和成像方向变化的分析和计算 ... 85
4.4 反射棱镜作用矩阵的特征值与特征方向 ... 96
4.5 从棱镜成像到棱镜转动定理 ... 100
4.6 反射棱镜的几何误差 ... 101
4.7 折射棱镜与光楔 ... 111
习题 ... 118
参考文献 ... 119

5 常用光学系统 ... 120
5.1 简眼 ... 120
5.2 放大镜 ... 123
5.3 显微镜的工作原理 ... 125
5.4 望远镜的工作原理 ... 128
习题 ... 133
参考文献 ... 133

6 光学系统中的光束限制 ... 135
6.1 光阑 ... 135
6.2 照相系统和光阑 ... 139
6.3 望远系统中成像光束的选择 ... 141
6.4 显微镜系统中的光束限制与分析 ... 144
习题 ... 146
参考文献 ... 147

7 光学系统的分辨率、景深及光能的传递 ... 148
7.1 光学系统的分辨率 ... 148
7.2 圆孔的夫琅禾费衍射和艾里斑 ... 148
7.3 衍射分辨率与瑞利判据 ... 150
7.4 人眼的分辨率 ... 152
7.5 望远镜系统的分辨率 ... 153
7.6 显微镜系统的分辨率 ... 154
7.7 照相物镜的理论分辨率 ... 155
7.8 光学系统的景深 ... 156
7.9 数码照相机镜头的景深 ... 162
7.10 显微镜系统的景深 ... 164
7.11 光度学中的物理量 ... 166

| 习题 | 172 |
| 参考文献 | 174 |

8 梯度折射率光线光学 — 175
8.1 引言 — 175
8.2 自然界的梯度折射率介质 — 176
8.3 径向梯度介质中的光线方程 — 178
8.4 自聚焦透镜及其成像 — 185
8.5 自聚焦透镜成像的矩阵表述 — 191
习题 — 195
参考文献 — 196

9 变焦距镜头的理想光学分析 — 197
9.1 变焦距镜头概述 — 197
9.2 两组元机械补偿法变焦系统的光学运动分析 — 203
9.3 两组元机械补偿法变焦系统理想光学分析的计算步骤及实例 — 208
9.4 光学补偿法变焦系统理想光学分析实例 — 212
习题 — 226
参考文献 — 227

部分习题参考答案 — 228

1 光波、光线和成像

1.1 引 言

1864年麦克斯韦提出电磁场的学说之后,从理论上和实验上都已经证实光是一种电磁波。从本质上来说,光和一般的无线电波并没有大的区别,它们的区别仅仅在于各自涵盖的波长范围不同。这是物理光学中的结论。如果所讨论的光波波长与光学系统的口径大小(或说光学系统的粗细)相比小到可以忽略,则可以抽象出在几何光学和光学工程中广泛应用的光线模型。光线模型在几何光学和光学工程中是一个十分重要的模型,可以说没有光线模型,几何光学和光学工程就寸步难行。

1. 光是电磁波

光学工程中涉及的光波是从深紫外光波到远红外光波,它们的波长范围是 $0.1 \sim 30.0 \mu m$,其中波长在 $0.40 \sim 0.75 \mu m$ 范围内的光波能被人眼所感知,称为可见光。图1-1是电磁波按波长分类的情况。

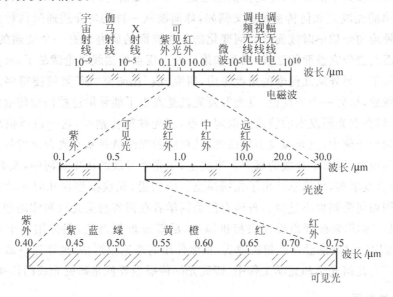

图 1-1 电磁波按波长分类的情况

光在真空中的传播速度是 $c=299792458\text{m/s}$。在不同的各向同性、均匀的透明介质中，同一波长光波的传播速度不同；在同一种各向同性、均匀的透明介质中，不同波长光波的传播速度也不同。若某一波长的光波在某种介质中的传播速度为 v，它在真空中的传播速度为 c，就将 c 与 v 之比定义为介质的绝对折射率，简称折射率，常用 n 表示。对同一种介质，折射率 n 是光波波长 λ 的函数，$n(\lambda)$ 反映的是介质的色散。

光波的速度 v、波长 λ 和频率 ν 这三个参量之间有 $\nu\cdot\lambda=v$ 的关系。某种频率的光波在不同的介质中其波长是不同的(通常说某光波的波长是指它在真空中的波长)，它在不同介质中的传播速度也是不同的，但频率不因介质不同而改变。

在各向同性的均匀介质中，点光源发出的光波波面是一系列以该点光源为球心的球面，简称球面波。如果点光源与观察者相距无穷远，则点光源发出的光波到达观察者时，曲率为零，称为平面波。如图 1-2 所示。

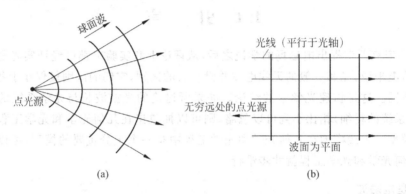

图 1-2 光波波面示意图
(a) 球面波；(b) 平面波

在几何光学和光学工程中，光的传播问题是一个主要研究的内容。例如，在非均匀介质中点光源发出的光波是如何传播的；又例如，球面波从一种均匀介质通过两种介质的分界面传到另一种均匀介质中时波面是如何变化的。对波面的研究也有一个变通的办法，即不直接讨论波面而去研究波面的法线，因为如果波面上逐点的法线讨论清楚了，波面上逐点的情况也就掌握了。另外从几何学的角度考虑，研究"线"比研究"面"要简便得多。在图中画出波面的法线后，从另一个角度说，点光源发光就是发出了能量沿这些法线传播的光线。事实上，如果我们在点光源发出的波面上取定一点，当光往前传播时，这一点所描出的轨迹就是光线。在均匀介质中，点光源发出球面波，其对应的光线就是从点光源出发的直线。这里是从方法论的角度，引出了光线的概念。事实上，在光学发展的历史长河中，人类从日食、月食、影子这些客观事实，早已总结出了光线模型。应当说，光线模型在几何光学和光学工程中的重要作用如何强调也不过分。曾经有位美国学者在回答有关光线和波动理论应用问题时，睿智地说："你用光线理论设计照相机镜头，尽管是近似理论，但你用一个星期可以完成；然而你若用衍射理论设计照相机镜头，虽然你用的理论很严格，也许你一辈子才能设计出一个镜头。"在几何光学和光学工程中，研究光的传播主要就是研究光线的传播问题。

2. 光线的性质

众所周知，光线的传播遵守如下几个基本定律：

(1) 在均匀介质中,光线沿直线传播。

(2) 在两种介质的分界面上,光线发生反射时遵守反射定律(如图 1-3 所示)。反射定律的要点是入射光线、反射光线和过入射点的分界面法线共面,入射光线和反射光线分居法线两侧,入射光线与法线所夹的入射角等于反射光线和法线所夹的反射角,即

$$i' = i \tag{1-1}$$

(3) 在两种介质的分界面上,光线发生折射时遵守折射定律(如图 1-4 所示)。折射定律的要点是入射光线、折射光线和过入射点的分界面法线共面,入射光线和折射光线分居法线两侧,入射光线与法线所夹的入射角的正弦与入射光线所在介质折射率的乘积等于折射光线和法线所夹的折射角的正弦与折射光线所在介质折射率的乘积,即

$$n'\sin i' = n\sin i \tag{1-2}$$

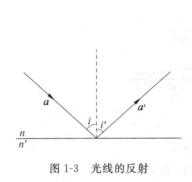

图 1-3 光线的反射

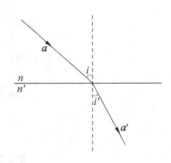

图 1-4 光线的折射

(4) 如果在图 1-3 中,光线沿 a' 的反方向,即沿 $-a'$ 的方向射向反射面,则反射光线一定沿 $-a$ 的方向离开反射面,即光路是可逆的。同样在图 1-4 中,若入射光线从介质 n' 中沿 a' 的反方向,即沿 $-a'$ 的方向入射到 n' 和 n 这两种介质的分界面上,则折射光线一定沿着 $-a$ 的方向,同样说明光路是可逆的。考查反射定律和折射定律,会看到它们是支持光路可逆这一结论的。

应用光路可逆,可以简化许多问题的分析与计算。例如,我们要求图 1-5 中从玻璃块中出射的光线平行于玻璃块的底面,入射光线的入射角应为多少? 假定玻璃块的折射率为 $n=1.5$,玻璃块周围是空气,其折射率为 $n_0=1.0$。可以利用光路可逆来解这个问题,具体的计算作为练习留给读者。

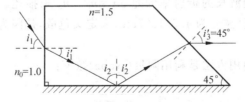

图 1-5 光线在玻璃块中的折射和反射

(5) 若光线是由折射率(n)大的光密介质射向折射率(n')小的光疏介质,且入射角 i 大于临界角 $\arcsin\left(\dfrac{n'}{n}\right)$,则在这两种介质的分界面上只有反射现象发生而不产生折射,这就是我们熟知的光的全反射。

3. 光学玻璃的色散

如前所述,在同一种介质中不同波长光波的折射率是不同的。当白光光线以某一入射角入射到一块由普通光学玻璃做成的牛顿三棱镜上时,则分出红、绿、蓝各色光线,如图 1-6(a) 所示。

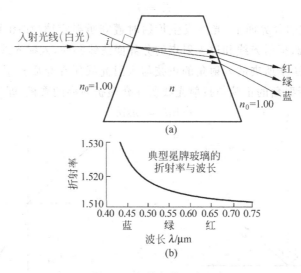

图 1-6 光的色散示意图
(a) 光的色散;(b) 典型玻璃的色散曲线

由于白光是由许多不同波长的光波混合组成的,而不同波长的玻璃折射率是不同的,所以进入三棱镜后,不同波长的光线走不同的路径,到达三棱镜的出射面后折射走出。由于不同波长光波的颜色不同,人们看到的现象是白光入射,出射的是从红到蓝不同颜色的光谱。这种现象称为色散。图 1-6(b) 是一种典型光学玻璃的折射率随波长变化的色散曲线。可以看出,对于波长长的红光其折射率较小,而波长较短的蓝光其折射率较大。对于其他光学玻璃,色散规律也是如此。

各种光学玻璃都可以用某个特定波长的折射率和色散来表征。如果没有特别指出,一般都用黄色氦光作为标准波长(波长为 587.5618nm;谱线标号以字母 d 表示)。d 线的折射率写为 n_d 或简写为 n。选择 d 线作为标准波长的原因是它非常接近人眼最敏感的波长。

色散可以用两个不同波长的折射率的差 $\delta n = n_F - n_C$ 来描述。选择红光 C 线(波长为 656.2725nm)和蓝光 F 线(波光为 486.1327nm)来定义色散,是因为它们几乎涵盖了光谱中的可见光部分。

另一种表明色散的通用方法是利用阿贝(Abbe)数 V:

$$V = \frac{n_d - 1}{n_F - n_C} \tag{1-3}$$

很显然,阿贝数越大意味着色散越小,而阿贝数越小则意味着色散越大。用阿贝数来表达色散是为了便于光学设计中的应用。

由式(1-3)可知,要确定阿贝数我们需要知道 n_d,n_F 和 n_C,事实上往往可以仅用 n_d 和 V 就能表征光学玻璃的光学性质。这个由两个参量确定出三个数值的难处可利用柯西(Cauchy)色散公式克服。所有光学玻璃的色散都与波长相关,其关系可用下面的柯西色散

公式以相当好的精度近似:

$$n(\lambda) = A + \frac{B}{\lambda^2} + \frac{C}{\lambda^4} \tag{1-4}$$

对大多数光学玻璃来说,系数 C 在可见光范围内很小,所以即使去掉上式中的第三项,只保留前两项,上式也有足够的精度。利用式(1-4)和式(1-3),可得

$$B = \frac{(n_d - 1)\lambda_C^2 \lambda_F^2}{V(\lambda_C^2 - \lambda_F^2)} \tag{1-5}$$

这样就可以得到第一个系数 A:

$$A = n_d - \frac{B}{\lambda_d^2} \tag{1-6}$$

值得注意,系数 A 是无量纲的,系数 B 的量纲是长度的平方(例如 nm^2 或 μm^2)。利用式(1-5)和式(1-6)确定的两个系数,由柯西色散公式(1-4)就可以计算出任意波长上的折射率。

例如有一种玻璃,它的 $n_d = 1.51680$,$V = 64.17$,求这种玻璃 C 光的折射率 n_C。

由前已知,$\lambda_d = 587.5618 nm$,$\lambda_C = 656.2725 nm$,$\lambda_F = 486.1327 nm$。将 n_d,V,λ_C 和 λ_F 的值代入式(1-5),有

$$B = \frac{(1.51680 - 1) \times 656.2725^2 \times 486.1327^2}{64.17 \times (656.2725^2 - 486.1327^2)}$$

$$= 4.2173773 \times 10^3$$

将此结果代入式(1-6),有

$$A = 1.5168 - \frac{4.2173773 \times 10^3}{587.5618^2} = 1.5045838$$

利用式(1-4)的近似式,即只保留该式的前两项,并将 A,B 和 λ_C 代入,得

$$n_C \approx A + \frac{B}{\lambda_C^2} = 1.5045838 + \frac{4.2173773 \times 10^3}{656.2725^2} = 1.514$$

这种玻璃是德国肖特(Schott)玻璃 BK_7,它与我国牌号的 K_9 玻璃极为接近。这种玻璃 C 光折射率 n_C 的名义值是 1.51432,可见此处的计算结果是很好的。

1.2 透镜对波面和光线的作用与透镜成像

1. 透镜对波面的作用与透镜成像

如图 1-7 所示,P 是一个单色点光源,位于空气中,它发出了一系列的球面波。L 是一块曲面玻璃,它的两个表面是凸形的曲面,这种曲面玻璃称为透镜。照相机镜头就是由若干片类似的透镜组合而成的。当球面波传至透镜的前表面时,波面上的 A 点即将进入透镜,以后的传播速度将变慢;而 B 点离透镜还有一段距离,它仍然在空气中高速前进,这样透镜前表面对波面的迟滞作用在透镜中间部位(A 点)比透镜边缘处大,待波面完全进入透镜后再经历第二个透镜表面的类似作用,则波面弯曲的方向将可能发生颠倒,如图 1-7 所示。在透镜的左侧,点光源 P 发出了发散的球面波,在透镜 L 的作用下,在透镜右侧波面会成为汇聚于 P' 点的球面波。所以我们说,这块透镜对波面的作用是将发散的球面波转换成了汇聚的球面波。

如果我们用眼睛看 P' 点,则会看到 P' 是一个与点光源 P 极为相似的亮点,所以我们说,P' 是物点 P 的像。而物点和像点分别是物方发散球面波的球心和像方汇聚球面波的球心。

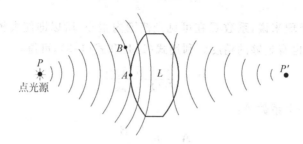

图 1-7　透镜对波面的作用与透镜成像

2. 透镜对光线的作用与透镜成像

也可以从光线的角度考查前述透镜的作用,如图 1-8 所示。P 点发出了一束光线射向透镜,每一条光线在透镜的前表面发生折射后又射向透镜的后表面,再经其折射后射向 P' 点。这样,由 P 点发出进入透镜的光线经透镜的折射后又聚焦于 P' 点。几何光学中就说透镜将物点 P 成像为 P' 点。这个能将一点发出并经其折射后的所有光线又聚焦于另外一点的透镜称为完善成像透镜或理想透镜,点 P' 称为物点 P 的完善像。

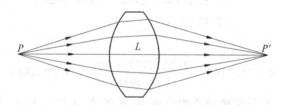

图 1-8　透镜对光线的作用与透镜成像

如果将图 1-7 和图 1-8 叠在一起,如图 1-9 所示。自然可以看到光线与波面间就是正交关系。若对确定的物点 P 和给定的透镜,可以通过追踪光线得到像点 P' 的位置,也可以通过追踪波面得到结果。容易判断,追踪光线比追踪波面要简单些,因为在利用折射定理上光线模型要方便直观得多。

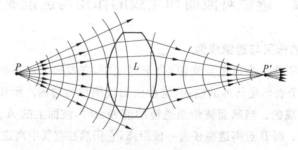

图 1-9　光线与波面的关系

3. 光程、等光程与完善成像

如图 1-10 所示,设光由 P 点出发,沿一条路径经过 m 种不同的均匀介质到达 P' 点,所

经历的时间为

$$t = \frac{l_1}{v_1} + \frac{l_2}{v_2} + \cdots + \frac{l_m}{v_m} = \sum_{i=1}^{m} \frac{l_i}{v_i} \qquad (1\text{-}7)$$

式中，l_i 和 v_i 分别为光在第 i 种介质中的几何路程和光的速度。由于 $v_i = c/n_i$（这里 c 是真空中的光速，n_i 是第 i 种介质的折射率），上式可写成

$$t = \frac{1}{c} \sum_{i=1}^{m} n_i l_i \qquad (1\text{-}8)$$

其中路程与相应折射率的乘积之和称为光从 P 到 P' 的光程，用 $[PP']$ 表示，则

$$[PP'] = \sum_{i=1}^{m} n_i l_i \qquad (1\text{-}9)$$

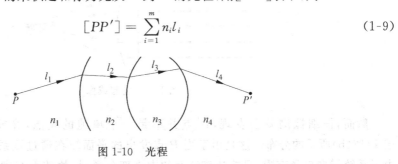

图 1-10 光程

如果介质折射率连续变化，可将上述求和化为积分，相应于几何路程的光程则为

$$[PP'] = \int_{P \to P'} n \, dl \qquad (1\text{-}10)$$

由此可以明显看出，光在某介质中走过一段几何路程所需的时间内，光在真空中所走的路程就是光程，简言之，光程是等效真空程。

进一步考查图 1-8，比较从 P 点发出的经过透镜边缘到达 P' 点的光线和从 P 点发出经过透镜中央到达 P' 点的光线后，会直观看出，前者走过的总的几何距离大于后者，然而前者在玻璃中走的距离却小于后者，所以从 P 点到 P' 点之间的光程至少可以说是趋于相等的。事实上，如果 P 点成像于 P' 点，则 P 点到 P' 点之间的光程是相等的。参看图 1-7，P 点发出的球面波经透镜变换成了另一个球面波，既然光从一个波面传播到另一个波面所需的是同一个时间，则意味着波面之间的光程是相等的，而 P 点到入射球面波波面上各点的光程是相等的，因为它就是入射球面波的球心，同理出射球面波波面上各点到 P' 点的光程也是相等的，所以物点 P 到像点 P' 之间是等光程的。由此可知，前述的点物成点像就是物点与像点之间的光程无论沿哪条路径都相等。所以说，若物、像间的光程处处相等，则像就是完善像，这种成像称为完善成像。

4. 成像的三种说法

综述上面几点可知，几何光学中的成像有三种说法：从光线模型说，所谓成像就是一点发出进入透镜的光线在透镜的折射作用下改变原入射时的方向与位置，出射后又聚焦于另一点，前者称为物，后者称为像；从几何波面讲，透镜成像就是将一个球面波变换成另一个球面波，前者的球心对应物点，后者的球心对应像点；还有一种说法就是如上所述的等光程原理。值得指出的是，这里说的一个点物成像为一个点像的"成像"严格说是"完善成像"，物点到像点间的光程相等就是完善成像的条件。

5. 衍射

衍射现象源于光的波动性。当波的传播遇到障碍物其波面在横向受到限制时，将发生偏离直线传播(并不是指反射和折射)的现象。图 1-11 所示是一个经过精心设计的具有轴对称性质的完善成像光学系统，它能将无穷远处位于系统对称轴上的 P 点发出的平行光束折射后严格聚焦于一点 P'。按几何光学的说法，该系统将 P 点完善成像于 P' 点。

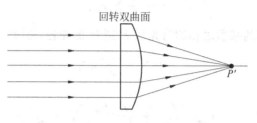

图 1-11 完善成像

然而，仔细探测就会发现，P' 点并不是一个单纯的亮点，光能在 P' 点附近是有如图 1-12(b) 所示的分布。这是由于当 P 点发出的平面波在通过该系统时(见图 1-12(a))，由于系统横向口径有限，只能让该波面的中央部分通过，故波面在横向受到了一定的限制，衍射效应发生，P 点的像不再是一个点，而是在垂直于对称轴的平面内有了如图 1-12(b) 所示的光能分布。

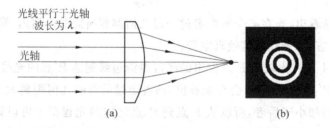

图 1-12 无穷远物点完善像的衍射花样(衍射像)
(a) 理想透镜；(b) 艾里斑

严格的理论分析表明，图 1-12(b) 中中心亮斑的直径 d_{AIRY} 为

$$d_{\text{AIRY}} = \frac{1.22\lambda}{n'\sin u'} \tag{1-11}$$

其中，λ 是光波波长，n' 是像所在介质的折射率，u' 是像点 P' 处光束的最大半锥角。这个中心亮斑称为艾里(Airy)斑，其中包含了像面处总能量的 84%。

由式(1-11)可见，若波长 $\lambda \to 0$，则 $d_{\text{AIR}} \to 0$。其结果与几何光学的结论相符，所以几何光学可以看成是物理光学的零波长近似。

1.3 费马原理

1. 费马原理

费马于 1657 年提出了一条关于光传播的普遍原理，称为费马原理。表述为，光从空间一点传播到另一点是沿着光程为极值的路径传播的,具体地说就是把光传播的实际路径与其邻近的其他路径相比较,光的实际路径的光程为极小、极大或稳定值。费马原理是普遍情形下光传播的一条高度概括的原理。根据费马原理可以导出几何光学的三条基本定律,即光在均匀介质中的直线传播定律、光在两种介质分界面上发生的反射定律和折射定律。

如前所述,在折射率连续变化的介质中,折射率 n 是坐标的函数 $n(x,y,z)$,所以光从一点 P 传到另一点 P' 沿不同路径的光程一般来说是不一样的,即光程是这个折射率函数 $n(x,y,z)$ 的函数,数学上称为泛函,即

$$[PP']_{P\to P'} = \int_{P\to P'} n(x,y,z)\mathrm{d}l \tag{1-12}$$

利用费马原理可以得到光在均匀介质中以直线传播的结论,并能导出光线在两种介质分界面上发生的折射定律和反射定律。现就比较普遍的情况由费马原理导出折射定律。如图 1-13 所示,设两种介质的分界面是任意形状的曲面,两边介质的折射率分别为 n 和 n',曲面方程为

$$S(x,y,z) = 0 \tag{1-13}$$

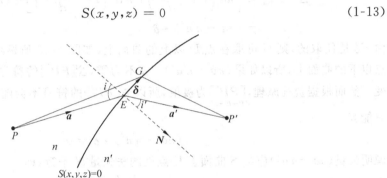

图 1-13 由费马原理导出折射定律

假定由点 P 发出的一条光线在曲面 E 点处发生折射后到达 P' 点,即从 P 点到 P' 点光的实际路径为 $P\to E\to P'$,与 E 点附近的其他路径相比,由费马原理可知沿路径 $P\to E\to P'$ 的光程为极值。

在取定的坐标系中,设 P,P' 和 E 点的坐标分别是 $P(x,y,z),P'(x',y',z'),E(x_0,y_0,z_0)$;$PE$ 和 $P'E$ 的几何长度分别为

$$PE = [(x_0-x)^2 + (y_0-y)^2 + (z_0-z)^2]^{1/2} = d$$

$$P'E = [(x'-x_0)^2 + (y'-y_0)^2 + (z'-z_0)^2]^{1/2} = d'$$

则光从 P 点出发经过 E 点到达 P' 点的光程为

$$[PP']_{P\to E\to P'} = nd + n'd' \tag{1-14}$$

设 G 是曲面 S 上充分靠近 E 点的任意一点,并设沿 PE 和 $P'E$ 的单位矢量分别是 $\boldsymbol{a}$ 和 $\boldsymbol{a}'$,过 E 点曲面 S 的单位法矢量为 $\boldsymbol{N}$,它们的方向分别如图 1-13 所示。由矢量求和规则可知 GP 和 $P'G$ 的长度为

$$GP = |d\boldsymbol{a} + \boldsymbol{\delta}|$$

和

$$P'G = |d'\boldsymbol{a}' - \boldsymbol{\delta}|$$

其中，$\boldsymbol{\delta}$ 是以 GE 的长度 δ 为模，方向如图 1-13 所示的微小矢量。如上所述，当 G 充分靠近 E 时，$\boldsymbol{\delta}$ 完全落在曲面 S 上，且有 $\boldsymbol{\delta}\cdot\boldsymbol{N}=0$，即 $\boldsymbol{\delta}$ 垂直于过 E 点的曲面法矢量 $\boldsymbol{N}$。所以，若光从 P 点出发经过 G 点射向 P' 点，则光程为

$$[PP']_{P\to G\to P'} = n[(d\boldsymbol{a}+\boldsymbol{\delta})\cdot(d\boldsymbol{a}+\boldsymbol{\delta})]^{1/2} + n'[(d'\boldsymbol{a}'-\boldsymbol{\delta})\cdot(d'\boldsymbol{a}'-\boldsymbol{\delta})]^{1/2} \quad (1\text{-}15)$$

现考查式(1-15)和式(1-14)所表示的两个光程泛函之差，即

$$\Delta[PP'] = [PP']_{P\to G\to P'} - [PP']_{P\to E\to P'}$$
$$= n(d^2\boldsymbol{a}\cdot\boldsymbol{a} + 2d\boldsymbol{a}\cdot\boldsymbol{\delta} + \boldsymbol{\delta}\cdot\boldsymbol{\delta})^{1/2} + n'(d'^2\boldsymbol{a}'\cdot\boldsymbol{a}' - 2d'\boldsymbol{a}'\cdot\boldsymbol{\delta} + \boldsymbol{\delta}\cdot\boldsymbol{\delta})^{1/2}$$
$$- (nd + n'd')$$

因为 $\boldsymbol{\delta}$ 是个微小矢量，即 $|\boldsymbol{\delta}|\ll d$，所以忽略二阶小量 $\boldsymbol{\delta}\cdot\boldsymbol{\delta}$，并利用 $x\ll 1$ 时成立的近似式 $\sqrt{1+x}\approx 1+\dfrac{x}{2}$，有

$$\Delta[PP'] \approx \left[nd\left(1+\frac{\boldsymbol{a}\cdot\boldsymbol{\delta}}{d}\right) + n'd'\left(1-\frac{\boldsymbol{a}'\cdot\boldsymbol{\delta}}{d'}\right)\right] - (nd+n'd')$$
$$= (n\boldsymbol{a} - n'\boldsymbol{a}')\cdot\boldsymbol{\delta} \quad (1\text{-}16)$$

由于 $\boldsymbol{\delta}$ 是任取的，则 G 可取在点 E 以上的曲面上，如图 1-13 所标示的位置，也可以取在 E 点以下的曲面上，所以如果 $(n\boldsymbol{a}-n'\boldsymbol{a}')\cdot\boldsymbol{\delta}$ 不为零，$\Delta[PP']$ 的符号要随 $\boldsymbol{\delta}$ 方向的改变而改变。然而根据费马原理，$[PP']_{P\to E\to P'}$ 为极值，所以 $\Delta[PP']$ 的符号不会随 $\boldsymbol{\delta}$ 方向的变化而变化，故只能有

$$(n\boldsymbol{a} - n'\boldsymbol{a}')\cdot\boldsymbol{\delta} = 0$$

说明矢量 $(n\boldsymbol{a}-n'\boldsymbol{a}')$ 应与 S 曲面上 E 点处的法矢量 $\boldsymbol{N}$ 平行，即

$$n\boldsymbol{a} - n'\boldsymbol{a}' = \Gamma\boldsymbol{N} \quad (1\text{-}17)$$

这里 Γ 是一个待定的比例因子，称为偏向常数。上式两边用法矢量 $\boldsymbol{N}$ 作矢积，得

$$n'\boldsymbol{a}' \times \boldsymbol{N} = n\boldsymbol{a} \times \boldsymbol{N} \quad (1\text{-}18)$$

结合图 1-13 看式(1-18)的物理意义，矢量 $\boldsymbol{a}\times\boldsymbol{N}$ 和矢量 $\boldsymbol{a}'\times\boldsymbol{N}$ 同方向说明入射光线、法线、折射光线共面，且入射光线和折射光线分居在法线两侧；$|n'\boldsymbol{a}'\times\boldsymbol{N}| = |n\boldsymbol{a}\times\boldsymbol{N}|$ 即意味着

$$n'\sin i' = n\sin i \quad (1\text{-}19)$$

这里 i 和 i' 分别是入射角和折射角，参看图 1-13。所以，式(1-18)包含了折射定律的三个要点，称为矢积形式的折射定律，它被广泛应用于各种光路计算中，是折射定律的一个重要表述形式。因为这个结论是应用费马原理在任意形状的曲面上得到的，所以它可以应用于各种光学系统表面处发生的折射计算。

下面再举些例子，作为应用费马原理得出光的反射定律和折射定律的例证。

如图 1-14 所示，光线由 P 点射出，在平面 MM' 上反射后到达 P' 点，在遵守反射定律的情况下，光程为最短。

图 1-14 中，PCP' 表示遵守反射定律的光线，过 P' 作 $P'D\perp MM'$ 平面，在垂线 $P'D$ 的延长线上取 P'' 点使 $P''D=P'D$，这时有 $P'C=P''C$，PCP'' 在同一条直线上。为了证明遵守反射定律的光线光程最短，在 MM' 另取一点 C'。显然

$$PC + CP'' < PC' + C'P''$$

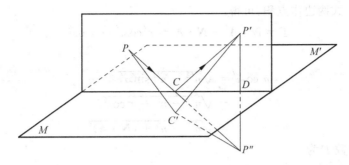

图 1-14 遵守反射定律的光线

即
$$PC + CP' < PC' + C'P'$$

根据费马原理，说明所有从 P 点发出而被 MM' 反射的光线，除光线 PCP' 以外，都不能通过 P' 点。

又如在回转椭球面凹面反射镜的一个焦点上发出的光线，反射后都通过另一个焦点。根据椭圆的特点，自椭圆的两焦点到椭圆上任一点距离之和为一恒量，可见光程 OCO' 不随 C 点的位置而改变，相当于光程为稳定值的情况，参见图 1-15。

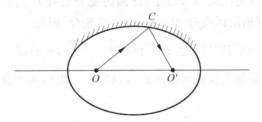

图 1-15 回转椭球面凹面反射镜

又设有一个内切于回转椭球面的凹面反射镜，参见图 1-16，在 C 点相切，椭球面的两个焦点分别为 O 和 O'。遵守反射定律的光线从 O 点射出经椭球面反射后通过另一焦点 O'，因凹面反射镜上任何其他点均在椭球之内，所以光线 OCO' 的光程较任何其他在凹面反射镜上别的地方反射的光线的光程都要大。这是光程为极大的一个例子。同样可以设想一个外切于回转椭球面的凹面镜的例子来证明光程为极小的情形。

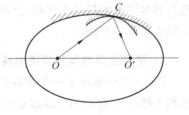

图 1-16 内切于回转椭球面的凹面反射镜

在实际应用中，有时需要将式(1-18)表述折射定律的矢积形式变换成所谓的点积形式。现将变换过程分述如下。将折射率 n 和 n' 分别吸收到单位光线矢量 $\boldsymbol{a}$ 和 $\boldsymbol{a}'$ 中，即引出入射光线矢量 $\boldsymbol{A}$ 和折射光线矢量 $\boldsymbol{A}'$，定义为

$$\left.\begin{array}{l} \boldsymbol{A} = n\boldsymbol{a} \\ \boldsymbol{A}' = n'\boldsymbol{a}' \end{array}\right\} \tag{1-20}$$

由式(1-17)有

$$\boldsymbol{A}' - \boldsymbol{A} = \Gamma \boldsymbol{N} \tag{1-21}$$

用法矢量 N 对上式两边作点积,可得

$$\Gamma = N \cdot A' - N \cdot A = n'\cos i' - n\cos i$$

据式(1-19)有

$$\begin{aligned} n'\cos i' &= \sqrt{n'^2 - n'^2 \sin^2 i'} \\ &= \sqrt{n'^2 - n^2 + n^2 \cos^2 i} \\ &= \sqrt{n'^2 - n^2 + (N \cdot A)^2} \end{aligned}$$

由此可得偏向常数 Γ 为

$$\Gamma = \sqrt{n'^2 - n^2 + (N \cdot A)^2} - N \cdot A \tag{1-22}$$

求得偏向常数 Γ 后,即可利用式(1-21)由已知的入射光线矢量 A 和法矢量 N 求出折射光线矢量 A'。故式(1-21)和式(1-22)组成了点积形式的折射定律,它同样广泛应用于各种光学系统的光路计算中,也是折射定律的一个重要表达形式。

上面我们根据费马原理得到了折射定律。建议读者利用费马原理证明均匀介质中光线的直线传播定律,以及在两种介质分界面上发生的反射光线遵守的反射定律。

如图 1-13 所示,式(1-16)中的 δ 是可能的光线路径函数之差,数学上称为函数的变分,而又将由于路径函数的变分引起的光程泛函之差称为泛函的变分,即式(1-16)中的 $\Delta[PP']$ 为光程泛函的变分。又因为在式(1-16)中,泛函的变分 $\Delta[PP']$ 只与函数变分 δ 的一次方有关,所以数学上称此时的泛函变分 $\Delta[PP']$ 为一阶变分,记为

$$\Delta[PP'] = \delta[PP'] = \delta\int_{P \to P'} n(x,y,z)\mathrm{d}l \tag{1-23}$$

上式中第二步利用了一般的光程泛函表示式(1-12)。又由前面述及的费马原理可知,上式应当为零,即

$$\delta\int_{P \to P'} n(x,y,z)\mathrm{d}l = 0 \tag{1-24}$$

式(1-24)就是一般光学书中所表述的费马原理,前面的叙述及说明就是对这个表达式的数学和物理含义的解释。值得指出,这里对费马原理表达式(1-24)的数学含义所做的解释虽然是基本正确的但并不严格,之所以要这样做的目的是想启示不了解变分学的读者能够正确地应用费马原理。

2. 费马原理与等光程完善成像

图 1-11 中描述了一个完善成像的透镜,设其有一个几何旋转对称轴,称为光轴。无穷远轴上物点 P 发出的光线都是平行于光轴的光线,所有进入这块理想透镜的光线在它的折射作用下,改变了它们原来的方向和位置,又聚焦于光轴上的 P' 点。点 P' 是物点 P 的完善像点。如此,图中画出的所有光线都是从物点 P 到像点 P' 的实际光线,都是光实际走的路径。任取一条从 P 到 P' 的光线,记它的光程为 $[PP']_1$;又在这条光线的附近任意选另外一条从 P 到 P' 的实际光线,记这条光线走过的光程为 $[PP']_2$。根据费马原理,亦即利用式(1-23)和式(1-24),这两条路径的光程之差应当为零,即

$$\Delta[PP'] = [PP']_1 - [PP']_2 = 0$$

说明这两个光程是相等的。因为这两条光线是任意选取的,所以可以得到结论:从物点 P 到像点 P' 间的光程是相等的。也就是说,等光程完善成像是费马原理的直接推论。下面根

据这个结论求出图 1-11 中理想透镜的面形方程。

为便于描述,将图 1-11 重新画成图 1-17,其中 $P \rightarrow O \rightarrow O' \rightarrow P'$ 是沿光轴的光线,另外 $P \rightarrow L \rightarrow M \rightarrow P'$ 也是一条由 P 点发出到达 P' 点的实际光线,H 点是过 M 点对光轴所作垂线的垂足。并设透镜的折射率为 n,透镜位于空气中(也就说透镜前后的介质是空气)。

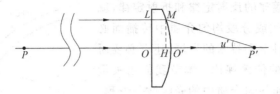

图 1-17 理想透镜

设这块透镜具有绕光轴的旋转对称性,并设它的前表面为平面,则只要求出 MO' 部分的曲线方程后,将它绕光轴旋转一周就得到了我们需要的面形。设 P' 点为极坐标系的极点,$O'P'$ 为极轴,u' 为极角,如图 1-17 所示。设动点为 M,取极坐标 $l'(u')$ 描述动点 M 的轨迹,它应当满足等光程性,即

$$[LMP'] = [OHO'P']$$

因为

$$[LM] = [OH]$$

即有

$$l'(u') = n[l'(u')\cos u' - l'(0)] + l'(0)$$

其中,$P'M = l'(u')$,$P'O' = l'(0)$。解出上式有

$$l'(u') = \frac{(1-n)l'(0)}{1 - n\cos u'} = \frac{n\left(\frac{1}{n} - 1\right)l'(0)}{1 - n\cos u'} \tag{1-25}$$

其中,$l'(0)$ 作为设计参数,按要求事先给出。可以看出,因为离心率 $e = n > 1$,式(1-25)就是用极坐标表示的双曲线的标准形式。所以待求的曲面是旋转双曲面。

3. 费马原理的启迪

费马原理不仅仅是几何光学中的基本原理,事实上,"费马原理对于物理学的发展起过重要的推动作用,它表明关于光的传播规律还存在另外一种表述形式,它摆脱了光传播有如反射、折射、入射面、入射角、反射角等的一些细节,而是指明实际光线是各种可能的光线中满足某个条件,即光程取极值的那一条。由于它比较抽象和含蓄,因而概括的面也就更广阔,这一点曾启发物理学家探索物理规律的其他形式,于是找到了被称之为最小作用原理(哈密顿变分原理),它可表述为系统的各种相邻的经历中,真实经历使作用量取极值。这种表述显然也是比较抽象而含蓄的,因而概括的面也比较广阔,不仅适用于机械运动场合,也可以导出关于质点运动的牛顿第二定律;而且也适用于电磁场情形,可以导出电磁场的麦克斯韦方程组;甚至还可适用于其他场合,导出其他领域的基本定律,它真可谓是综合整个物理学的真正的基本原理,物理学家们利用它来探索未知领域的基本定律。"[5]

1.4 非均匀介质中的光线微分方程

如前所述,几何光学中主要讨论光线的传播,上面给出的光线的直线传播规律以及在两种介质分界面处光线遵守的反射定律和折射定律,就是研究光线在均匀介质或分段均匀介质中传播而必须遵守的规律。随着科学和技术的发展,还有必要研究光在非均匀介质中的传播规律。本节我们由矢量形式的折射定律得出非均匀介质中的光线微分方程,就是要看看,当介质折射率是空间位置坐标的函数时,其间传播的光线应服从的规律。

如图 1-18 所示,在所讨论的非均匀介质中找一个等折射率曲面 S,将它看成是折射率为 n 和 $n+\mathrm{d}n$ 两种均匀介质的分界面。

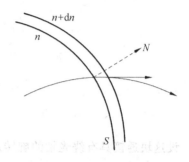

图 1-18 非均匀介质中等折射率曲面

设 N 是曲面 S 某处的单位法矢量方向,显然该处折射率由 n 向 $n+\mathrm{d}n$ 变化最大的方向一定沿着这个单位法矢量方向 N,即有

$$N = \frac{\nabla n}{|\nabla n|} \tag{1-26}$$

其中,∇ 是哈密顿算符。在直角坐标系中,$\nabla = i\frac{\partial}{\partial x} + j\frac{\partial}{\partial y} + k\frac{\partial}{\partial z}$,这里 (i,j,k) 是沿三个坐标轴的基矢量。在这个分界面上光线发生折射时,应该满足前述的矢量形式的折射定律式(1-18),即

$$(n'a' - na) \times N = 0 \tag{1-27}$$

这里,a 是单位入射光线矢量,a' 是单位折射光线矢量,并设 $n' = n + \mathrm{d}n$,$a' = a + \mathrm{d}a$,代入上式展开且忽略二阶微量 $\mathrm{d}n\mathrm{d}a$,有

$$(\mathrm{d}na + n\mathrm{d}a) \times N = 0$$

此式可改写成

$$\mathrm{d}(na) \times N = 0 \tag{1-28}$$

将 n 和 a 看成是光线弧长 l 的函数,有

$$\frac{\mathrm{d}(na)}{\mathrm{d}l} \times N = 0 \tag{1-29}$$

展开上式得

$$\left(\frac{\mathrm{d}n}{\mathrm{d}l}a + n\frac{\mathrm{d}a}{\mathrm{d}l}\right) \times N = 0$$

所以括号里的矢量与单位法矢量 N 平行,即

$$\left(\frac{\mathrm{d}n}{\mathrm{d}l}a + n\frac{\mathrm{d}a}{\mathrm{d}l}\right) // N \tag{1-30}$$

设

$$\frac{\mathrm{d}n}{\mathrm{d}l}a + n\frac{\mathrm{d}a}{\mathrm{d}l} = gN \tag{1-31}$$

这里 g 为一待定常数。将式(1-26)代入并将 $|\nabla n|^{-1}$ 归入待定常数 g 中,有

$$\frac{\mathrm{d}n}{\mathrm{d}l}\boldsymbol{a} + n\frac{\mathrm{d}\boldsymbol{a}}{\mathrm{d}l} = g\nabla n \tag{1-32}$$

由上述可知,$\boldsymbol{a}$ 的方向就是光线上 O 点处的光线方向,$(\boldsymbol{a}+\mathrm{d}\boldsymbol{a})$ 的方向就是光线上 O' 点处的光线方向,O' 点与 O 点相距 $\mathrm{d}l$,如图 1-19 所示。因为它们都是单位矢量,有 $(\boldsymbol{a}+\mathrm{d}\boldsymbol{a})\cdot(\boldsymbol{a}+\mathrm{d}\boldsymbol{a})=1$,故在略去二阶小量 $\mathrm{d}\boldsymbol{a}\cdot\mathrm{d}\boldsymbol{a}$ 的情况下有 $\boldsymbol{a}\cdot\mathrm{d}\boldsymbol{a}=0$,所以可以近似地认为 $\mathrm{d}\boldsymbol{a}$ 与 $\boldsymbol{a}$ 垂直。

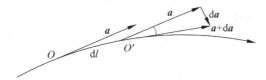

图 1-19　光线上不同点处光线矢量间的关系

式(1-32)两边用 $\boldsymbol{a}$ 点乘,则有

$$\frac{\mathrm{d}n}{\mathrm{d}l} = g\nabla n \cdot \boldsymbol{a} \tag{1-33}$$

因为式(1-33)的左端是折射率函数 n 沿 $\boldsymbol{a}$ 方向的方向导数,它就等于 $\nabla n \cdot \boldsymbol{a}$,所以 $g=1$,故

$$\frac{\mathrm{d}n}{\mathrm{d}l}\boldsymbol{a} + n\frac{\mathrm{d}\boldsymbol{a}}{\mathrm{d}l} = \nabla n$$

即

$$\frac{\mathrm{d}(n\boldsymbol{a})}{\mathrm{d}l} = \nabla n \tag{1-34}$$

此式即为非均匀介质中的光线微分方程式。用直角坐标系中分量的形式表示则为

$$\left.\begin{aligned}\frac{\mathrm{d}}{\mathrm{d}l}\left(n\frac{\mathrm{d}x}{\mathrm{d}l}\right) &= \frac{\partial n}{\partial x} \\ \frac{\mathrm{d}}{\mathrm{d}l}\left(n\frac{\mathrm{d}y}{\mathrm{d}l}\right) &= \frac{\partial n}{\partial y} \\ \frac{\mathrm{d}}{\mathrm{d}l}\left(n\frac{\mathrm{d}z}{\mathrm{d}l}\right) &= \frac{\partial n}{\partial z}\end{aligned}\right\} \tag{1-35}$$

以后讨论光线在梯度折射率介质中的传播问题时,依据的就是这组光线微分方程式。

自然界中有很多由于变折射率而形成的光学现象。由于温度梯度和大气密度的影响,大气折射率沿垂直于海平面的高度方向是不均匀的,这就是有时能看到海市蜃楼奇观的本质原因。此外,沙洲神泉隐像的出现等现象,也是由于类似的原因。

1.5　几何光学中常用的曲面形状

广义地说,光学系统是由若干光学材料构成的几何曲面串联在一起构成的,这些曲面就是两种介质的分界面。常用的曲面形状是球面、二次回转抛物面、二次回转椭球面和二次回转双曲面。通常在串联这些曲面时,将各个球面的球心以及二次回转曲面的回转轴都放在光学系统的几何对称轴上,该对称轴称为光学系统的光轴,这一类光学系统称为共轴光学系统。以后我们仅讨论共轴光学系统。本节将介绍在一些广泛应用的商用光学设计软件中这

些曲面的通常表示形式。

1. 球面方程

光学系统中多用球面,因为球面的加工和检验比较简单。在光学系统的计算分析中,若涉及球面,总是将坐标系的原点 O 取在位于光轴的球面顶点上,并取 z 轴为系统的光轴,yz 平面与纸面平行,x 轴垂直于纸面朝里,如图 1-20 所示。

设球面半径为 r,在图 1-20 所示的坐标系中,球面方程为

$$r^2 = x^2 + y^2 + (z-r)^2 \tag{1-36}$$

令 $h^2 = x^2 + y^2$,则上式可写成

$$r^2 = h^2 + (z-r)^2$$

或者

$$z^2 - 2zr + h^2 = 0 \tag{1-37}$$

解之得

$$z = r \pm \sqrt{r^2 - h^2} \tag{1-38}$$

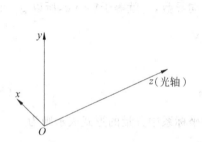

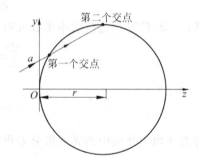

图 1-20 球面方程中所用的坐标系　　　　图 1-21 入射光线与球面的两个交点

若一光线 a 入射到图 1-21 所示的球面上,它与球面一般有两个交点,显然 a 在第一个交点处就要发生折射,所以式(1-38)中根号前取负号,即

$$z = r - \sqrt{r^2 - h^2} \tag{1-39}$$

在实际系统中,h 较之 r 要小很多,所以用式(1-39)计算 z 是两个大数之差,计算精度比较低,故将上式改写为

$$z = r\left[1 - \sqrt{1 - \left(\frac{h}{r}\right)^2}\right] \tag{1-40}$$

习惯上,用球面曲率 c 的倒数 $1/c$ 取代球面半径 r,这样便于将平面纳入球面的表示中(平面的曲率为零,而半径为无穷大),如此则有

$$z = \frac{1 - \sqrt{1-(ch)^2}}{c} \tag{1-41}$$

经过简单的代数运算,得

$$z = \frac{ch^2}{1+\sqrt{1-(ch)^2}} \tag{1-42}$$

这就是光学计算中通常采用的球面方程表示式。有时将式(1-41)中的根号以幂级数展开,即

$$z = \frac{1}{2}ch^2 + \frac{1}{8}c^3h^4 + \frac{1}{16}c^5h^6 + \cdots \tag{1-43}$$

尽管通常不用上式来计算,但我们将会看到这个表示式在划定近轴区域时是非常直接的。

2. 二次回转曲面

除了球面,光学系统中还常用二次回转抛物面、二次回转椭球面和二次回转双曲面。在讨论成像时,这些面形有特殊的作用。

图 1-22 所示是一个回转椭球面,z 轴是回转轴,它的方程简写为

$$\frac{(z-a)^2}{a^2} + \frac{h^2}{b^2} = 1 \tag{1-44}$$

其中,a,b 是椭球半轴长度。

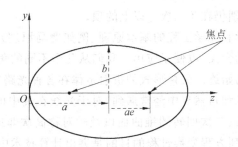

图 1-22 回转椭球面

通过类似于球面方程的变换步骤可得

$$z = \frac{ch^2}{1+\sqrt{1-\varepsilon(ch)^2}} \tag{1-45}$$

其中,$\varepsilon = \frac{b^2}{a^2}$;$r$ 是椭球面顶点处的半径,$c = \frac{1}{r}$。在许多商用光学设计程序中,式(1-45)常写成

$$z = \frac{ch^2}{1+\sqrt{1-(1+k)c^2h^2}} \tag{1-46}$$

这里 k 是圆锥常数,为

$$k = \varepsilon - 1 = \frac{b^2}{a^2} - 1 = -e^2$$

e 称为椭球离心率。事实上,方程(1-45)和方程(1-46)不仅仅是回转椭球面的方程,它们也是描述二次回转圆锥曲面的一般方程,参数 e,ε 和 k 的取值范围和意义见表 1-1。

表 1-1 二次回转圆锥曲面的参数

椭球离心率数值	$k>0$	$\varepsilon>1$	扁椭球
$e=0$	$k=0$	$\varepsilon=1$	球
$0<e<1$	$-1<k<0$	$0<\varepsilon<1$	长椭球
$e=1$	$k=-1$	$\varepsilon=0$	抛物面
$e>1$	$k<-1$	$\varepsilon<0$	双曲面

将式(1-46)用幂级数展开,可得到与式(1-43)类似的形式:

$$z = \frac{1}{2}ch^2 + \frac{1}{8}(1+k)c^3h^4 + \frac{1}{16}(1+k)^2c^5h^6 + \cdots \tag{1-47}$$

与式(1-43)相比可以看出,球面和其他二次回转曲面的差别在于 h^4, h^6 和 h^8 这些高次项,而 h^2 项是完全相同的。

3. 轴对称高次非球面

光学系统中常用的轴对称高次非球面是在二次回转圆锥曲面的基础上增加了一些高次项,其方程通常用以下形式表示:

$$z = \frac{ch^2}{1+\sqrt{1-\varepsilon(ch)^2}} + a_4h^4 + a_6h^6 + a_8h^8 + a_{10}h^{10} \tag{1-48}$$

不言而喻,其与球面的差别仍在于二次方以上的项。

本章讨论了几何光学和光学工程的基本原理(例如费马原理),详细推证的目的在于认识费马原理数学表示式的含义,以便于应用。我们从几个不同的角度阐述了成像的概念,成像问题的讨论将贯穿本书始终。矢量形式的折射定律在各种光路的计算中都是需要的。非均匀介质在现代科学技术和自然界中经常遇到,对于光线在其中的传播规律在光学工程基础课程中要有反映;球面、二次回转圆锥曲面以及轴对称高次非球面是光学系统中常用的一些面形,较为详细的罗列方程变换过程的目的是突出计算技术中要遵循的原则,熟悉现今商用光学设计程序中曲面的通用表示形式,并为以后确切而完整地定义近轴范围做好准备。

习 题

1. 简述几何光学的几个基本定律。
2. 简述成像的基本概念。
3. 光在真空中的传播速度是多少?在水中和钻石中呢?
4. 画出折射角 i' 随入射角 i 变化的函数曲线,条件是 $n=1$, n' 是下列值:(1)1.333;(2)1.5163;(3)1.78831。
5. 某国产玻璃的 $n_C=1.51389$, $n_d=1.51637$, $n_F=1.52195$。计算其阿贝(Abbe)数,并说明这是什么玻璃,玻璃的牌号是什么?
6. 某玻璃的 $n_d=1.62588$, $V=35.7$,计算其 n_F。
7. 图 1-5 中从玻璃块中出射的光线平行于玻璃块的底面,入射光线的入射角应为多少才行?假定玻璃块的折射率为 $n=1.5$,玻璃块周围是空气,其折射率为 $n_0=1.0$。
8. 书中列举了一个光线沿光程极大路线行走的例子(参见图 1-16),请在图上补画光线,说明这是光程为极大的理由。

9. 简述矢量形式的折射定律式(1-18)是如何包含了折射定律的几个要点。

参 考 文 献

[1] Walker B H. Optical Engineering Fundamentals[M]. Bellingham,Washington：SPIE,1998.
[2] 袁旭沧. 应用光学[M]. 北京：国防工业出版社,1988.
[3] Ditteon R. 现代几何光学[M].詹涵菁,译. 长沙：湖南大学出版社,2004.
[4] Smith W J. Modern Optical Engineering[M]. Boston：The McGraw-Hill Companies,Inc. ,2001.
[5] 陈熙谋. 光学　近代物理[M]. 北京：北京大学出版社,2002.
[6] 钟锡华. 现代光学基础[M]. 北京：北京大学出版社,2003.
[7] Ghatak A K, Thyagarajan K. Contemporary Optics[M]. New York：Plenum Publishing Corporation,1978.
[8] 彭旭麟,罗汝梅. 变分法及其应用[M]. 武汉：华中工学院出版社,1983.
[9] Kidger M J. Fundamental Optical Design[M]. Bellingham,Washington：SPIE,2002.
[10] Jenkins F, White H. Fundamentals of Optics[M]. New York：The McGraw-Hill Companies, Inc. ,1976.
[11] Hecht E. Optics[M]. Reading,Massachusetts：Addison-Wesley,1987.

近轴光学

近轴光学是几何光学和光学工程中最重要的内容之一,由它可以确定光学系统理想像的位置和理想像的大小;可以确定光学系统的基点和基本参量;可以揭示光学系统对光线作用的内在关系和规律;并能初步估算出光学系统的成像质量。本章中,先定义光学系统的近轴范围和近轴光线,然后讨论近轴光线的性质,进而研究近轴光学成像的规律与特点。

2.1 近轴范围和近轴光线

如图 2-1 所示,是一个普通的照相机镜头,它的结构参数是各个镜面的球面半径 r、每一块透镜的中心厚度或透镜间的空气间隔 d,以及每一块透镜的材料数据,即透镜材料的折射率 n。

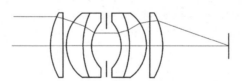

图 2-1 一个普通照相机镜头的结构

在结构参数已知后,要确定某一物体经它成像的情况,在几何光学中通常采用两种方法:若已有做好的镜头,就用实验确定;若镜头的结构参数还是纸面上的,或者有实物还要做较为严格的定量分析,就用追迹光线的计算方法确定,这就要用到第 1 章中讲述的几何光学的基本定律、概念和方法。本节先定义近轴范围和近轴光线,然后介绍近轴光学计算中的符号规则及一些名词术语。

1. 近轴范围

近轴范围就是光轴附近的范围。在 1.5 节中已经述及,共轴光学系统中常用的透镜面形是球面、二次回转曲面和轴对称高次非球面,采用如图 2-2 所示的坐标系,它们以 $h(h^2 = x^2 + y^2)$ 的幂级数展开形式的面形方程分别是式(1-43)、式(1-47)和式(1-48),即

$$z = \frac{1}{2}ch^2 + \frac{1}{8}c^3h^4 + \frac{1}{16}c^5h^6 + \cdots \tag{1-43}$$

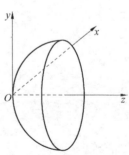

图 2-2 透镜曲面方程所采用的坐标系

$$z = \frac{1}{2}ch^2 + \frac{1}{8}(1+k)c^3h^4 + \frac{1}{16}(1+k)^2c^5h^6 + \cdots \qquad (1\text{-}47)$$

$$z = \frac{ch^2}{1+\sqrt{1-\varepsilon(ch)^2}} + a_4h^4 + a_6h^6 + a_8h^8 + a_{10}h^{10} \qquad (1\text{-}48)$$

显然,式(1-43)和式(1-47)中幂次最低的项为 $\frac{1}{2}ch^2$。事实上,式(1-48)的幂次最低的项亦为 $\frac{1}{2}ch^2$,如同将式(1-46)展开成式(1-47)那样,将式(1-48)的第一项展开后即得这个结论,所以这些面形方程中的共同部分是诸方程中幂次最低的项,即只含有 h^2 的项相同,很清楚它是各面形中的核心项。显然,若 h 与曲率 c 的倒数即半径 r 相比很小时,可以将上述各面形方程中高于 h^2 的项忽略,此时,物理上就是在非常靠近光轴的范围内。在这个非常靠近光轴的范围内区分折射面(或反射面)是球面或别的轴对称曲面,已过于精确,也就不必再区分。因此定义,共轴系统的折射面(包括反射面)的面形可由 $\frac{1}{2}ch^2$ 这一项描述就已足够精确的范围称为近轴范围。换句话说,在光学系统的近轴范围内,其折射面(或反射面)的面形可以由下式表示

$$z = \frac{1}{2}ch^2 \qquad (2\text{-}1)$$

即在近轴范围里不用再区分折射面(反射面)的面形是球面还是其他的轴对称曲面,并通称为近轴球面。

现以球面为例看看这个近轴球面定义的实质,由球面方程式(1-40)考查比较直接。在式(1-40)中如果 h 与 r 相比很小,允许取近似 $\sqrt{1-x} \approx 1 - \frac{x}{2}$,则有

$$z = r\left[1 - \sqrt{1-\left(\frac{h}{r}\right)^2}\right] = r\left[1 - \left(1 - \frac{h^2}{2r^2}\right)\right] = \frac{1}{2}ch^2$$

其中, $c = \frac{1}{r}$。即在近轴范围里,允许作 $\sqrt{1-x} \approx 1 - \frac{x}{2}$ 这种近似。参看图2-3所示,它是一个近轴球面, h 远小于近轴球面半径 r。

设近轴球面某一点的法线与光轴的夹角为 φ,则有 $\frac{h}{r} = \sin\varphi \approx \varphi$, $\sqrt{1-\left(\frac{h}{r}\right)^2} \approx 1 - \frac{1}{2}\varphi^2$,所以上述近似是保留了二阶小量的。即在近轴球面中,矢高(z)与半径(r)之比 $\left(\frac{z}{r}\right)$ 是一个 $\left(\frac{h}{r}\right)^2$ 阶的小量。很明显,在近轴范围内近轴球面与真实的轴对称曲面相比其差别在于式(1-43)或式(1-47)中第二项及其以后诸项,它们与保留的第一项相比大致是 $\left(\frac{h}{r}\right)^2$。

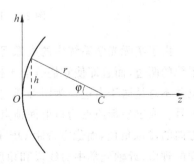

图 2-3 近轴范围

2. 近轴光线

入射到近轴球面上并与光轴(z轴)的夹角很小的光线称为近轴光线。设近轴光线与光轴的夹角为 θ, θ 值足够小的限定是允许采取 $\sin\theta \approx \theta$, $\tan\theta \approx \theta$, $\cos\theta \approx 1$ 的近似。

3. 近轴光学的符号规则及名词术语

近轴光学讨论近轴光线在光学系统中传播。为使以后的讨论和计算更为简单明确,这里先约定一些符号习惯,并交代一些近轴光学中的常用术语。如图 2-4 所示是一个近轴球面,它是介质 n 和 n' 的分界面,z 是光轴。位于光轴上的 P 点发出一近轴光线 a 入射到近轴球面上经其折射成为折射光线 a',折射光线 a' 与光轴 z 相交于 P' 点。

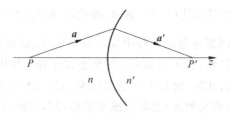

图 2-4　近轴光线在近轴球面上的折射

为了表征入射光线 a 的方向和位置,采用两个坐标,一个坐标是光线 a 与光轴的夹角 u,另一个坐标是 P 点与近轴球面顶点 O 之间的距离 l。同样,折射光线 a' 的方向和位置也可用两个坐标表征,一个坐标是光线 a' 与光轴的夹角 u',另一个坐标是 P' 与近轴球面顶点 O 间的距离 l',参见图 2-5 中的标注。几何光学中,u 和 u' 称为孔径角;将 l 和 l' 称为截距。按照第 1 章中所述的成像概念知,P' 点是物点 P 经近轴球面所成的像点。入射光线 a 所在的这一方称为物方,物方介质折射率为 n;折射光线 a' 所在的这一方称为像方,像方介质为 n'。由此称 u 为物方孔径角,称 l 为物方截距;称 u' 为像方孔径角,称 l' 为像方截距。

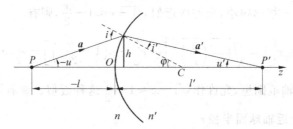

图 2-5　近轴光线各参量(坐标)正负的标注

由于实际光学系统中的成像问题较为复杂,物和像并不总是分居于折射面、透镜或光学系统的两边,而且即使它们分居于折射面、透镜或光学系统两边,物也并不总是居于左边,像也并不总是居于右边。为明确标定物点 P 和像点 P' 的位置,对物方截距和像方截距施加正负号。取定坐标原点为折射面顶点 O,光轴方向沿 z 轴正向,现物方截距 OP 是沿着逆光轴方向的,l 取负值,而像方截距 OP' 是顺光轴方向的,l' 取正值。参见图 2-5 的标注。出于同样的理由,近轴光学中对线段和角度的符号也作了规定,综述如下:

(1) 线段:轴向线段与数学坐标兼容,以近轴球面顶点为原点,左方线段为负、右方线段为正,如上述;垂轴线段也与数学坐标兼容,即光轴上方的线段为正,光轴下方的线段为负;

(2) 球面半径 r:与数学坐标兼容,以球面顶点为原点,球心在顶点右边者半径取正值,球心在顶点左边者半径取负值;

(3) 角度：角度以锐角度量，其符号规则与数学坐标不同。孔径角以光轴起算转向光线，顺时针旋转角度取正值（如图 2-5 所示的像方孔径角 u'），逆时针旋转角度取负值（如图 2-5 所示的物方孔径角 u）；光线的入射角和折射角则以光线起算转向法线，顺时针旋转角度为正值（如图 2-5 的 i 和 i'），逆时针旋转角度取负值。

2.2 单个近轴球面的成像性质

这里讨论近轴光线经近轴球面折射后的成像性质。我们利用费马原理导出近轴成像公式以及一些近轴球面对光线作用的不变式。事实上这一小节的所有结论都可以在近轴球面上应用折射定律得出，而且还更为简单直接。之所以从费马原理出发来推导出这些结论，其目的是想加强一些费马原理的应用。从费马原理的学习过程看，了解费马原理的内容并无多大困难，而如何应用费马原理去分析处理具体问题却不很容易。另外在整个讨论过程中，我们做了何种程度的近似才得出了所需要的结论，也是一个需要交代和引起注意的问题。

位于光轴上的点光源 P 发出的一条近轴光线经过近轴球面的折射后交光轴于 P' 点，其相应的各参数标示如图 2-6。图中，OE 为一近轴球面，OC 是近轴球面的光轴，C 是近轴球面的球心；近轴球面两边的介质折射率分别为 n 和 n'。

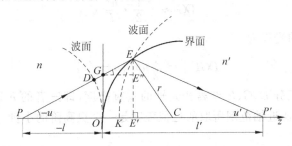

图 2-6 由费马原理到近轴成像

设 PE 为入射的近轴光线，E 为入射点。OG 为过近轴球面顶点 O 的切平面，G 为入射光线和切平面的交点。以 P 为球心，以 PO 为半径作一球面，此球面就是位于 P 点的点光源发出的一个球面波面，它正交于入射光线 PE 于 D 点；再以 P' 为球心，以 $P'E$ 为半径作另一球面交光轴于 K 点。如图 2-6 所示，光从 P 点到 P' 点，在图中有两条路线，一条是沿着 $P \to O \to K \to P'$ 的路径走的，即第一条是沿光轴走的，而另一条是沿着 $P \to D \to G \to E \to P'$ 的路径走的。根据费马原理，既然这两条光线的路径都是实际光线所走的路径，所以光从 P 点到 P' 点的光程应为稳定值，即沿 $P \to D \to G \to E \to P'$ 计算的光程一定等于沿 $P \to O \to K \to P'$ 计算的光程，也就是说有

$$[PDGEP'] = [POKP'] \tag{2-2}$$

由于 D 和 O 在同一波面上，所以

$$[PD] = [PO]$$

据相同的理由，有

$$[EP'] = [KP']$$

另有

$$[PDGEP'] = [PD]+[DG]+[GE]+[EP']$$

和

$$[POKP'] = [PO]+[OK]+[KP']$$

将上述这些结果代入式(2-2),有

$$[OK] = [DG]+[GE] \tag{2-3}$$

由 E 向光轴作垂线交光轴于 E',由 G 作平行于光轴的直线交此垂线于 E'',如图 2-6 所示。值得指出,在近轴范围内画出与光轴有区别的近轴光线是一件很困难的事,因为它太靠近光轴了,所以图 2-6 是一张十分夸张的图示。从图 2-6 中显现,$\angle EGE'' = -u$,又因为入射光线 PE 是近轴光线,允许做 $\cos(-u) \approx 1$ 的近似,所以有

$$GE \approx GE'' = OE'$$

又因为是在近轴范围内讨论问题,所以据式(2-1)有

$$GE \approx \frac{1}{2}ch^2 \tag{2-4}$$

这里 c 是近轴球面的曲率,即 $c = \frac{1}{r}$;$h = EE'$,称为入射光线在近轴球面上的投射高度。同样的理由,采取近轴近似有

$$DG \approx -\frac{1}{2} \cdot \frac{h^2}{l} \tag{2-5}$$

所以光从 D 走至 E 的光程为

$$[DGE] = \frac{1}{2}nh^2\left(c - \frac{1}{l}\right) \tag{2-6}$$

这里,没有更精确地区分 D、G、E 点离开光轴的垂直高度,即三者的 h 近似取为相等,原因是它们之间的差别相比近轴范围所取的近似程度是一个更高阶的小量。

类似有

$$[OK] = \frac{1}{2}n'h^2\left(c - \frac{1}{l'}\right) \tag{2-7}$$

将式(2-6)和式(2-7)代入由费马原理得到的式(2-3)有

$$n\left(c - \frac{1}{l}\right) = n'\left(c - \frac{1}{l'}\right) \tag{2-8}$$

即

$$\frac{n'}{l'} - \frac{n}{l} = (n'-n)c \tag{2-9}$$

上式说明,当给定了近轴球面后,即给定了 r,n,n',从轴上物点追迹一条近轴光线 l,即可得出像点位置 l'。所以式(2-9)称为近轴球面成像公式。值得指出,式(2-9)中没有显含孔径角 u 这个参量,说明从物点发出进入近轴球面的所有近轴光线经过近轴球面折射后都聚焦于像点,故近轴球面成完善像。

又基于同样的理由,在近轴近似下,有

$$lu = l'u' = h \tag{2-10}$$

代入式(2-9),得

$$n'u' - nu = h(n'-n)c \tag{2-11}$$

上式是近轴球面成像公式的另一种表述形式,以后会看到在某些情况下用它计算分析更为

方便。

式(2-8)说明在近轴球面折射前后,物方的量 $n\left(c-\dfrac{1}{l}\right)$ 与像方的相应量 $n'\left(c-\dfrac{1}{l'}\right)$ 相等,说明它是一个不变量,几何光学中称它为阿贝(Abbe)不变量,即

$$A = n\left(c-\dfrac{1}{l}\right) = n'\left(c-\dfrac{1}{l'}\right) \tag{2-12}$$

在式(2-8)的两边乘以入射光线的投射高度 h,并利用式(2-10)有

$$n(ch-u) = n'(ch-u') \tag{2-13}$$

如图 2-5 所示,上式中的 $(ch-u)$ 和 $(ch-u')$ 分别是入射角 i 和折射角 i',即

$$\begin{cases} i = ch - u \\ i' = ch - u' \end{cases} \tag{2-14}$$

所以由式(2-13)有

$$n'i' = ni \tag{2-15}$$

此式是小角度近似下的折射定律式(1-2)。$n(ch-u) = n'(ch-u')$ 说明其在近轴球面折射前后不变,它是另一个不变量,称为折射不变量,简记为 B,即

$$B = n(ch-u) = n'(ch-u') \tag{2-16}$$

在像差理论中,不变量 B 是一个很重要的量。

利用式(2-10),可将式(2-14)写成

$$i = \left(\dfrac{l}{r}-1\right)u \tag{2-17}$$

$$i' = \left(\dfrac{l'}{r}-1\right)u' \tag{2-18}$$

由式(2-17)、式(2-18)和式(2-15)可以看出,物方孔径角 u、入射角 i、折射角 i' 和像方孔径角 u' 这四个角之间是线性关系。即由式(2-17)知若物方孔径角 u 扩大一倍,则入射角 i 扩大一倍;又由式(2-15)知若入射角 i 扩大一倍,则折射角 i' 也就扩大一倍;又由式(2-18)知若折射角 i' 扩大一倍,则像方孔径角 u' 也扩大一倍。此结果又一次说明从同一点 P 发出的近轴光线无论它们的孔径角如何经近轴球面折射后都相交于光轴上同一点 P',即 P' 是 P 的完善像点。前面图 2-6 中作出的球面 KE 就是入射的球面波 OD 经近轴球面变换而成的出射球面波,由此进一步说明近轴范围内的成像是完善的;并说明对于一定的物点求近轴像点时只需计算一条近轴光线。这解决了近轴成像中确定成像位置的问题。式(2-9)和式(2-11)是近轴光学成像公式的两种表述形式,都很重要。

另将式(2-14)的二式相减可得

$$u' = u + i - i' \tag{2-19}$$

并将式(2-18)改造为

$$l' = r + r\dfrac{i'}{u'} \tag{2-20}$$

这样由式(2-17)、式(2-15)、式(2-19)和式(2-20)组成的四个式子构成了一套近轴光线的追迹公式,十分重要,使用起来也十分方便:

$$\begin{cases} i = \left(\dfrac{l}{r} - 1\right)u \\ i' = \dfrac{n}{n'}i \\ u' = u + i - i' \\ l' = r + r\dfrac{i'}{u'} \end{cases} \quad (2\text{-}21)$$

上述讨论过程中,利用费马原理导出近轴成像公式时,我们是对光程在做运算,运算过程中又做了近似,即将光程[GE]近似成了[GE″],对光程[DG]也作了类似的近似。而光程是以波长(常用的波长单位是 nm,μm)为基本单位衡量的,与光学系统的结构参数以及物方或像方截距(常用的长度单位是 mm)相比波长是一个非常小的量,所以我们对此近似的合理性要做进一步的考查,看看是否允许这种近似。设 u 和 $\dfrac{h}{r}$ 的绝对值小于 10^{-3},并参见图 2-6,用 Δh 表示线段 EE'',则有

$$\dfrac{\Delta h}{h} \approx \dfrac{0.5(-u)ch^2}{h} \approx 10^{-6}$$

和

$$[GE] - [GE''] = n\left[\dfrac{\Delta h}{\sin(-u)} - \dfrac{\Delta h}{\tan(-u)}\right] = n\left[\dfrac{1}{\sin(-u)} - \dfrac{1}{\tan(-u)}\right]\dfrac{\Delta h}{h}\dfrac{h}{r}r \approx 10^{-12}r$$

假定近轴球面的半径范围是 $1\sim 1000\text{mm}$,则做上述近似后光程差只差了 $10^{-9}\sim 10^{-6}$ 个波长(假定波长 $\lambda = 1\mu m$),显然这样近似是完全允许的。

2.3 单个近轴球面成像的放大率

以上讨论了光轴上的一点 P 经近轴球面成像为光轴上另一点 P' 的问题,即讨论了成像位置。现结合图 2-7 讨论近轴区内光轴外的物点经近轴球面所成的像,即讨论成像的大小问题。

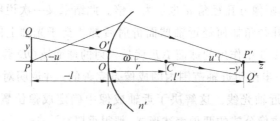

图 2-7 近轴范围内光轴外物点的成像

如图 2-7 是一个近轴球面,C 是球心,z 是光轴,P 是光轴上一物点,它的像点为 P'。过 P 点作一小的线段 QP 垂直于光轴,连接并延长 QC 与过 P' 点且垂直于光轴的直线交于 Q' 点。事实上,QQ' 可以看成是一条由 Q 点发出的方向沿着近轴球面法线的光线,这条光线与光轴的夹角用 ω 表示,它与近轴球面的交点为 O'。如果选取的垂轴小线段 QP 很小,允许取近似 $\cos\omega \approx 1$,光线 QQ' 就是一条近轴光线。则说明对于近轴光线,区分线段 PC 和线段 QC 的长短,以及线段 CP' 和线段 CQ' 的长短都过于精确,即有

$$\begin{cases} PC = QC \\ CP' = CQ' \end{cases} \tag{2-22}$$

因为 QQ' 是过球心 C 的光线，所以它也可以被看成是一条光轴，称它为副光轴。在这条副光轴上，据式(2-22)知，"轴上点" Q 经近轴球面成像所对应的像点即为 Q'。由此说明，垂直于光轴的近轴线段经近轴球面成像后所对应的像也垂直于光轴。QP 称为物高，$Q'P'$ 称为像高，分别用 y 和 y' 表示，它们的正负遵从前述的符号规则，此例中物高 y 为正，因为它位于光轴的上方，像高 y' 为负，因为它位于光轴的下方。

因为现在所讨论的近轴球面有绕光轴的旋转对称性，将图 2-7 绕光轴 z 旋转一周，则 QP 将扫出一个垂直于光轴 z 的物平面，同样 $Q'P'$ 将扫出一个垂直于光轴 z 的像平面。所以我们说，在近轴范围内，近轴球面将垂直于光轴的物平面成像为垂直于光轴的像平面。

1. 横向（垂轴）放大率

在图 2-7 中，由 $\triangle Q'P'C \backsim \triangle QPC$ 有

$$\frac{-y'}{y} = \frac{l'-r}{-l+r}$$

即

$$\frac{y'}{y} = \frac{l'-r}{l-r} = \frac{nl'}{n'l} \tag{2-23}$$

上式中第二步利用了式(2-12)阿贝不变量的变形，即由

$$A = n\left(c - \frac{1}{l}\right) = n'\left(c - \frac{1}{l'}\right)$$

有

$$n\frac{l-r}{l} = n'\frac{l'-r}{l'}$$

所以

$$\frac{nl'}{n'l} = \frac{l'-r}{l-r}$$

式(2-23)告诉我们，对于给定的物体位置和物高，在确定像面位置的同时也就确定了像高。将式(2-23)中左端之比，即像高与物高之比定义为单个近轴球面的横向放大率，有时也称垂轴放大率，用希腊字母 β 表示，即

$$\beta = \frac{y'}{y} \tag{2-24}$$

值得注意，对于给定的近轴球面（即给定它的球面半径 r 和球面两边的折射率 n 及 n'），横向放大率是物体位置的函数，即物体位置不同，所成像的大小也不一样。这在式(2-23)中看得很清楚。

在式(2-23)中代入式(2-10)可得一个更对称的横向放大率表示式，即

$$\beta = \frac{nu}{n'u'} \tag{2-25}$$

无论是利用式(2-23)还是式(2-25)来确定像高，采用的都是在确定像面位置时计算一条从轴上物点发出的近轴光线所得出的数据结果，故可以说在确定像面位置的同时像的大小也就确定了。另外，β 值为负说明像为倒像，β 值为正说明像为正像。这在几何图示上看得很

清楚,例如图 2-7 就是成倒像的情况。

2. 轴向放大率

前述已知,对于给定的近轴球面,物平面位置不同,则相应的像平面也处于不同的位置。现在讨论若物平面沿光轴方向移动一微小距离,像平面的移动情况如何,其定量关系可由微分式(2-9)得出。为避免与光学系统中表示厚度或间隔的字母 d 混淆,采用 δ 作为微分符号,即有

$$\delta\left(\frac{n'}{l'} - \frac{n}{l}\right) = \delta[c(n'-n)] = 0$$

上式右边为零是由于 $[c(n'-n)]$ 为常数,左边微分并做整理后得

$$\frac{\delta l'}{\delta l} = \frac{n l'^2}{n' l^2} \tag{2-26}$$

这里,δl 是物平面的移动量,移动方向隐含在其中,如沿光轴正方向移动,则为正值,即 δl 是物平面的终端位置物距减去物平面的始端位置的物距,反之若沿逆光轴方向移动,即向光轴的左端移动则为负值;$\delta l'$ 是相应的像平面的移动量,其值为正说明像平面沿光轴正方向移动,反之说明像平面向左逆光轴方向移动。定义像平面移动量 $\delta l'$ 与物平面移动量 δl 之比为轴向放大率,用希腊字母 α 表示,即

$$\alpha = \frac{\delta l'}{\delta l} \tag{2-27}$$

利用式(2-23)或式(2-24)和式(2-26)有

$$\alpha = \frac{n'}{n}\beta^2 \tag{2-28}$$

由这个关系式可以得到两点结论:第一点,由于上式右边总是一个大于零的数,所以,对于单个近轴球面,像平面的移动方向总是和物平面的移动方向一致,也就是说物平面向光轴正方向移动,相应的像平面也向光轴正方向移动;反之亦然。这一点由式(2-26)也看得很清楚,因为它总是一个正值。第二点,对于单个近轴球面而言,除几个极特殊的物体位置外,横向放大率和轴向放大率一般并不相等,说明一个立方体经一个近轴球面成像后一般并不是一个立方体。

3. 角放大率

从光路图 2-7 看到,由物点 P 追踪计算一条近轴光线得到了像点 P' 后,随之像方截距 l' 与物方截距 l 之比就确定了,同时像高 y' 与物高 y 之比也就定了。这时也可以确定出像方孔径角 u' 与物方孔径角 u 之比,因为据式(2-10)有

$$\frac{u'}{u} = \frac{l}{l'} \tag{2-29}$$

通常将入射光线和相应的折射光线称为一对共轭光线,共轭光线与光轴夹角之比定义为角放大率,用希腊字母 γ 表示,即

$$\gamma = \frac{u'}{u} \tag{2-30}$$

利用式(2-25)有

$$\gamma = \frac{n}{n'} \cdot \frac{1}{\beta} \tag{2-31}$$

正如前述,给定近轴球面后,从物点追踪一条近轴光线,就可确定三个比例 $\frac{l'}{l}$、$\frac{y'}{y}$ 和 $\frac{u'}{u}$,所以角放大倍率与横向放大倍率之间有关就是很自然的事情。

4. 三个放大率之间的关系

将式(2-28)和式(2-31)的两边分别相乘得

$$\alpha \cdot \gamma = \beta \tag{2-32}$$

上式是横向放大率、轴向放大率、角放大率三者之间的关系。

5. 光学不变量

由式(2-24)和式(2-25)易得

$$nuy = n'u'y' \tag{2-33}$$

此式的物理含义是,在近轴球面折射前后或说成像前后,折射率、孔径角、物(像)高三者乘积是不变的。通常将这个不变量称为光学不变量,亦称拉赫不变量,用大写字母 J 表示,即

$$J = nuy = n'u'y' \tag{2-34}$$

光学不变量是几何光学中一个很重要的不变量。它告诉我们,在成像过程中,垂轴尺寸方面的压缩$\left(\text{即} \frac{y'}{y} \text{的比值缩小}\right)$必然有角度方面的扩展$\left(\text{即} \frac{u'}{u} \text{的比值扩大}\right)$。若将此处的 y 看成是某一光束的截面尺寸表征,将 u 看成是光束发散程度的表征,则式(2-34)告诉我们,想利用近轴球面将一束又粗、发散又大的光束变换成又细、方向性又好的光束是不可能的。而近轴球面的作用基本上是在孔径角和物(像)高这二者之间重新分配。

2.4 近轴球面系统中的近轴光线追迹

实际的光学系统往往是由多个折(反)射面串联在一起组成的,而且各个折(反)射面的对称轴是共同的,即为共轴光学系统。下面的讨论都是针对共轴系统的。对于共轴系统,近轴光线的计算可以一面一面地逐次计算。因为从第一面开始,第二面可以将前一面计算出的像点作为下一面的物点,利用式(2-9)或式(2-21)循环计算,直至最后一个折射面。其间要解决好两个问题,一是随着前一面计算结束向后一面过渡时应将坐标原点同时从前一面的顶点移到后一面的顶点,即坐标原点一定是当前计算面的顶点;二是要建立前一面的计算结果与后一面的起算数据之间的联系。

1. 近轴球面系统的成像

如图 2-8 所示,是由三个共轴的近轴球面 S_1、S_2 和 S_3 组成的系统,这三个近轴球面的球心都位于光轴上,其光轴为 z 轴。

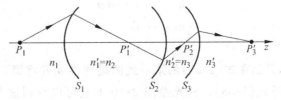

图 2-8 三个共轴的近轴球面组成的系统

由点 P_1 发出的一条近轴光线经第一面折射后交光轴于 P_1'；这条光线继续前进又遇到第二个近轴折射球面 S_2，经它折射后折射光线交光轴于 P_2'，这条光线仍然要继续前进直至入射到第三个近轴球面 S_3 上再经其折射后交光轴于 P_3' 点。

从成像的观点讲，P_1 点经这个系统成像为 P_3'。从局部看，P_1' 是 P_1 经 S_1 面所成的像；P_2' 是 P_1' 经 S_2 面所成的像；P_3' 是 P_2' 经 S_3 面所成的像。从 $P_1 \rightarrow P_1'$；$P_1' \rightarrow P_2'$；$P_2' \rightarrow P_3'$ 的计算都可分别用式(2-9)或式(2-21)，都是由已知的 $l_i(i=1,2,3)$ 求出 $l_i'(i=1,2,3)$ 的问题，或者说由 (l_i,u_i) 求出 (l_i',u_i') $(i=1,2,3)$，即由已知的物方截距求得像方截距，确定出像的位置。

2. 近轴光学计算中的转面公式

由前一面的计算结果导出后一面计算用的起算数据的过程称为转面。例如图 2-9 中，经过第一面的计算后，已得到 l_1', u_1'。

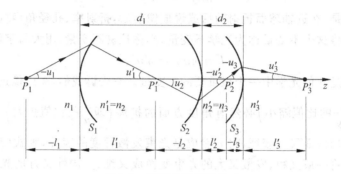

图 2-9 转面数据间的关系

下一面计算需要的起算数据是 l_2, u_2，它们与两近轴球面间的间隔 d_1，以及 l_1', u_1' 的关系为

$$\begin{cases} l_2 = l_1' - d_1 \\ u_2 = u_1' \end{cases}$$

还有第一面的像方折射率即是第二面的物方折射率，即

$$n_2 = n_1'$$

这三个式子即为由第一面计算结果向第二面计算的起算过渡的转面公式，写成一般的形式是

$$\begin{cases} l_{i+1} = l_i' - d_i \\ u_{i+1} = u_i' \\ n_{i+1} = n_i' \end{cases} \quad (2-35)$$

如果用式(2-11)作近轴光线的追踪计算，则相应的转面公式为

$$\begin{cases} h_{i+1} = h_i - d_i u_i' \\ u_{i+1} = u_i' \\ n_{i+1} = n_i' \end{cases} \quad (2-36)$$

这是式(2-35)的变形，显然在式(2-35)的第一式两端同乘 u_i' 并将第二个式子代入，然后利用 $h_i = l_i u_i = l_i' u_i'$，即得式(2-36)。从光路图 2-10 上也可以得到这个转面公式。由图有 $(h_1 - h_2) = d_1 u_1'$，即 $h_2 = h_1 - d_1 u_1'$，写成一般形式即为式(2-36)。

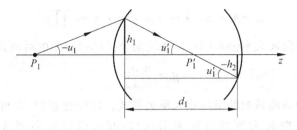

图 2-10 转面关系

有了这些转面关系,就可以循环使用单个近轴球面的成像公式找到某一物点经这个共轴系统所成像的具体位置。

3. 近轴球面系统的放大率

在 2.3 节中讨论了单个近轴球面系统的横向放大率、轴向放大率和角放大率这三种放大率。现将这三种放大率推广到由若干个近轴球面组成的共轴系统中,并给出三种放大率各自的表述形式。

设光学系统由 k 个近轴球面组成,物高为 y_1,像高为 y_k';从轴上物点 P 追踪一条近轴光线,设物方孔径角为 u_1,得到像方孔径角为 u_k',其他各面的物方和像方孔径角分别为 u_i 和 u_i';并设第 i 面的物高为 y_i,像高为 y_i',这个面前后的折射率分别为 n_i 和 n_i'。如图 2-11 所示。

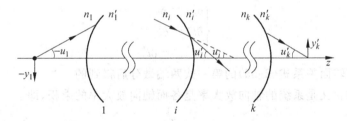

图 2-11 近轴球面系统

(1) 横向放大率 β

定义系统的像高 y' 与物高 y 之比为横向放大率,即

$$\beta = \frac{y'}{y} \tag{2-37}$$

由于第一面的物即系统的物,最后一面的像是整个系统的像;前一面的像即为后一面的物。所以有

$$\begin{cases} y_1 = y \\ y_k' = y' \\ y_{i-1}' = y_i \end{cases}$$

进而有

$$\frac{y'}{y} = \frac{y_k'}{y_k} \cdot \frac{y_{k-1}'}{y_{k-1}} \cdot \ldots \cdot \frac{y_i'}{y_i} \cdot \ldots \cdot \frac{y_1'}{y_1} \tag{2-38}$$

式(2-38)告诉我们整个系统的横向放大率是系统每一面横向放大率的乘积,即

$$\beta = \beta_k \cdot \beta_{k-1} \cdot \cdots \cdot \beta_i \cdot \cdots \cdot \beta_1 = \prod_{i=1}^{k} \beta_i \tag{2-39}$$

将单个近轴球面的横向放大率公式(2-25)和转面公式(2-35)中的后两式代入式(2-39)有

$$\beta = \frac{n_1 u_1}{n_k' u_k'} \tag{2-40}$$

式(2-40)是近轴球面系统的横向放大率关系式。已经注意到,在得到这个式子的过程中,我们仅使用了横向放大率的对称表示式(2-25),而没有利用式(2-23),这是因为式(2-25)中除相关折射率外仅是孔径角之比,它们与坐标原点的选择和转移无关,而后者即式(2-23)中要涉及像方截距与物方截距之比,它们与坐标原点密切相关,所以不便在这里应用。

(2) 轴向放大率 α

设物平面沿光轴方向微量移动了 δl,相应地像平面沿光轴移动了 $\delta l'$,定义像平面的移动量 $\delta l'$ 与物平面移动量 δl 之比为轴向放大率,即

$$\alpha = \frac{\delta l'}{\delta l} \tag{2-41}$$

由于

$$\frac{\delta l'}{\delta l} = \frac{\delta l_k'}{\delta l_k} \cdot \frac{\delta l_{k-1}'}{\delta l_{k-1}} \cdot \cdots \cdot \frac{\delta l_i'}{\delta l_i} \cdot \cdots \cdot \frac{\delta l_1'}{\delta l_1} \tag{2-42}$$

这里利用了

$$\begin{cases} \delta l_1 = \delta l \\ \delta l_k' = \delta l' \\ \delta l_{i+1} = \delta l_i' \end{cases}$$

其中第三式是将转面关系式(2-35)的第一式两端微分后得到的。

式(2-42)的含义是系统的轴向放大率是各面轴向放大率的乘积,即

$$\alpha = \prod_{i=1}^{k} \alpha_i \tag{2-43}$$

将式(2-28)代入有

$$\alpha = \frac{n_k'}{n_k} \beta_k^2 \cdot \frac{n_{k-1}'}{n_{k-1}} \beta_{k-1}^2 \cdot \cdots \cdot \frac{n_i'}{n_i} \beta_i^2 \cdot \cdots \cdot \frac{n_1'}{n_1} \beta_1^2$$

$$= \frac{n_k'}{n_1} \Big(\prod_{i=1}^{k} \beta_i \Big)^2 = \frac{n_k'}{n_1} \beta^2 \tag{2-44}$$

这里还利用了转面关系式(2-35)和式(2-39)。此即近轴球面系统中,轴向放大率 α 与横向放大率 β 的关系,其形式与单面的形式完全雷同,它所包含的意义也与单面的完全类似,即像总是沿着与物移动方向相同的方向移动的,另外除物方折射率与像方折射率相等且横向放大率为 ± 1 倍的情况以及几个物体位置极特殊的情况外,立方体的像一般不再是立方体。

(3) 角放大率 γ

如图 2-11 所示,在追踪的近轴光线中,取出入射光线与光轴所夹的孔径角 u_1 以及与其共轭的出射光线与光轴所夹的孔径角 u_k',定义后者对前者之比为系统的角放大率,即

$$\gamma = \frac{u_k'}{u_1} \tag{2-45}$$

利用转面公式 $u'_i = u_{i+1}$,有

$$\gamma = \frac{u'_k}{u_k} \cdot \frac{u'_{k-1}}{u_{k-1}} \cdot \cdots \cdot \frac{u'_i}{u_i} \cdot \cdots \cdot \frac{u'_1}{u_1} = \prod_{i=1}^{k} \gamma_i \tag{2-46}$$

即整个近轴光学系统的角放大率是各面角放大率的乘积。

（4）三个放大率之间的关系

将式(2-45)的两端与式(2-44)的两端分别相乘,并将式(2-40)代入则得 α、β 和 γ 这三个放大率之间的关系,即

$$\alpha \gamma = \beta \tag{2-47}$$

它与单面的关系式类似。

（5）光学(拉赫)不变量

利用转面关系式(2-35)和关系式 $y'_{i-1} = y_i$,可以将单个近轴球面的光学(拉赫)不变量式(2-34)推广到整个系统中,即在系统的任一面折射前后折射率、孔径角与物(像)高三者乘积不变,即

$$J = n_i u_i y_i = n'_i u'_i y'_i \quad (i = 1, 2, \cdots, k) \tag{2-48}$$

再次说明,每个近轴球面的作用基本上是将这个光学(拉赫)不变量在孔径角和物(像)高之间重新分配,这里说基本二字是因为暂且没有计入折射率这个因素。

光学(拉赫)不变量 J 还有其他一些表述形式,在实际使用中有重要应用。如图 2-12 所示,从轴上物点和轴外物点分别追踪了两条近轴光线,前者称为轴上点发出的第一近轴光线,后者称为斜的第二近轴光线。

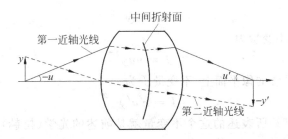

图 2-12 第一近轴光线和第二近轴光线

由于这两条光线是从不同物点发出的,它们是不相关的光线(其理论根据见 2.5 节近轴矩阵光学)。设第一近轴光线在光学系统某一折射面上的投射高度为 h_i,该折射面前后的折射率分别为 n_i 和 n'_i,该近轴光线在该面处的物方孔径角和像方孔径角分别为 u_i 和 u'_i;第二近轴光线的投射高度,物方孔径角和像方孔径角分别为 h_{pi},u_{pi} 和 u'_{pi}。

根据近轴成像公式(2-11),我们有

$$\begin{cases} n'_i u'_i - n_i u_i = h_i (n'_i - n_i) c_i \\ n'_i u'_{pi} - n_i u_{pi} = h_{pi} (n'_i - n_i) c_i \end{cases} \tag{2-49}$$

在上述二式中消去公共因子 $(n'_i - n_i) c_i$,并经整理得

$$n_i u_i h_{pi} - n_i u_{pi} h_i = n'_i u'_i h_{pi} - n'_i u'_{pi} h_i \tag{2-50}$$

上述结果表明,等式左边表述的是折射前的光线参量组合,而右边表述的是折射后同样的光线参数组合,二者相等说明它是一个不变量,我们暂且仍用 J 表示,但现在尚未证明它与光

学(拉赫)不变量的关系。

将式(2-50)所述的结果推广到整个光学系统中去。设第 i 面折射面与第 $i+1$ 面折射面间的轴向间隔为 d_i,据转面公式(2-35)和式(2-36),即

$$\begin{cases} h_{i+1} = h_i - d_i u'_i \\ h_{\mathrm{p}i+1} = h_{\mathrm{p}i} - d_i u'_{\mathrm{p}i} \\ u_{i+1} = u'_i \\ u_{\mathrm{p}i+1} = u'_{\mathrm{p}i} \\ n_{i+1} = n'_i \end{cases}$$

有

$$n_{i+1} u_{i+1} u'_{\mathrm{p}i} = n_{i+1} u_{\mathrm{p}i+1} u'_i$$

也就是说有

$$n_{i+1} u_{i+1} d_i u'_{\mathrm{p}i} - n_{i+1} u_{\mathrm{p}i+1} d_i u'_i = 0$$

进而有

$$n'_i u'_i h_{\mathrm{p}i} - n'_i u'_{\mathrm{p}i} h_i = n_{i+1} u_{i+1} h_{\mathrm{p}i+1} - n_{i+1} u_{\mathrm{p}i+1} h_{i+1} = J \tag{2-51}$$

上式说明,$J = n_{i+1} u_{i+1} h_{\mathrm{p}i+1} - n_{i+1} u_{\mathrm{p}i+1} h_{i+1} = n'_i u'_i h_{\mathrm{p}i} - n'_i u'_{\mathrm{p}i} h_i$。这告诉我们,不变量 J 不仅在近轴光学系统中任意一个面的折射前后不变,而且在通过任意两个面之间的空间时也是不变的,由此可以说不变量 J 在系统中的任何垂直于光轴的平面上都保持不变。现将它应用于物平面,在物平面上有

$$h = 0$$
$$h_{\mathrm{p}} = y$$

所以在物平面上这个不变量为

$$J = nuy$$

类似,可得到在整个系统的像平面上,不变量 J 为

$$J = n'u'y'$$

至此我们看到,式(2-51)所表述的这个不变量就是前述的光学(拉赫)不变量,这是它的另一种表述形式,也是很重要的一种形式。

4. 实像,虚像;实物,虚物;物空间,像空间

(1) 实像,虚像

前面已经知道,对于给定的光学系统,成像的情况与物体位置有关,现在我们利用成像公式考查几个简单情况的成像,比较它们的异同,定义实像、虚像,并解释说明它们的含义。

例如图 2-13,由一个近轴球面构成的简单系统,其物方折射率 $n=1$,即物方介质为空气;像方介质为普通光学玻璃,折射率 $n'=1.5$。近轴球面半径 $r=+100\mathrm{mm}$。利用式(2-9)对于两个不同的物体位置计算出像的位置如下:

情况(a) 已知 $l_a = -800\mathrm{mm}$

应用式(2-9),即

$$\frac{n'}{l'} = \frac{n}{l} + \frac{n'-n}{r}$$

代入情况(a)中的相关数据有

$$\frac{1.5}{l'_a} = \frac{1}{-800} + \frac{1.5-1}{100} = 0.00375$$

即得

$$l'_a = 400\text{mm}$$

情况(b) 已知 $l_b = -50\text{mm}$

在式(2-9)中代入情况(b)的相关数据,有

$$\frac{1.5}{l'_b} = \frac{1}{-50} + \frac{1.5-1}{100} = -0.015$$

即得

$$l'_b = -100\text{mm}$$

上述两种物距情况的光路图分别如图 2-13(a)和(b)所示。

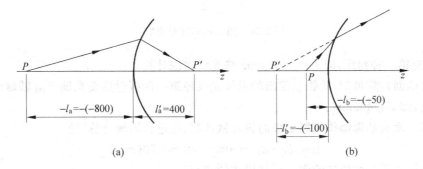

图 2-13 不同物距的成像

这个结果告诉我们,当物体位于近轴球面顶点前方 800mm,即当 $l_a = -800\text{mm}$ 时,系统将它成像在近轴球面顶点后方 400mm 处;而当物体位于近轴球面顶点前方 50mm,即当 $l_b = -50\text{mm}$ 时,系统将这个物体成像在近轴球面顶点前方 -100mm 处。从实验上讲,如果我们设置了这样一个系统,将物体置放在系统前方 -800mm 处,则我们将在系统后方 400mm 处用屏接收到一个与原物相似的像;然而将物体置放在系统前方 -50mm 处时,我们却只能看到有一个与原物相似的像在系统前方 -100mm 处,但这个像我们却无法用屏接收到。前一种情况的像称为实像,因为不但能看到,而且能用屏接到;而后一种情况的像只能看到,不能用屏接到,故称为虚像,如图 2-13 所示。从光路图上分析,情况(a)的像是物发出的光线经系统折射后,这些实实在在的光线汇集在一起形成的;而情况(b)的像却是物点发出的光线经系统折射后,这些光线的反向延长线汇集在一起形成的,眼睛之所以能看到它是由于系统的这些折射光线是实实在在的,它们似乎是从这个像点发出的,进入眼睛后又成了一次像。

(2) 实物,虚物

如上例,对于给定的单面系统来说,物点是一个实实在在的物点,说它实在是指联系物点和像点的入射光线就是该物点发出的实际光线,所以这个物点称为实物。在前一种物距情况下,成了一个实像;而在后一种物距情况下成了一个虚像。现假如该系统之后还有一个折射面,如图 2-14 所示,其设置如下:

r/mm	d/mm	n
		1.0
100		
	30	1.5
-200		
		1.0

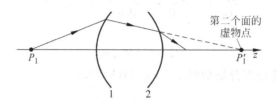

图 2-14 第二面的物是虚物

现针对第一种物距,即 $l_1 = -800$mm 作光线追踪计算:

① 由前面计算可知,此物点发出的近轴光线经第一面折射后交光轴于近轴球面顶点后 400mm 处,即 $l' = 400$mm。

② 第一面成的像即作为第二面的物再做计算,先进行转面计算,即
$$l_2 = l'_1 - d_1 = 400 - 30 = 370(\text{mm})$$

③ 计算经第二面所成的像。再利用式(2-9)有
$$\frac{1}{l'_2} = \frac{1.5}{370} + \frac{1-1.5}{-200} = 0.0066$$

即
$$l'_2 = 152.6\text{mm}$$

对于第二面来说,它的物点是第一面的像点 P'_1,如图 2-14 所示。从计算结果和图示都能看到,射向 P'_1 点的光线在到达该点之前,就遇到了第二面,并开始改变光线的传播方向,所以第二面的实际入射光线并不通过 P'_1 点,而是它们的延长线相交于 P'_1 点,故称 P'_1 为第二面的"虚物点"。

值得指出,虚物只是联系于系统中某些面的物,而对于整个系统而言,它的原始物,也即系统第一面的物,一定是实物。

(3) 物空间,像空间

任何具有一定面积或体积的物体,都可以把它们看做是由无数发光点集合而成。如果每一点都按照上述光线追踪的办法定义一像点,物体上各点所对应的像点的总体就叫该物体通过光学系统所成的像。物所在的空间称为"物空间",像所在的空间称为"像空间"。

由此可以定义,光学系统第一面以前的空间为"实物空间",而第一面以后的空间为"虚物空间";系统最后一面以后的空间称为"实像空间",而最后一面以前的空间称为"虚像空间"。整个物空间(包括实物空间和虚物空间)是可以无限扩展的,整个像空间(包括实像空间和虚像空间)也是可以无限扩展的。有时针对具体的系统,以及给定的物像位置,在较窄的范围内谈论"物空间"和"像空间",例如上例,物体位于光学系统前 -800mm 处,像位于光学系统后 156.2mm 处,就说系统前是物空间,系统后为像空间。

值得指出,物空间介质的折射率,须按实际入射光线所在介质的折射率来计算;像空间介质的折射率也须按实际出射光线所在介质的折射率来计算,而不管它们是实物点还是虚物点,抑或是实像点还是虚像点。例如上述计算例,对第二个折射面来说,它的物空间折射率为 1.5,因为它的实际入射光线是在光学玻璃中行走的。

几何光学中最基本的问题是求像,对于任何复杂的共轴系统,只要追踪一条近轴光线就可以求出像的位置,像的大小,像的正倒,像的虚实以及三种放大率,所以近轴光学是几何光学中的重要内容。

2.5 近轴矩阵光学

近轴光学中的许多关系式是线性的,将矩阵工具引入,则这些关系式的表达相当简捷。另外在这些关系式中,描述光线的列矩阵与表述光学系统的矩阵是分离的,这非常便于问题的分析,并容易得出一些相当有用的结论。

1. 近轴光线的列矩阵表示

如图 2-15,z 轴是光轴,在光轴上的 $z=z_0$ 处取定一参考面 RP 垂直于光轴。含光轴面(纸面)内的任一近轴光线可用该光线在参考面上的投射高度 h,以及它与光轴的夹角(即孔径角)u 这两个参数来表示。又为了表明该光线所在的介质折射率 n,将 n 与 u 的乘积 nu 作为一个参数,称为光学方向余弦。这样,图 2-15 中的光线 a 可用列矩阵表示,即

$$a = \begin{bmatrix} h \\ nu \end{bmatrix} \quad (2\text{-}52)$$

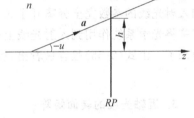

图 2-15 近轴光线的标示图

换句话说,对于选定的参考面 RP,只要确定了 h,u,n,光线所在的介质以及光线的方向和位置就完全确定了。故称式(2-52)是光线的列矩阵表示。因为我们仍然是在近轴光学的范畴内讨论问题,以及所用关系式又都是源于近轴光学的关系式,所以称式(2-52)是近轴光线的列矩阵表示式。

值得指出,与近轴光学中的情况类似,在近轴矩阵光学中,参考面往往也取在物面、像面或过近轴球面顶点的切平面等处。

2. 近轴光线的折射矩阵

如图 2-16 所示是一个近轴折射球面,两边介质的折射率分别为 n 和 n',近轴球面半径为 r。近轴光线 $a = \begin{bmatrix} h \\ nu \end{bmatrix}$ 入射到这个近轴球面上,经其折射成为折射光线 $a' = \begin{bmatrix} h' \\ n'u' \end{bmatrix}$。

将参考面取在过近轴球面顶点的切平面上,由近轴光线的性质知,如下关系成立

$$h' = h \quad (2\text{-}53)$$

由式(2-11)知,近轴光线在近轴球面上折射前后满足关系

$$n'u' = \frac{n'-n}{r}h + nu \quad (2\text{-}11)$$

将式(2-53)和式(2-11)两式联立并写成矩阵形式有

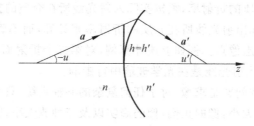

图 2-16 近轴球面对近轴光线的折射

$$\begin{bmatrix} h' \\ n'u' \end{bmatrix} = \begin{bmatrix} 1 & 0 \\ \dfrac{n'-n}{r} & 1 \end{bmatrix} \begin{bmatrix} h \\ nu \end{bmatrix} \tag{2-54}$$

式(2-54)中 2×2 的方阵只含有近轴球面系统的参量,称其为近轴光线的折射矩阵,用 **R** 简记之,即

$$\boldsymbol{R} = \begin{bmatrix} 1 & 0 \\ \dfrac{n'-n}{r} & 1 \end{bmatrix} \tag{2-55}$$

式(2-54)是近轴光学的直接结果,但它的表述形式却另有特色。一是它将折射光线的参数和入射光线的参数完全分离开了,二是它将近轴球面系统的参量与光线参数完全分离开了,三是将光学系统作用到入射光线上得到折射光线这个物理内容清清楚楚地以数学语言表达出来了。由式(2-55)很容易看出,折射矩阵行列式的值为 1,即有

$$|\boldsymbol{R}| = 1 \tag{2-56}$$

3. 近轴光线的转面矩阵

显然,同一条近轴光线在不同的参考面上有不同的投射高度,也就有不同的列矩阵表示。然而,当两个参考面相互间的位置已被确定时,同一条光线的两个列矩阵表示之间存在一个确定的关系,这个关系的具体表述就是转面矩阵。

如图 2-17,设近轴光线 *a* 是前一个折射面的出射光线,它又要入射到下一个折射面上。在这两个近轴折射球面顶点处分别选取两个参考面 RP_1 和 RP_2,参考面 RP_1 与 RP_2 的轴向间距为 d。

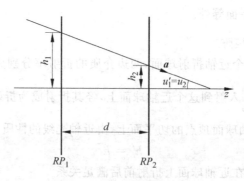

图 2-17 近轴光线的转面关系

设光线 *a* 在参考面 RP_1 上的投射高度为 h_1,在参考面 RP_2 上的投射高度为 h_2,作为前

一个折射面的出射光线它的孔径角用 u_1' 表示，作为后一个折射面的入射光线它的孔径角用 u_2 表示。光线 a 无论在参考面 RP_1 上描述还是在参考面 RP_2 上描述，它都是同一条光线，所以有 $u_1'=u_2$。利用近轴光学中的转面关系式 $h_2=h_1-d_1u_1'$，$u_2=u_1'$ 和 $n_2=n_1'$，有

$$\begin{cases} h_2 = h_1 - \dfrac{d_1}{n_1'}n_1'u_1' \\ n_2u_2 = 0 + n_1'u_1' \end{cases} \tag{2-57}$$

式(2-57)写成矩阵形式有

$$\begin{bmatrix} h_2 \\ n_2u_2 \end{bmatrix} = \begin{bmatrix} 1 & -\dfrac{d_1}{n_1'} \\ 0 & 1 \end{bmatrix} \begin{bmatrix} h_1 \\ n_1'u_1' \end{bmatrix} \tag{2-58}$$

式(2-58)是近轴光线的转面关系式。很清楚，列矩阵 $\begin{bmatrix} h_1 \\ n_1'u_1' \end{bmatrix}$ 与列矩阵 $\begin{bmatrix} h_2 \\ n_2u_2 \end{bmatrix}$ 之间的关系由矩阵 $\begin{bmatrix} 1 & -\dfrac{d_1}{n_1'} \\ 0 & 1 \end{bmatrix}$ 完全确定，称这个 2×2 的矩阵为近轴光线的转面矩阵，用 T 表示，即

$$T = \begin{bmatrix} 1 & -\dfrac{d_1}{n_1'} \\ 0 & 1 \end{bmatrix} \tag{2-59}$$

很容易看出，转面矩阵行列式的值为1，即

$$|T| = 1 \tag{2-60}$$

4. 近轴球面系统的特性矩阵

设一近轴光学系统由 K 个折射面组成，它就有 $(K-1)$ 个间隔(厚度)。如此可写出 K 个折射矩阵 $\begin{bmatrix} 1 & 0 \\ \dfrac{n_i'-n_i}{r_i} & 1 \end{bmatrix}$ (其中，$i=1,\cdots,K$)，$K-1$ 个转面矩阵 $\begin{bmatrix} 1 & -\dfrac{d_i}{n_i'} \\ 0 & 1 \end{bmatrix}$ (其中，$i=1,\cdots,K-1$)。入射光线 $\begin{bmatrix} h_1 \\ n_1u_1 \end{bmatrix}$ 经这个系统的逐面依次折射，并考虑到前一面到后一面的转面关系，我们自然得到出射光线 $\begin{bmatrix} h_K' \\ n_K'u_K' \end{bmatrix}$ 为

$$\begin{bmatrix} h_K' \\ n_K'u_K' \end{bmatrix} = \begin{bmatrix} 1 & 0 \\ \dfrac{n_K'-n_K}{r_K} & 1 \end{bmatrix} \begin{bmatrix} 1 & -\dfrac{d_{K-1}}{n_{K-1}'} \\ 0 & 1 \end{bmatrix} \cdots \begin{bmatrix} 1 & -\dfrac{d_1}{n_1'} \\ 0 & 1 \end{bmatrix} \begin{bmatrix} 1 & 0 \\ \dfrac{n_1'-n_1}{r_1} & 1 \end{bmatrix} \begin{bmatrix} h_1 \\ n_1u_1 \end{bmatrix} \tag{2-61}$$

简记上式中 $(2K-1)$ 个方阵的乘积为 M，即

$$M = \begin{bmatrix} 1 & 0 \\ \dfrac{n_K'-n_K}{r_K} & 1 \end{bmatrix} \begin{bmatrix} 1 & -\dfrac{d_{K-1}}{n_{K-1}'} \\ 0 & 1 \end{bmatrix} \cdots \begin{bmatrix} 1 & \dfrac{d_1}{n_1'} \\ 0 & 1 \end{bmatrix} \begin{bmatrix} 1 & 0 \\ \dfrac{n_1'-n_1}{r_1} & 1 \end{bmatrix} \tag{2-62}$$

这个矩阵中只含有光学系统的参数，称为光学系统的特性矩阵。由式(2-56)和式(2-60)知，上式右边中的每一个矩阵的行列式之值都为1。根据代数学中的一个定理，即"矩阵乘积行列式之值等于各矩阵行列式的乘积"，可得光学系统特性矩阵行列式的值也为1，也就是说有

$$|M|=1 \tag{2-63}$$

可以看出,式(2-61)的表述形式很有特色,它将出射光线的参数和入射光线的参数完全分离开了,它将光学系统的参量与光线参数完全分离开了,它在物理上表明了出射光线完全是光学系统对入射光线作用的结果。

5. 近轴矩阵光学的应用——激光稳定谐振腔的设计

从几何光学角度看,简化了的激光谐振腔是两块适当配置且相距一定间隔的共轴球面反射镜,如图 2-18 所示。图中,反射镜 1 是部分反射的,反射镜 2 是高反射的。腔内置有激活介质(在图 2-18 中没画出来,所画的谐振腔为空腔),若有激光输出,它就从部分反射的反射镜 1 一端输出。

稳定谐振腔的要求是腔内近轴光线在两块球面反射镜间多次反射仍然是近轴光线而不从腔的侧面跑出腔外。现根据这个要求看看谐振腔的参数应满足什么样的条件,即两块球面反射镜的半径 r_1 和 r_2,以及两反射镜之间的间隔 d 之间要满足什么样的搭配。

前述近轴矩阵光学中讨论的主要是折射系统,为将折射系统的结果推广到反射系统,几何光学中作了两条代换原则,一是在折射公式中用 $-n$ 替代 n';二是逆光轴方向前进的光线所经过的间隔取负值 $-d$,也就是说当光线从反射镜 2 射向反射镜 1 时,因是顺光路方向,间隔为正值;而当光线从反射镜 1 射向反射镜 2 时,光线是逆光路方向前进的,间隔取负值。采用上述替代后,所有用于折射系统的近轴光学计算式都适用于反射系统。

按惯例,在反射镜 1 的顶点处取参考面 RP_1,在反射镜 2 的顶点处取参考面 RP_2,如图 2-19 所示。

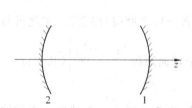

图 2-18 激光谐振腔(空腔)示意图

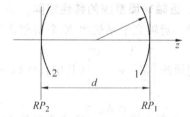

图 2-19 激光谐振腔中的参考面

图 2-19 所示的系统中,遵从上述替代规则,并考虑到讨论的是空腔时,有

(1) 经第一块反射镜反射的光线是逆光轴方向射向第二块反射镜的,所以 d_1 为负值,即 $d_1=(RP_1 \rightarrow RP_2)=-d$;而经第二块反射镜反射的光线是顺光轴方向射向第一块反射镜的,所以 d_2 取正值,即 $d_2=(RP_2 \rightarrow RP_1)=d$;

(2) 入射到第一块反射镜上的光线沿着顺光轴的方向,它在空腔中,所以其"物方"折射率 n_1 取为 1,即 $n_1=1$;因为是反射问题,根据替换原则,其反射光线应处于 $-n_1$ 的介质中,即 $n_1'=-n_1=-1$。由第一块反射镜出来的反射光线即是第二块反射镜的入射光线,二者是同一条光线,当然处在同一种介质中,所以有 $n_2=n_1'=-1$,自然也有 $n_2'=-n_2=1$。

由式(2-55)知,反射镜 1 和 2 的反射矩阵分别为

$$\boldsymbol{R}_1 = \begin{bmatrix} 1 & 0 \\ -\dfrac{2}{r_1} & 1 \end{bmatrix} \tag{2-64}$$

和

$$\boldsymbol{R}_2 = \begin{bmatrix} 1 & 0 \\ \dfrac{2}{r_2} & 1 \end{bmatrix} \tag{2-65}$$

同样,利用前述两个替代原则,由式(2-59)可得从 RP_1 到 RP_2 以及从 RP_2 到 RP_1 的转面矩阵分别为

$$\boldsymbol{T}_1 = \begin{bmatrix} 1 & -\dfrac{d_1}{n_1'} \\ 0 & 1 \end{bmatrix} = \begin{bmatrix} 1 & -d \\ 0 & 1 \end{bmatrix} \tag{2-66}$$

和

$$\boldsymbol{T}_2 = \begin{bmatrix} 1 & -\dfrac{d_2}{n_2'} \\ 0 & 1 \end{bmatrix} = \begin{bmatrix} 1 & -d \\ 0 & 1 \end{bmatrix} \tag{2-67}$$

所以谐振腔的特性矩阵 $\boldsymbol{M}$ 为

$$\boldsymbol{M} = \boldsymbol{T}_2 \boldsymbol{R}_2 \boldsymbol{T}_1 \boldsymbol{R}_1 = \begin{bmatrix} m_{11} & m_{12} \\ m_{21} & m_{22} \end{bmatrix} \tag{2-68}$$

上述是近轴光线 $\boldsymbol{a} = \begin{bmatrix} h \\ nu \end{bmatrix}$ 在腔内走了完整的一次循环的特性矩阵表述。当近轴光线 $\boldsymbol{a}$ 在腔内走了多次循环的特性矩阵表述应为:$\boldsymbol{M}^2, \boldsymbol{M}^3, \cdots, \boldsymbol{M}^N$。

设特性矩阵 $\boldsymbol{M}$ 的两个特征值分别为 λ_1 和 λ_2,属于 λ_1 的特征向量为 $\boldsymbol{a}_1$,属于 λ_2 的特征向量为 $\boldsymbol{a}_2$,即有

$$\boldsymbol{M}\boldsymbol{a}_1 = \lambda_1 \boldsymbol{a}_1 \tag{2-69}$$

和

$$\boldsymbol{M}\boldsymbol{a}_2 = \lambda_2 \boldsymbol{a}_2 \tag{2-70}$$

现将近轴光线 $\boldsymbol{a}$ 表示成两个特征向量的线性组合,即

$$\boldsymbol{a} = c_1 \boldsymbol{a}_1 + c_2 \boldsymbol{a}_2$$

其中,c_1 和 c_2 是可以调整的系数。则有

$$\begin{aligned} \boldsymbol{M}\boldsymbol{a} &= \boldsymbol{M}(c_1 \boldsymbol{a}_1 + c_2 \boldsymbol{a}_2) \\ &= c_1 \boldsymbol{M}\boldsymbol{a}_1 + c_2 \boldsymbol{M}\boldsymbol{a}_2 \\ &= c_1 \lambda_1 \boldsymbol{a}_1 + c_2 \lambda_2 \boldsymbol{a}_2 \end{aligned} \tag{2-71}$$

和

$$\begin{aligned} \boldsymbol{M}^2 \boldsymbol{a} &= \boldsymbol{M}(\boldsymbol{M}\boldsymbol{a}) \\ &= \boldsymbol{M}(c_1 \lambda_1 \boldsymbol{a}_1 + c_2 \lambda_2 \boldsymbol{a}_2) \\ &= c_1 \lambda_1 \boldsymbol{M}\boldsymbol{a}_1 + c_2 \lambda_2 \boldsymbol{M}\boldsymbol{a}_2 \\ &= c_1 \lambda_1^2 \boldsymbol{a}_1 + c_2 \lambda_2^2 \boldsymbol{a}_2 \end{aligned} \tag{2-72}$$

以及

$$\boldsymbol{M}^N \boldsymbol{a} = c_1 \lambda_1^N \boldsymbol{a}_1 + c_2 \lambda_2^N \boldsymbol{a}_2 \tag{2-73}$$

我们知道,光线列矩阵中的第一个元素 h 的几何意义是光线在参考面上的投射高度。所以若欲将来回反射的光线保持在腔内而不从腔的侧面跑出去,则始终要求光线的投射高度 h

是有限的，故必须有

$$|\lambda_1| \leqslant 1 \tag{2-74}$$

和

$$|\lambda_2| \leqslant 1 \tag{2-75}$$

只有这样，所有的 $M^N a$ 可保持在光轴附近的有限范围内，因而才能建立稳定振荡。由线性代数知，谐振腔特性矩阵 M 的特征值 λ 是久期方程

$$\det(\lambda \boldsymbol{I} - \boldsymbol{M}) = 0 \tag{2-76}$$

的两个根。上式中 I 是单位矩阵。将式(2-68)代入，有

$$\begin{aligned}
\det(\lambda \boldsymbol{I} - \boldsymbol{M}) &= \begin{vmatrix} \lambda - m_{11} & m_{12} \\ m_{21} & \lambda - m_{22} \end{vmatrix} \\
&= \lambda^2 - (m_{11} + m_{22})\lambda + (m_{11}m_{22} - m_{12}m_{21}) \\
&= 0
\end{aligned} \tag{2-77}$$

根据式(2-63)和式(2-68)知，上述运算第二步中的第三项为1。并在式(2-68)中代入式(2-64)～式(2-67)得

$$\begin{aligned}
m_{11} + m_{22} &= 2 + \frac{4d}{r_1} - \frac{4d}{r_2} - \frac{4d^2}{r_1 r_2} \\
&= -2 + 4\left(1 + \frac{d}{r_1}\right)\left(1 - \frac{d}{r_2}\right)
\end{aligned} \tag{2-78}$$

根据初等方程论知，久期方程(2-77)两根之和 $(\lambda_1 + \lambda_2)$ 为

$$\begin{aligned}
\lambda_1 + \lambda_2 &= m_{11} + m_{22} \\
&= -2 + 4\left(1 + \frac{d}{r_1}\right)\left(1 - \frac{d}{r_2}\right)
\end{aligned} \tag{2-79}$$

由式(2-74)和式(2-75)得

$$-2 \leqslant \lambda_1 + \lambda_2 \leqslant 2$$

将式(2-79)代入并整理后有

$$0 \leqslant \left(1 + \frac{d}{r_1}\right)\left(1 - \frac{d}{r_2}\right) \leqslant 1 \tag{2-80}$$

式(2-80)就是近轴光线连续在腔内反射而不从腔的侧面逸出腔外所必须满足的条件，也就是稳定腔的结构所必须满足的条件。

从此例可以看到，将矩阵工具引入近轴光学，在稳定谐振腔的结构分析上有简单明了的好处。的确，引入矩阵并不能减少近轴光线计算时的计算量，而在于利用矩阵理论得出一些很有用的结果，而这些结果仅利用近轴几何光学分析，要说清楚比较费事。后面再举一个相关的例子。

6. 近轴矩阵光学的应用——近轴光线线性相关性的分析

在一个由近轴球面组成的共轴成像光学系统中，对于给定的物平面，总有确定的像平面与之相对应，像平面上的诸点与物平面上的诸点点点对应，每一点发出的近轴光线经系统折射后汇聚于相应的像点。这许许多多的近轴光线之间有联系吗？若是有联系其关系是什么？这个问题的实质是近轴光线的线性相关性问题，其应用方面的价值在于以尽可能少的光线追迹得到更多的信息。

设近轴光线 $\begin{bmatrix} h \\ nu \end{bmatrix}$ 和近轴光线 $\begin{bmatrix} h_p \\ nu_p \end{bmatrix}$ 是在光学系统的参考面1上标定的两条入射光线，如果这两条近轴光线相互间不能线性表出，则只有当 $\zeta = \eta = 0$ 时下式才成立

$$\zeta \begin{bmatrix} h \\ nu \end{bmatrix} + \eta \begin{bmatrix} h_p \\ nu_p \end{bmatrix} = 0 \tag{2-81}$$

式(2-81)是一个关于 ζ 和 η 的齐次线性方程组，若有惟一的零解，根据克莱默法则知其系数行列式之值一定不为零，所以要求

$$\begin{vmatrix} h & h_p \\ nu & nu_p \end{vmatrix} \neq 0 \tag{2-82}$$

不难看出，上述行列式的展开形式是 $(hnu_p - h_p nu)$，它与光学不变量 J 的另外一种表述形式完全雷同。所以如果这两条入射光线分别是轴上物点发出的第一近轴光线和轴外物点发出的第二近轴光线，则二者是线性无关的，因为绝大多数光学系统的光学不变量一般是不为零的。

在实际的光学系统中，总有一个元件限制轴上物点发出且能进入光学系统参与成像的光束孔径角或投射高度，这个元件称作光阑。将光阑对其前面的光学系统成像，称这个光阑的像为入射光瞳；将光阑对其后面的光学系统成像，称这个像为出射光瞳。如图 2-20 所示。值得指出，为图示清楚，此图中入射光瞳和出射光瞳位置是夸张的。

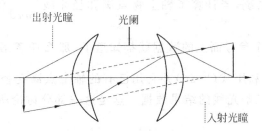

图 2-20 光学系统的光阑

将轴外物点发出射向入射光瞳中心的光线称为主光线，将轴上物点发出并射向入射光瞳边缘的光线称为满孔径光线。以后经常利用的两条线性无关的光线分别是轴上物点发出满孔径的光线 $\begin{bmatrix} h \\ nu \end{bmatrix}$ 和最边缘的轴外物点发出射向入射光瞳中心的主光线 $\begin{bmatrix} h_p \\ nu_p \end{bmatrix}$。值得指出，为避免引入过多符号，往后都用 $\begin{bmatrix} h \\ nu \end{bmatrix}$ 表示轴上物点发出的满孔径光线，用 $\begin{bmatrix} h_p \\ nu_p \end{bmatrix}$ 特指最边缘轴外物点发出且通过入射光瞳中心的主光线。

现在讨论用这两条线性无关的光线能否将近轴光学系统中的任何其他入射光线都能线性表出。设 $\begin{bmatrix} h^* \\ nu^* \end{bmatrix}$ 是物面上某点发出且入射到光学系统上的任意一条近轴光线，看看是否能够找到惟一的 ζ、η 使下式成立

$$\begin{bmatrix} h^* \\ nu^* \end{bmatrix} = \zeta \begin{bmatrix} h \\ nu \end{bmatrix} + \eta \begin{bmatrix} h_p \\ nu_p \end{bmatrix} \tag{2-83}$$

式(2-83)是一个关于(ζ,η)的非齐次线性方程组,椐式(2-82)知,它的系数行列式一定不为零,所以有惟一解。

椐式(2-61)并将式(2-83)代入,在任何一个参考面 i 上就有

$$\begin{bmatrix} h_i'^* \\ n_i'u_i'^* \end{bmatrix} = \begin{bmatrix} 1 & 0 \\ \dfrac{n_i'-n_i}{r_i} & 1 \end{bmatrix} \begin{bmatrix} 1 & -\dfrac{d_{i-1}}{n_i'} \\ 0 & 1 \end{bmatrix} \cdots \begin{bmatrix} 1 & 0 \\ \dfrac{n_1'-n_1}{r_1} & 1 \end{bmatrix} \begin{bmatrix} h^* \\ nu^* \end{bmatrix}$$

$$= \begin{bmatrix} 1 & 0 \\ \dfrac{n_i'-n_i}{r_i} & 1 \end{bmatrix} \begin{bmatrix} 1 & -\dfrac{d_{i-1}}{n_i'} \\ 0 & 1 \end{bmatrix} \cdots \begin{bmatrix} 1 & 0 \\ \dfrac{n_1'-n_1}{r_1} & 1 \end{bmatrix} \left(\zeta \begin{bmatrix} h_1 \\ n_1 u_1 \end{bmatrix} + \eta \begin{bmatrix} h_{p1} \\ n_1 u_{p1} \end{bmatrix} \right)$$

$$= \zeta \begin{bmatrix} 1 & 0 \\ \dfrac{n_i'-n_i}{r_i} & 1 \end{bmatrix} \begin{bmatrix} 1 & -\dfrac{d_{i-1}}{n_i'} \\ 0 & 1 \end{bmatrix} \cdots \begin{bmatrix} 1 & 0 \\ \dfrac{n_1'-n_1}{r_1} & 1 \end{bmatrix} \begin{bmatrix} h_1 \\ n_1 u_1 \end{bmatrix}$$

$$+ \eta \begin{bmatrix} 1 & 0 \\ \dfrac{n_i'-n_i}{r_i} & 1 \end{bmatrix} \begin{bmatrix} 1 & -\dfrac{d_{i-1}}{n_i'} \\ 0 & 1 \end{bmatrix} \cdots \begin{bmatrix} 1 & 0 \\ \dfrac{n_1'-n_1}{r_1} & 1 \end{bmatrix} \begin{bmatrix} h_{p1} \\ n_1 u_{p1} \end{bmatrix}$$

$$= \zeta \begin{bmatrix} h_i' \\ n_i'u_i' \end{bmatrix} + \eta \begin{bmatrix} h_{pi}' \\ n_i'u_{pi}' \end{bmatrix} \tag{2-84}$$

对于给定的光学系统,当计算了轴上物点满孔径光线 $\begin{bmatrix} h \\ nu \end{bmatrix}$ 和轴外点主光线 $\begin{bmatrix} h_p \\ nu_p \end{bmatrix}$ 后,这两条光线在每一个参考面上的数据就都知道了,那么任意第三条光线 $\begin{bmatrix} h^* \\ nu^* \end{bmatrix}$ 就不必再做逐面追迹计算,利用式(2-84)并利用已有的轴上点满孔径光线和轴外点主光线数据就可得出关于第三条光线的结果数据。这是这一部分讨论所得到的重要结论。

习　题

1. 对于近轴光,当物距 l 一定时,物方孔径角 u 不同时经过折射球面折射后这些光线与光轴交点的坐标值 l' 是否相等？为什么？

2. 请由式(2-21)出发,得出式(2-9)。又问式(2-21)中是含有物方孔径角 u、入射角 i、折射角 i'、像方孔径角 u' 的,而式(2-9)中不再含有各角度的量了,这是为什么？这又说明了什么？

3. 有一个光学零件,结构参数如下：

r/mm	d/mm	n
		1
100		
	30	1.5
∞		
		1

当 $l_1 = \infty$ 时,求 l_2'。在第二面上刻上一个十字线,其共轭像在何处？

4. 近轴区成像是否符合完善成像条件?

5. 一个玻璃球直径为 400mm,玻璃折射率为 1.5。球中有两个小气泡,一个正在球心,一个在二分之一半径处。沿两气泡连线方向,在球的两侧观测这两个气泡,它们应在什么位置?如在水中观测(水的折射率由第 1 章习题知 $n=1.33$)时,它们又应在什么地方?

6. 一个折射面 $r=150\text{mm}, n=1, n'=1.5$,当物距 $l=\infty, -1000, -100, 0, 100, 150, 1000\text{mm}$ 时,横向(垂轴)放大率各为多少?

7. 一个玻璃球直径为 60mm,玻璃折射率为 1.5,一束平行光射到玻璃球上,其汇聚点在什么地方?

8. 一玻璃棒($n=1.5$),长 500mm,两端面为凸的半球面,半径分别为 $r_1=50\text{mm}$ 和 $r_2=-100\text{mm}$,两球心位于玻璃棒的中心轴线上。一箭头高 $y=1\text{mm}$,垂直位于左端球面顶点之前 200mm 处,垂直于玻璃棒轴线。试画出结构简图,并求:

(a) 箭头经玻璃棒成像在什么位置(l_2')?

(b) 整个玻璃棒的垂轴(横向)放大率为多少?

9. 证明,下式的不变量是光学(拉赫)不变量的另一种形式:

$$J = n_i u_i h_{pi} - n_i u_{pi} h_i = n_i' u_i' h_{pi}' - n_i' u_{pi}' h_i'$$

10. 利用光学(拉赫)不变量证明下述不变量:

$$n_i u_i i_{pi} - n_i u_{pi} i_i = n_i' u_i' i_{pi}' - n_i' u_{pi}' i_i'$$

这里脚标 i 表示折射面序数,脚标 p 表示从轴外物点发出的第二近轴主光线,而字母 i 表示入射角。例如 i_{pi} 是第二近轴主光线在第 i 个面上的入射角。

11. 利用第 10 题的不变量证明

$$(u_i' - u_i)i_{pi} = (u_{pi}' - u_{pi})i_i$$

参考文献

[1] Kidger M J. Fundamental Optical Design [M]. Bellingham, Washington: SPIE, 2002.

[2] 张以谟. 应用光学(上册)[M]. 北京: 机械工业出版社, 1982.

[3] Smith W J. Modern Optical Engineering[M]. Boston: The McGraw-Hill Companies, Inc., 2001.

[4] 王子余. 几何光学与光学设计[M]. 杭州: 浙江大学出版社, 1989.

[5] Ditteon R. Modern Geometrical Optics[M]. New York: John Wiley & Sons, Inc., 1998.

[6] Hecht E. Optics Reading [M]. Massachusetts: Addison-Wesley, 1987.

[7] Walker B H. Optical Engineering Fundamentals [M]. Bellingham, Washington: SPIE, 1998.

[8] Fowles G R. 现代光学导论[M]. 陈时胜, 译. 上海: 上海科学技术出版社, 1980.

[9] Gerrard A and Burch J M. Introduction to Matrix Methods in Optics [M]. London: John Wiley & Sons, Inc., 1975.

[10] 袁旭沧. 应用光学[M]. 北京: 国防工业出版社, 1988.

[11] Siegman A E. Lasers [M]. Mill Valley, California: University Science Books, 1986.

[12] 李士贤, 安连生, 崔桂华. 应用光学. 理论概要·例题详解·习题汇编·考研试题[M]. 北京: 北京理工大学出版社, 1994.

[13] 顾培森. 应用光学例题与习题集[M]. 北京: 机械工业出版社, 1985.

[14] 胡玉禧. 应用光学[M]. 2 版. 合肥: 中国科技大学出版社, 2009.

3 理想光学系统

3.1 理想光学系统与共线成像理论

几何光学的主要内容是研究光学系统的成像问题。为系统地讨论物像关系，挖掘出光学系统的基本参量，将物、像与系统间的内在关系揭示出来，就暂时抛开光学系统的具体结构(r,d,n)，将一般仅在光学系统的近轴区存在的完善成像拓展成在任意大的空间中以任意宽的光束都成立的理想模型，这个理想模型就是理想光学系统。

在理想光学系统中，任何一个物点发出的光线在系统的折射或反射作用下所有的出射光线仍然相交于一点。由光路的可逆性，以及折、反射定律可得出每一个物点对应于惟一的一个像点。通常将这种物像对应关系叫做"共轭"。如果光学系统的物空间和像空间都是均匀透明介质，则入射光线和出射光线均为直线，根据光线的直线传播定律，由符合点对应点的物像空间关系可推论出直线成像为直线、平面成像为平面的性质。这种点对应点、直线对应直线、平面对应平面的成像变换称为共线成像。

对于实际使用的共轴光学系统，由于系统的对称性，共轴理想光学系统所成的像还有如下的性质：

(1) 位于光轴上的物点对应的共轭像点也必然位于光轴上；位于过(包含)光轴的某一个截面内的物点对应的共轭像点必位于同一平面内；同时，过(包含)光轴的任意截面成像性质都是相同的。因此，可以用一个过(包含)光轴的截面来代表一个共轴系统，如图 3-1 所示。另外，垂直于光轴的物平面，它的共轭像平面也必然垂直于光轴，如图 3-1 中 AB 和 $A'B'$。关于这个结论我们可证明如下，假定点 A 和点 B 位于物空间垂直于光轴的平面内，离光轴的距离相等；在像空间中的共轭平面是图中的 $A'B'$；点 A' 和 B' 分别是点 A 和 B 的像。假使 AB 绕光轴转 $180°$，使 B 点占据 A 点的位置，于是在像空间中线 $A'B'$ 也转 $180°$，点 A' 应

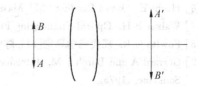

图 3-1 过光轴的截面

该与原来 B' 点的位置相重合。由此得知直线 $A'B'$ 应该垂直于光轴；因为这个讨论对于平面 $A'B'$ 上每一条线都是正确的，因而这个平面垂直于光轴。

(2) 垂直于光轴的平面物所成的共轭平面像的几何形状完全与物相似，也就是说在整个物平面上无论哪一部分，物和像的大小比例等于常数。现在利用性质(1)来证明这个性

质。作出三对共轭且过光轴的截面(过光轴的截面一般称子午面)，物空间中的 PA，PB 和 PC，像空间中的 $P'A'$，$P'B'$ 和 $P'C'$。图 3-2 表示这些子午面被垂直于光轴的平面 P 和 P' 所截出的截面。

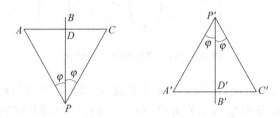

图 3-2　垂直于光轴的 PP' 截面

由性质(1)可知在某一空间中两子午面间的夹角等于另一空间中共轭子午平面间的夹角。假定每一对子午面 A 和 B，B 和 C，以及与其共轭的 A' 和 B'，B' 和 C' 形成相等的二面角；并且各点到轴的距离相同，即

$$AP = BP = CP = y$$

及

$$A'P' = B'P' = C'P' = y'$$

以直线连接点 A 和 C 及点 A' 和 C'，直线 AC 和直线 $A'C'$ 与 PB 和 $P'B'$ 的交点分别为 D 和 D'。显然线段 AC 和 $A'C'$，以及线段 PD 和 $P'D'$ 都是共轭线段。因为 $PD = y\cos\varphi$ 和 $P'D' = y'\cos\varphi$，于是

$$\frac{P'D'}{PD} = \frac{y'}{y}$$

改变角 φ 的值，对于直线 BP 和 $B'P'$ 上任一对共轭点，都可得到同样的比例。比即证明了性质(2)。

与近轴光学相同，像和物的大小之比称为"横向放大率"。所以对共轴理想光学系统来说，垂直于光轴的同一平面上的各部分具有相同的横向放大率。

由于共轴理想光学系统的成像有这么好的一个性质，这给由利用仪器观察到的像来了解物的情况带来了极大的便利，因此一般总是使物平面垂直于共轴系统的光轴，在讨论共轴系统的成像性质时，也总是取垂直于光轴的物平面和像平面。

(3) 一个共轴理想光学系统，如果已知两对共轭面的位置和横向放大率；或者一对共轭面的位置和横向放大率，以及轴上的两对共轭点的位置，则所有其他物点的像点都可以根据这些已知的共轭面和共轭点来表示。因此，通常将这些已知的共轭面和共轭点分别称为共轴系统的"基面"和"基点"。利用作图法可证明这些结论。

图 3-3 所示为上述的第一种情况，I_L 为理想光学系统，像平面 O_1' 与物平面 O_1 共轭，其对应的横向放大率 β_1 已知；像平面 O_2' 与物平面 O_2 共轭，其对应的横向放大率 β_2 也是已知的。现要求物空间中的任意一点 O 的像点位置。为此过 O 点作两条光线分别过 O_1 和 O_2 点。光线 OO_1 穿过第二个物平面上的 A 点，由于 β_2 是已知的，所以 A 的共轭像点 A' 也就可以确定了；又由于 O_1' 与 O_1 共轭，所以与 OO_1 共轭的光线必穿过 $O_1'A'$。同理可以确定与 OO_2 共轭的出射光线。这样就可确定了 O 的共轭像点 O'。

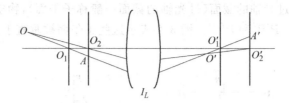

图 3-3　两对共轭面已知的情况

图 3-4 所示为第二种情况，I_L 为理想光学系统，已知的一对共轭面为 O_1，O_1'；已知的另外两对光轴上的共轭点分别是 O_2，O_2' 和 O_3，O_3'。为确定物空间中任意一点 O 的像点位置 O'，与前述方法雷同，过物点 O 作两条光线 OO_2 和 OO_3，分别交物平面 O_1 的 A 点和 B 点，由于共轭面 O_1 和 O_1' 的横向放大率是已知的，所以可以确定 A 的共轭点 A' 及 B 的共轭点 B'，如图 3-4 所示。连接 $A'O_2'$ 和 $B'O_3'$ 即分别为入射光线 OO_2 和 OO_3 的共轭光线，由此可确定 O 的共轭像点 O'。

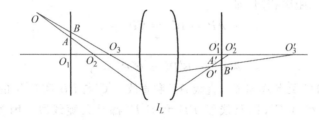

图 3-4　一对共轭面及两对共轭点已知的情况

上面的论证并没有限定要预知什么样的共轭面和共轭点，所以它们可以是任选的。但实际上，为了应用方便，一般采用一些特殊的共轭面和共轭点作为共轴系统的基面和基点。采用那些特殊的共轭面和共轭点，并利用它们以作图或者以计算的方式来求其他物点像的方法将在后面几节中讨论。

3.2　理想光学系统的基点与基面

根据 3.1 节中所述的理想光学系统的成像性质，如果在物空间中有一平行于光轴的光线入射于光学系统，不管其在系统中的真正光路如何，在像空间总有惟一的一条光线与之共轭。随着光学系统结构的不同，这条共轭光线可以与光轴平行，也可以交光轴于某一点。这里，先讨论后一种情况。

1. 无限远的轴上物点和它对应的像点 F'

观察对象或成像对象位于无限远或准无限远处是经常遇到的情况，例如天文观察对象、摄影对象；又例如我们把一个放大镜（凸透镜）正对着太阳，在透镜后面可以获得一个明亮的圆斑，它就是太阳的像，太阳是位于无限远的。我们先讨论处于无限远的物体轴上物点发出，且能通过光学系统的入射光线的特征，再定义焦点、焦平面，以及主点、主平面这些基点和基面，然后讨论由位于无限远的物体轴外物点发出且能通过光学系统的入射光线的特征及其像点位置。

(1) 无限远轴上物点发出的光线

如图 3-5 所示，h 是轴上物点 A 发出的一条入射光线的投射高度，由三角关系近似有

$$\tan u \approx \frac{h}{l}$$

这里 u 是孔径角，l 是物方截距。当 $l \to \infty$ 时，即物点 A 向无限远处左移，由于任何光学系统的口径大小一定有限，所以 $u \to 0$，即无限远轴上物点发出的光线都与光轴平行。

(2) 像方焦点 F'，焦平面；像方主点，主平面

如图 3-6 所示，AB 是一条平行于光轴的入射光线，它通过理想光学系统后，出射光线 $E'F'$ 交光轴于 F'。由理想光学系统的成像理论，F' 就是无限远轴上物点的像点，称为像方焦点。过 F' 作垂直于光轴的平面，称为像方焦平面，这个焦平面就是与无限远处垂直于光轴的物平面共轭的像平面。

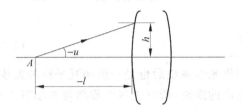

图 3-5　h,l 和 u 的关系

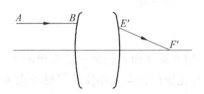

图 3-6　理想光学系统的像方焦点

将入射光线 AB 与出射光线 $E'F'$ 延长，两条光线必相交于一点，设此点为 Q'，如图 3-7 所示，过 Q' 作垂直于光轴的平面交光轴于 H' 点。H' 称为像方主点，这个平面称为像方主平面，从主点 H' 到焦点 F' 之间距离称为像方焦距，用 f' 表示，其符号遵从符号规则，像方焦距 f' 的起算原点是像方主点 H'。设入射光线 AB 的投射高度为 h，出射光线 $E'F'$ 的孔径角为 u'，由图 3-7 有

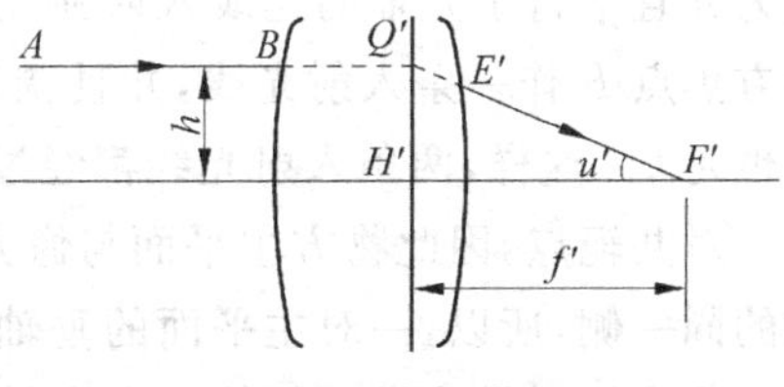

$$f' = \frac{h}{\tan u'} \qquad (3\text{-}1)$$

图 3-7　理想光学系统的像方参数

(3) 无限远轴外物点发出的光线

与轴上物点的情况类似，由于光学系统的口径大小总是有限的，所以无限远轴外物点发出的、能进入光学系统的光线总是相互平行的，且与光轴有一定的夹角，夹角通常用 ω 表示，如图 3-8 所示，ω 的大小反映了轴外物点离开光轴的角距离，当 $\omega \to 0$ 时，轴外物点就重合于轴上物点。由共轴理想光学系统成像性质知道，这一束相互平行的光线经过系统以后，一定相交于像方焦平面上的某一点，这一点就是无限远轴外物点的共轭像点。

2. 无限远轴上像点对应的物点 F

如果轴上某一物点 F 的共轭像点位于轴上无限远，如图 3-9 所示，则 F 称为物方焦点。通过 F 且垂直于光轴的平面称为物方焦平面，它和无限远垂直于光轴的像平面共轭。设由焦点 F 发出的入射光线的延长线与相应的平行于光轴的出射光线的延长线相交于 Q 点（如图 3-9），过 Q 点作垂直于光轴的平面交光轴于 H 点，H 点称为理想光学系统的

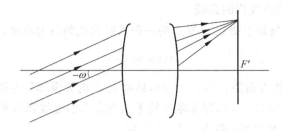

图 3-8　无限远轴外物点发出的光束

物方主点，QH 平面称为物方主平面。物方主点 H 到物方焦点 F 间的距离称为理想光学系统的物方焦距 f，物方焦距的起算原点是物方主点，其正负由符号规则确定。如果由 F 发出的入射光线的孔径角为 u，其相应的出射光线在物方主平面上的投射高度为 h，由图 3-9 的三角几何关系有

$$f = \frac{h}{\tan u} \tag{3-2}$$

另外，物方焦平面上任何一点发出的光线，通过理想光学系统后也是一组相互平行的光线，它们与光轴的夹角大小反映了轴外点离开轴上点间的距离，所有这些性质都与本小节 1 中讨论的结论雷同。

3. 物方主平面与像方主平面间的关系

完全仿照 1，2 中定义主点、主平面及焦点、焦平面的作法，在图 3-10 中，作出一投射高度为 h 且平行于光轴的光线入射到理想光学系统，相应的出射光线必通过像方焦点 F'；过物方焦点 F 作一条入射光线，并且调整这条入射光线的孔径角，使相应出射光线的投射高度也是 h。这样，两条入射光线都经过 Q 点，相应的两条出射光线都经过 Q'，所以 Q 与 Q' 就是一对共轭点，因此物方主平面与像方主平面是一对共轭面，而且 QH 与 $Q'H'$ 相等并在光轴的同一侧，所以，一对主平面的垂轴放大率为 +1。主平面的垂轴放大率为 +1 在用作图法追迹光线时是非常有用的。即出射光线在像方主平面上的投射高度一定与入射光线在物方主平面上的投射高度相等。

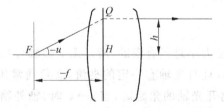
图 3-9　理想光学系统的物方参数

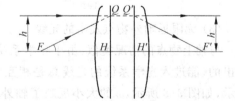
图 3-10　两主面间的关系

一对主平面，加上无限远轴上物点和像方焦点 F'，以及物方焦点 F 和无限远轴上像点这两对共轭点，就是最常用的共轴系统的基点。它们构成了一个光学系统的基本模型，是可以与具体的系统相对应的。不同的光学系统，只表现为这些基点的相对位置不同，焦距不等而已。根据它们能找出物空间任意物点的像。因此，如果已知一个共轴系统的一对主平面和两个焦点位置，它的成像性质就完全确定。所以，通常总是用一对主平面和两个焦点位置

来代表一个光学系统,如图 3-11 所示。至于如何根据 H, H', F 和 F' 用作图的方法或者用计算的方法求出像的位置和大小,将在后面讨论。

4. 实际光学系统的基点位置和焦距的计算

由前知,共轴球面系统的近轴区就是实际的理想光学系统,在实际系统的近轴区追迹平行于光轴的光线,就可以计算出实际系统近轴区的基点位置和焦距。通常,实际系统就以此作为它的基点和焦距。下面以如图 3-12 所示的三片型照相物镜为例描述具体的计算过程和计算结果。

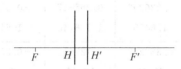

图 3-11 理想光学系统的简化图

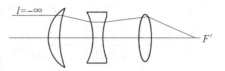

图 3-12 三片型照相物镜

(1) 三片型照相物镜的结构参数

r/mm	d/mm	n
		1
26.67		
	5.2	1.6140
189.67		
	7.95	1
−49.66		
	1.6	1.6745
25.47		
	6.7	1
72.11		
	2.8	1.6140
−35.00		
		1

(2) 为求物镜的像方焦距 f',像方焦点 F' 的位置及像方主点 H' 的位置,可沿正向光路,即从左至右追迹一条平行于光轴的近轴光线,其初始坐标取为

$$l_1 = -\infty \quad (u_1 = 0)$$
$$h_1 = 10 \text{mm}$$
$$i_1 = h_1/r_1$$

这里投射高度 h_1 也可以取其他数值,但并不影响最终的计算结果,请读者考虑这是为什么。

利用近轴光线的光路计算公式逐面计算如表 3-1 所列。

如表 3-1 所列的结果知 $l'_F = 67.4907$,即系统的像方焦点 F' 的位置在系统最后一个折射面右边 67.4907mm 的地方。将 $h_1 = 10$mm, $u'_6 = 0.121869$ 代入式(3-1)可得系统的像方焦距为

$$f' = \frac{10}{0.121869} = 82.055 \text{mm}$$

表 3-1 三片型照相物镜的近轴光线计算

面　　号	1	2	3	4	5	6
l	$-\infty$	64.9065	38.2835	124.334	-88.8583	-592.073
$-r$	26.67	189.67	-49.66	25.47	72.11	-35.00
$l-r$		-124.764	87.9435	98.8642	-160.969	-557.073
$\times u$		0.142640	0.200250	0.0608753	-0.0921245	-0.0138919
$\div r$	26.67	189.67	-49.66	25.47	72.11	-35.00
i	0.374953	-0.0938275	-0.354626	0.236293	0.205647	-0.221108
$\times n/n'$	1/1.6140	1.6140	1/1.6475	1.6475	1/1.6140	1.6140
i'	0.232313	0.151438	-0.215251	0.389293	0.127414	-0.356869
$\times r$	26.67	189.67	-49.66	25.47	72.11	-35.00
$\div u'=u+i-i'$	0.142640	0.200250	0.0608753	-0.0921245	-0.0138919	0.121869
$l'-r$	43.436488	-143.436	175.594	-107.629	-661.383	102.491
$+r$	26.67	189.67	-49.66	25.47	72.11	-35.00
l'	70.1065	46.2336	125.934	-82.1593	-589.273	67.4907
lu	10	9.25827	7.66628	7.56888	8.18612	8.22501
$\div u'$	0.142640	0.200250	0.0608753	-0.0921245	-0.0138919	0.121869
l'	70.1065	46.2335	125.934	-82.1593	-589.273	67.4907
$-d$	5.2	7.95	1.6	6.7	2.8	
l	64.9065	38.2835	124.334	-88.8583	-592.073	

因为我们是在近轴区做计算，所以有 $u'_6 = \tan u'$。

像方主点 H' 的位置可由下式算出

$$l'_{H'} = l'_{F'} - f' = -14.5644\text{mm}$$

说明像方主点 H' 在第 6 面左侧 14.5644mm 的地方。

（3）为求物镜的物方焦距 f，物方焦点 F 及物方主点 H 的位置，原则上要作反向光路计算。通常把光学系统倒转，即把第一面作为最后一面，最后一面作为第一面，并随之改变曲率半径符号，如图 3-13 所示。在这种情况下再作上述光线追迹，求得此时的 f'，l'_F 和 $l'_{H'}$，将其改变符号即得该系统的物方焦距 f，物方焦点的位置 l_F 和物方主点位置 l_H。

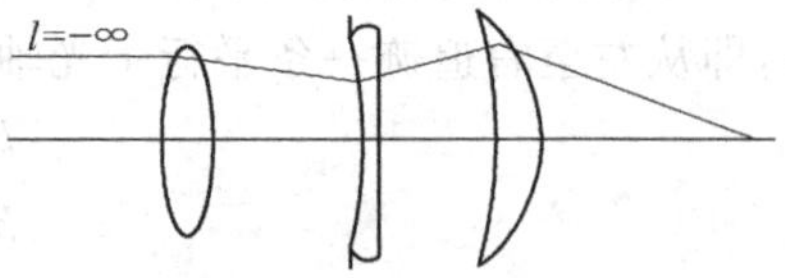

其初始坐标为

$$l_1 = -\infty \quad (u_1 = 0)$$
$$h_1 = 10\text{mm}$$
$$i_1 = h_1/r_1$$

此时的 r_1 是 35mm。近轴光路追迹过程如表 3-2 所列。

图 3-13 左右倒置的三片型照相物镜

表 3-2 三片型照相物镜的物方参数计算

面 号	1	2	3	4	5	6
l	$-\infty$	89.2033	30.8823	235.146	-173.722	184.662
$-r$	$+35.00$	-72.11	-25.47	49.66	-189.67	-26.67
$l-r$	10	161.313	56.3523	185.486	15.9485	-157.992
$\times u$		0.108692	0.257985	0.0336528	-0.0477363	-0.0462093
$\div r$	35.00	-72.11	-25.47	49.66	-189.67	-26.67
i	0.285714	-0.243148	-0.570771	0.125697	0.00401391	-0.273742
$\times n/n'$	1/1.6140	1.6140	1/1.6475	1.6475	1/1.6140	1.6140
i'	0.177022	-0.392441	-0.346459	0.207086	0.00248693	-0.441820
$\times r$	35.00	-72.11	-25.47	49.66	-189.67	-26.67
$\div u'=u+i-i'$	0.108692	0.257985	0.0336528	-0.0477363	-0.0462093	0.121869
$l'-r$	57.0033	109.692	262.160	-215.431	10.2077	96.6883
$+r$	35.00	-72.11	-25.47	49.66	-189.67	-26.67
l'	92.0033	37.5823	236.746	-165.771	-179.462	70.0183
lu	10	9.69566	7.96717	7.91332	8.29282	8.53311
$\div u'$	0.108692	0.257985	0.0336528	-0.0477363	-0.0462093	0.121869
l'	92.0033	37.5823	236.746	-165.772	-179.462	70.0184
$-d$	2.8	6.7	1.6	7.95	5.2	
l	89.2033	30.8823	235.146	-173.722	-184.662	

由追迹结果可得系统的物方焦距为

$$f = -82.055 \text{m}$$

物方焦点位置为

$$l_F = -70.0184 \text{mm}$$

物方主点位置为

$$l_H = 12.0366 \text{mm}$$

需要解释的是这里的 l_F, l_H 都是以图 3-12 所示的第一面顶点为原点表示的数据。值得注意的是这里的物方焦距和像方焦距的量值是相同的,这不是一件偶然的事,其原因留在后面解释。

3.3 理想光学系统的物像关系

几何光学中的一个基本内容是求像,即对于确定的光学系统,给定物体位置、大小、朝向,求其像的位置、大小、正倒及虚实。对于理想光学系统,已知物求其像有以下方法。

1. 图解法求像

已知一个理想光学系统的主点(主面)和焦点的位置,利用光线通过它们后的性质,对物空间给定的点、线和面,通过画图追踪典型光线求出像的方法称为图解法求像。可供选择的典型光线和可利用的性质目前主要有:①平行于光轴入射的光线,它经过系统后过像方焦点;②过物方焦点的光线,它经过系统后平行于光轴;③倾斜于光轴入射的平行光束经过系统后交于像方焦平面上的一点;④自物方焦平面上一点发出的光束经系统后成为倾斜于光轴的平行光束;⑤共轭光线在主面上的投射高度相等。

在理想成像的情况下,从一点发出的一束光线经光学系统作用后仍然交于一点。因此要确定像点位置,只需求出由物点发出的两条特定光线在像方空间的共轭光线,则它们的交点就是该物点的像点。

(1) 对于轴外点 B 或一垂轴线段 AB 的图解法求像

如图 3-14 所示,有一垂轴物体 AB 被光学系统成像。可选取由轴外点 B 发出的两条典型光线,一条是由 B 发出通过物方焦点 F,它经系统后的共轭光线平行于光轴;另一条是由 B 点发出平行于光轴的光线,它经系统后共轭光线过像方焦点 F'。在像空间这两条光线的交点 B' 即是 B 的像点。过 B' 点作光轴的垂线 $A'B'$ 即为物 AB 的像。

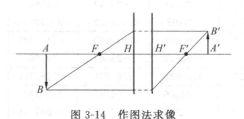

图 3-14 作图法求像

(2) 图解法求轴上点的像

由轴上点 A 发出任一条光线 AM 通过光学系统后的共轭光线为 $M'A'$,其和光轴的交点 A' 即为 A 点的像,如图 3-15,这可以有两种作法:

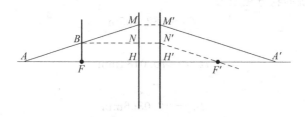

图 3-15 作图法求光线

一种方法如图 3-15 所示,认为光线 AM 是由物方焦平面上 B 点发出的。为此,可以由该光线与物方焦平面的交点 B 上引出一条与光轴平行的辅助光线 BN,其由光学系统射出后通过像方焦点 F',即光线 $N'F'$,由于自物方焦平面上一点发出的光束经系统后成倾斜于光轴的平行光束,所以,光线 AM 的共轭光线 $M'A'$ 应与光线 $N'F'$ 平行。其与光轴的交点 A' 即轴上点 A 的像。

另一种方法如图 3-16 所示,认为由点 A 发出的任一光线是由无限远轴外点发出的倾斜平行光束中的一条。通过物方焦点作一条辅助光线 FN 与该光线平行,这两条光线构成倾斜平行光束,它们应该汇聚于像方焦平面上一点。这一点的位置可由辅助光线来决定,因辅助光线通过物方焦点,其共轭光线由系统射出后平行于光轴,它与像方焦平面的交点即是该倾斜平行光束通过光学系统后的汇聚点 B'。入射光线 AM 与物方主平面的交点为 M,其共轭点是像方主平面上的 M',且 M 和 M' 处于等高的位置。由 M' 和 B' 的连线 $M'B'$ 即入射光线 AM 的共轭光线。$M'B'$ 和光轴的交点 A' 是轴上点 A 的像点。

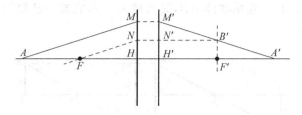

图 3-16　作图法求光线

(3) 轴上点经两个光组的图解法求像

这种问题,只要掌握好任意光线的共轭光线的求作方法,就可以迎刃而解。为使读者较为清晰地看到解题过程,在图 3-17 中分(a),(b),(c),(d)按步骤给出求解过程及结果。

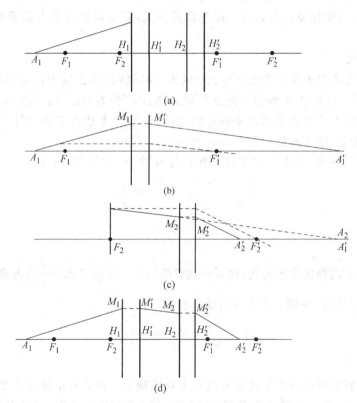

图 3-17　轴上点经两个光组成的像

从实用的角度讲,图解法求像并不能完全代替计算。但对初学者来说,掌握好图解方法,对帮助理解光学成像的概念是必要的。

2. 解析法求像

在讨论共轴理想光学系统的成像理论时知道,只要知道了主平面这一对共轭面,以及无限远物点与像方焦点和物方焦点与无限远像点这两对共轭点,则其他任意物点的像点都可以根据这些已知的共轭面和共轭点来表示。这就是解析法求像的理论依据。

如图 3-18 所示。有一垂轴物体 AB,其高度为 $-y$,它被一已知的光学系统成一正像 $A'B'$,其高度为 y'。

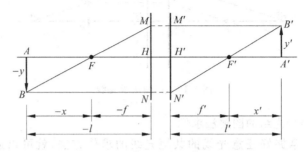

图 3-18 成像公式中的符号意义

按照物(像)位置表示中坐标原点的选取不同,解析法求像的公式有两种,其一称为牛顿公式,它是以焦点为坐标原点的;其二称为高斯公式,它是以主点为坐标原点的。分别如图 3-18 所示。

(1) 牛顿公式

物和像的位置相对于光学系统的焦点来确定,即以物点 A 到物方焦点的距离 AF 为物距,以符号 x 表示;以像点 A' 到像方焦点 F' 的距离 $A'F'$ 作为像距,用 x' 表示。物距 x 和像距 x' 的正负号是以相应焦点为原点来确定的,如果由 F 到 A 或由 F' 到 A' 的方向与光线传播方向一致,则为正,反之为负。在图 3-18 中 $x<0, x'>0$。

由两对相似三角形 $\triangle BAF \sim \triangle FHM$ 和 $\triangle H'N'F' \sim \triangle F'A'B'$ 可得

$$\frac{y'}{-y} = \frac{-f}{-x}, \quad \frac{y'}{-y} = \frac{x'}{f'}$$

由此可得

$$xx' = ff' \tag{3-3}$$

这个以焦点为原点的物像位置公式,称为牛顿成像公式。在前二式中 $\frac{y'}{y}$ 为像高与物高之比,即垂轴放大率 β。因此,牛顿公式形式的放大率公式为

$$\beta = \frac{y'}{y} = -\frac{f}{x} = -\frac{x'}{f'} \tag{3-4}$$

(2) 高斯公式

物和像的位置也可以相对于光学系统的主点来确定。以 l 表示物点 A 到物方主点 H 的距离,以 l' 表示像点 A' 到像方主点 H' 的距离分别称为物距和像距。l 和 l' 的正负以相应的主点为坐标原点来确定,如果由 H 到 A 或由 H' 到 A' 的方向与光线传播方向一致,则为正值,反之为负值,图 3-18 中 $l<0, l'>0$。由图 3-18 可得 l, l' 与 x, x' 间的关系为

$$x = l - f, \quad x' = l' - f'$$

代入牛顿公式得

$$lf' + l'f = ll'$$

两边同除 ll' 有

$$\frac{f'}{l'} + \frac{f}{l} = 1 \tag{3-5}$$

这就是以主点为原点的物像公式的一般形式,称为高斯成像公式。其相应的垂轴放大率公式也可以从牛顿公式转化得到。在 $x'=ff'/x$ 的两边各加 f' 得

$$x'+f'=\frac{ff'}{x}+f'=\frac{f'}{x}(x+f)$$

上式中的 $x'+f'$ 和 $x+f$,由前知即分别为 l' 和 l,则有:

$$\frac{x'+f'}{x+f}=\frac{f'}{x}=\frac{x'}{f}=\frac{l'}{l}$$

由于 $\beta=-\dfrac{x'}{f'}$,即可得

$$\beta=\frac{y'}{y}=-\frac{f}{f'}\cdot\frac{l'}{l} \tag{3-6}$$

后面将会看到,当光学系统的物空间和像空间的介质相同时,物方焦距和像方焦距有简单的关系 $f'=-f$,则式(3-5)和式(3-6)可写成

$$\frac{1}{l'}-\frac{1}{l}=\frac{1}{f'} \tag{3-7}$$

$$\beta=\frac{l'}{l} \tag{3-8}$$

由垂轴放大率公式(3-4)和式(3-8)可知,垂轴放大率随物体位置而异,某一垂轴放大率只对应一个物体位置。在同一对共轭面上,β 是常数,因此像与物是相似的。

理想光学系统的成像特性主要表现在像的位置、大小、正倒和虚实。引用上述公式可描述任意位置物体的成像性质。

在工程实际中,有一类问题是对于给定的系统,要寻找物体放在什么位置,可以满足预定的倍率。例如图 3-12 所示的三片型照相物镜在原理上是可以当作投影物镜用的。若要求此物镜成像 $-1/10^\times$,问物平面应放在什么位置。利用垂轴放大率公式 $\beta=-\dfrac{f}{x}$ 并代入在 3.2 节第 4 部分中求得的数据有

$$x=-820.55\text{mm}$$
$$l=x+l_F=-890.5684\text{mm}$$

即物平面应放在离开三片型物镜第一面顶点左侧 890.5684mm 的地方。

3. 由多个光组组成的理想光学系统的成像

一个光学系统可由一个或几个部件组成,每个部件可以由一个或几个透镜组成,这些部件被称为光组。光组可以单独看作一个理想光学系统,由焦距、焦点和主点的位置来描述。

有时,光学系统由几个光组组成,每个光组的焦距、焦点、主点位置以及光组间的相互位置均为已知。此时,为求某一物体被其所成的像的位置和大小,需连续应用物像公式于每一光组。为此须知道前一个光组与后一个光组间的坐标原点间的关系,即过渡公式。如图 3-19 所示,物点 A_1 被第一光组成像于 A_1',它就是第二个光组的物 A_2。两光组的相互位置以距离 $H_1'H_2=d_1$ 来表示。由图可见有如下的过渡关系:

$$l_2=l_1'-d_1$$
$$x_2=x_1'-\Delta_1$$

上式中,Δ_1 为第一光组的像方焦点 F_1' 到第二光组物方焦点 F_2 的距离,即 $\Delta_1=F_1'F_2$,称为焦

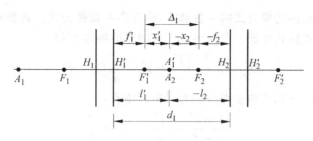

图 3-19 过渡关系

点间隔或光学间隔。它以前一个光组的像方焦点为原点来决定其正负,若由它到下一个光组物方焦点的方向与光线的方向一致,则为正;反之,则为负。光学间隔与主面间隔之间的关系由图 3-19 而得

$$\Delta_1 = d_1 - f'_1 + f_2$$

上述过渡公式和两个间隔间的关系只是反映了光学系统由两个光组组成的情况,若光学系统由若干个光组组成,则推广到一般的过渡公式和两个间隔间的关系为

$$l_i = l'_{i-1} - d_{i-1} \tag{3-9}$$

$$x_i = x'_{i-1} - \Delta_{i-1} \tag{3-10}$$

$$\Delta_i = d_i - f'_i + f_{i+1} \tag{3-11}$$

这里 i 是光组序号。

由于前一个光组的像是下一个光组的物,即 $y_2 = y'_1, y_3 = y'_2, \cdots, y_k = y'_{k-1}$,所以整个系统的放大率 β 等于各光组放大率的乘积

$$\beta = \frac{y'_k}{y_1} = \frac{y'_1}{y_1} \cdot \frac{y'_2}{y_2} \cdot \cdots \cdot \frac{y'_k}{y_k} = \beta_1 \cdot \beta_2 \cdot \cdots \cdot \beta_k \tag{3-12}$$

此处,假定光学系统由 k 个光组构成。

4. 理想光学系统两焦距之间的关系

图 3-20 是轴上点 A 经理想光学系统成像于 A' 的光路,由图显见

$$l \tan u = h = l' \tan u'$$

或

$$(x+f)\tan u = (x'+f')\tan u'$$

将由式(3-4)所得的 x 和 x',即 $x = -f(y/y')$ 和 $x' = -f'(y'/y)$ 代入上式并化简后得

$$fy \tan u = -f'y' \tan u' \tag{3-13}$$

对于理想光学系统,上式中的角度 u 和 u' 不论为何值,式(3-13)总是成立的。因而,当这些角度的数值很小时,正切值可以角度的弧度值来代替,即在近轴区域中,上式亦成立。故对于小角度,可用下式代替

$$fyu = -f'y'u' \tag{3-14}$$

在第 2 章中,曾得出共轴球面系统的近轴区适用的光学不变量(拉赫不变量)$nyu = n'y'u'$。将此式与上式比较可得出物方焦距和像方焦距之间的关系式

$$\frac{f'}{f} = -\frac{n'}{n} \tag{3-15}$$

此式表明,光学系统两焦距之比等于相应空间介质折射率之比。除了少数情况,例如眼睛光

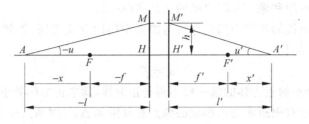

图 3-20 两焦距的关系

学系统和水底摄影系统,由于物、像空间介质不同而使物、像方焦距不等外,绝大多数光学系统都在同一介质(一般是空气)中使用,有 $n'=n$,故两焦距是绝对值相同,符号相反,即 $f'=-f$。

若光学系统中包括反射面,则两焦距之间的关系由反射面个数决定,设反射面的数目为 k,则可将式(3-15)写成如下更一般的形式:

$$\frac{f'}{f}=(-1)^{k+1}\frac{n'}{n} \tag{3-16}$$

根据式(3-15),式(3-13)可写成

$$ny\tan u=n'y'\tan u' \tag{3-17}$$

这是理想光学系统的拉赫不变量公式。

3.4 理想光学系统的放大率

理想光学系统有它自己的成像关系式,例如高斯公式(3-5)或式(3-7),以及牛顿公式(3-3),所以就有与这些成像关系式相应的理想光学系统的放大率。除前已述及的垂轴放大率外,还有两种放大率,即轴向放大率和角放大率。在这里讨论这两种放大率。

1. 轴向放大率

根据前面的讨论知道,对于确定的理想光学系统,像平面的位置是物平面位置的函数,具体的函数关系式就是高斯公式(3-5)和牛顿公式(3-3)。当物平面沿光轴作一微量的移动 δx 或 δl 时,其像平面就移动一相应的距离 $\delta x'$ 或 $\delta l'$。与近轴光学中定义一致,定义二者之比为轴向放大率,用 α 表示,即

$$\alpha=\frac{\delta x'}{\delta x}=\frac{\delta l'}{\delta l} \tag{3-18}$$

当物平面的移动量 $\mathrm{d}x$ 很小时,可用微分牛顿公式或高斯公式来导出轴向放大率。微分牛顿公式(3-3),可得

$$x\delta x'+x'\delta x=0$$

即

$$\alpha=-\frac{x'}{x}$$

将牛顿公式形式的垂轴放大率公式 $\beta=-f/x=-x'/f'$ 代入得

$$\alpha=-\beta^2\frac{f'}{f}=\frac{n'}{n}\beta^2 \tag{3-19}$$

其中已利用了物方焦距和像方焦距之间的关系式(3-15)。

如果理想光学系统的物方空间的介质与像方空间的介质相同,例如光学系统置于空气中的情况,式(3-19)简化

$$\alpha = \beta^2 \tag{3-20}$$

上式表明,一个小的正方体的像一般不再是正方体,除非正方体处于 $\beta=\pm1$ 位置。

如果轴上点移动有限距离 Δx,相应的像点移动距离 $\Delta x'$,则轴向放大率可定义为

$$\bar{\alpha} = \frac{\Delta x'}{\Delta x} = \frac{x'_2 - x'_1}{x_2 - x_1} = \frac{n'}{n}\beta_1\beta_2 \tag{3-21}$$

其中,β_1 是物点处于物距为 x_1 时的垂轴放大率,β_2 是物点移动 Δx 后处于物距为 x_2 时的垂轴放大率。利用牛顿公式及牛顿公式形式的放大率公式可得到式(3-21)如下所示:

$$\begin{aligned}\Delta x' &= x'_2 - x'_1 \\ &= \frac{ff'}{x_2} - \frac{ff'}{x_1} \\ &= -ff'\left(\frac{x_2 - x_1}{x_1 x_2}\right)\end{aligned}$$

则

$$\begin{aligned}\frac{\Delta x'}{\Delta x} &= \frac{x'_2 - x'_1}{x_2 - x_1} \\ &= -\frac{f'}{f}\left(-\frac{f}{x_1}\right)\left(-\frac{f}{x_2}\right) \\ &= \frac{n'}{n}\beta_1\beta_2\end{aligned}$$

轴向放大率公式常用在仪器系统的装调计算及像差系数的转面倍率等问题中。

2. 角放大率

过光轴上一对共轭点,任取一对共轭光线 AM 和 $M'A'$,如图 3-21 所示,其与光轴的夹角分别为 u 和 u',这两个角度正切之比定义为这一对共轭点的角放大率,以 r 表示:

$$r = \frac{\tan u'}{\tan u} \tag{3-22}$$

由理想光学系统的拉赫不变量公式(3-17)可得

$$r = \frac{n}{n'}\frac{1}{\beta} \tag{3-23}$$

其间利用了垂轴放大率的定义式 $\beta = y'/y$。在给定的光学系统中,因为垂轴放大率只随物体位置而变化,所以角放大率仅随物像位置而异,在同一对共轭点上,任一对共轭光线与光轴夹角 u' 和 u 的正切之比恒为常数。

式(3-19)与式(3-23)的左右两边分别相乘可得

$$\alpha \cdot r = \beta \tag{3-24}$$

上式就是理想光学系统的三种放大率之间的关系式。

3. 光学系统的节点

光学系统中角放大率等于 $1^\times$ 的一对共轭点称为节点。若光学系统位于空气中,或者物空间与像空间的介质相同,则式(3-23)可简化为

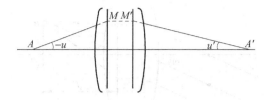

图 3-21 光学系统的角放大率

$$r = \frac{1}{\beta}$$

这种情况下,当 $\beta=1$ 时,即考虑的共轭面是主平面时,$r=1$,其物理意义是过主点的入射光线经过系统后出射方向不变,如图 3-22 所示。在一般的作图法求像中,光学系统的物空间和像空间的折射率是相等的,如此可利用过主点的共轭光线方向不变这一性质。

若光学系统物方空间折射率与像方空间折射率不相同时,角放大率 $r=1$ 的物像共轭点(即节点)不再与主点重合。据式(3-23)和式(3-4)可求得这对共轭点的位置是

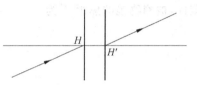

$$\begin{cases} x = f' \\ x' = f \end{cases} \quad (3\text{-}25)$$

图 3-22 $n=n'$ 时过主点的光线

其间已利用了光学系统物方焦距和像方焦距的一般关系式(3-15)。对于焦距为正的光学系统,即 $f'>0$ 的系统,因 $x_J=f'>0$。所以物方节点 N 位于物方焦点之右相距 $|f'|$ 之处;又因 $x'_J=f<0$,所以像方节点 N' 位于像方焦点之左相距 $|f|$ 处,如图 3-23 所示。过节点的共轭光线自然是彼此平行的。

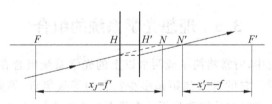

图 3-23 过节点的光线

如前所述,光线通过节点方向不变的性质可方便地用于图解求像。另据这个性质,可用实验方法寻找出实际光学镜头的节点位置。

一对节点加上前面已述的一对主点和一对焦点,统称光学系统的基点。知道它们的位置以后,就能充分了解理想光学系统的成像性质。

4. 用平行光管测定焦距的计算依据

如图 3-24 所示,一束与光轴成 ω 角入射的平行光束经系统以后,汇聚于焦平面上的 B' 点,这就是无限远轴外物点 B 的像。B' 点的高度,即像高 y' 是由这束平行光束中过节点的光线决定的。如果被测系统放在空气中,则主点与节点重合,因此由图可得

$$y' = -f' \tan\omega \quad (3\text{-}26)$$

式(3-26)表明,只要给被测系统提供一与光轴倾斜成给定角度 ω 的平行光束,测出其在焦

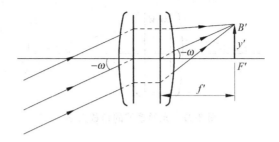

图 3-24 无限远物体的理想像高

平面上汇聚点的高度 y',就可算出焦距。给定倾角的平行光束可由平行光管提供,整个装置如图 3-25 所示。在平行光管物镜的焦平面上设置一刻有几对已知间隔线条的分划板,用以产生平行光束,平行光管物镜的焦距 f_1 为已知,所以角 ω 满足 $\tan\omega = -y/f_1$ 是已知的。据此,被测物镜的焦距 f_2' 为

$$f_2' = \frac{f_1}{y} y' \qquad (3-27)$$

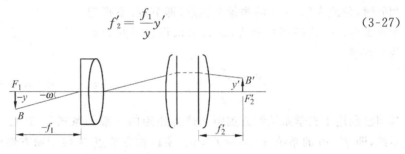

图 3-25 焦距测量原理

3.5 理想光学系统的组合

在光学系统的应用中,时常将两个或两个以上的光学系统组合在一起使用。它相当于一个怎样的等效系统呢?它的等效焦距是多少?它的等效焦点、等效主点又在什么地方?这是经常遇到的问题。有时在计算和分析一个复杂的光学系统时,为了方便起见,同样将一个光学系统分成若干部分,分别进行计算,最后再把它们组合在一起。本节讨论两个光组的组合焦距公式,以及多光组组合的计算方法,并分析几种典型组合系统的特性。

1. 两个光组组合分析

假定已知两个光学系统的焦距分别为 f_1, f_1' 和 f_2, f_2',如图 3-26 所示。两个光学系统间的相对位置用第一个像方焦点 F_1' 距第二个系统的物方焦点 F_2 的距离 Δ 表示,称为光学间隔。Δ 的符号规则是以 F_1' 为起算原点,计算到 F_2,由左向右为正。图 3-26 中其余有关线段都按各自的符号规则进行标注,并分别用 f, f' 表示组合系统的物方焦距和像方焦距,用 F, F' 表示组合系统的物方焦点和像方焦点。

首先求像方焦点 F' 的位置。根据焦点的性质,平行于光轴入射的光线,通过第一个系统后,一定通过 F_1'。然后再通过第二个光学系统,其出射光线与光轴的交点就是组合系统像方焦点 F'。F_1' 和 F' 对第二个光学系统来讲是一对共轭点。应用牛顿公式,并考虑到符

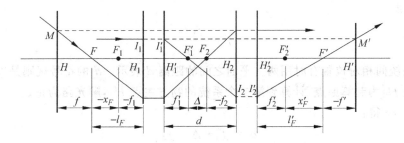

图 3-26 两光组组合

号规则有

$$x'_F = -\frac{f_2 f'_2}{\Delta} \tag{3-28}$$

这里 x'_F 是由 F'_2 到 F' 的距离。上述计算是针对第二个系统做的,自然 x'_F 的起算原点是 F'_2。利用上式就可求得系统像方焦点 F' 的位置。

至于物方焦点 F 的位置,据定义经过 F 点的光线通过整个系统后一定平行于光轴,所以它通过第一个系统后一定经过 F_2 点,再对第一个系统利用牛顿公式有

$$x_F = \frac{f_1 f'_1}{\Delta} \tag{3-29}$$

这里 x_F 指 F_1 到 F 的距离,坐标原点是 F_1。利用此式可求得系统的物方焦点 F 的位置。

焦点位置确定后,只要求出焦距,主平面位置随之也就确定了。由前述的定义知,平行于光轴的入射光线和出射光线的延长线的交点 M',一定位于像方主平面上。由图 3-26 知: $\triangle M'F'H' \backsim \triangle I_2 H_2 F'$, $\triangle I_2 H_2 F'_1 \backsim \triangle I'_1 H'_1 F'_1$,得

$$\frac{H'F'}{F'H_2} = \frac{H'_1 F'_1}{F'_1 H_2}$$

根据图中的标注,有

$$H'F' = -f'; \quad F'H_2 = f'_2 + x'_F$$
$$H'_1 F'_1 = f'_1; \quad F'_1 H_2 = \Delta - f_2$$

从而得

$$\frac{-f'}{f'_2 + x'_F} = \frac{f'_1}{\Delta - f_2}$$

将 $x'_F = -\dfrac{f_2 f'_2}{\Delta}$ 代入上式,简化后,得

$$f' = -\frac{f'_1 f'_2}{\Delta} \tag{3-30}$$

假定组合系统物空间介质的折射率为 n_1,两个系统间的折射率为 n_2,像空间的折射率为 n_3,根据物方焦距和像方焦距间的关系:

$$f = -f' \frac{n_1}{n_3} = \frac{f'_1 f'_2}{\Delta} \frac{n_1}{n_3}$$

$$f'_1 = -f_1 \frac{n_2}{n_1}; \quad f'_2 = -f_2 \frac{n_3}{n_2}$$

代入上式,得

$$f = \frac{f_1 f_2}{\Delta} \tag{3-31}$$

两个系统间相对位置有时用两主平面之间的距离 d 表示。d 的符号规则是以第一系统的像方主点 H_1' 为起算原点,计算到第二个系统的物方主点 H_2,顺光路为正。

由图 3-26 得:

$$\left. \begin{array}{l} d = f_1' + \Delta - f_2 \\ \Delta = d - f_1' + f_2 \end{array} \right\} \tag{3-32}$$

代入上面的焦距公式,得

$$\frac{1}{f'} = \frac{-\Delta}{f_1' f_2'} = \frac{1}{f_2'} - \frac{f_2}{f_1' f_2'} - \frac{d}{f_1' f_2'}$$

当两个系统位于同一种介质(例如空气)中时,$f_2' = -f_2$,得

$$\frac{1}{f'} = \frac{1}{f_1'} + \frac{1}{f_2'} - \frac{d}{f_1' f_2'} \tag{3-33}$$

通常用 φ 表示像方焦距的倒数,$\varphi = \frac{1}{f'}$,称为光焦度。这样式(3-33)可以写作

$$\varphi = \varphi_1 + \varphi_2 - d\varphi_1 \varphi_2 \tag{3-34}$$

当两个光学系统主平面间的距离 d 为零,即在密接薄镜组的情况下:

$$\varphi = \varphi_1 + \varphi_2 \tag{3-35}$$

密接薄透镜组总光焦度是两个薄透镜光焦度之和。

由图 3-26 可得

$$l_F' = f_2' + x_F', \quad l_F = f_1 + x_F$$

将式(3-28),式(3-29)中的 x_F' 和 x_F 代入上式,可得

$$l_F' = f_2' - \frac{f_2' f_2}{\Delta} = \frac{f_2' \Delta - f_2 f_2'}{\Delta}$$

根据式(3-30),并利用 $\Delta = d - f_1' + f_2$,得

$$l_F' = f'\left(1 - \frac{d}{f_1'}\right) \tag{3-36}$$

同理可得

$$l_F = f\left(1 + \frac{d}{f_2}\right) \tag{3-37}$$

由图 3-26,并利用上述二式可得主平面位置

$$l_H' = -f' \frac{d}{f_1'} \tag{3-38}$$

$$l_H = f \frac{d}{f_2} \tag{3-39}$$

2. 多光组组合计算

当多于两个的光组组合成一个系统时,再沿用前述两个光组的合成方法,则过程繁杂,且容易出错,所得公式将很复杂,而且也不实用。这里介绍一个基于计算的求合成系统的方法。

(1) 求合成焦距的正切计算法

为求出合成系统的焦距,可以追迹一条投射高度为 h_1 的平行于光轴的光线。只要计算出最后的出射光线与光轴的夹角(称为孔径角)u'_k,则

$$f' = \frac{h_1}{\tan u'_k} \tag{3-40}$$

这里下标 k 表示该系统中的光组数目;投射高度 h_1 是入射光线在第一个光组主面上的投射高度,如图 3-27 所示。

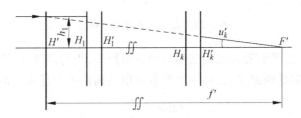

图 3-27 合成系统的焦距

对任意一个单独的光组来说,将高斯公式(3-7)两边同乘过共轭点的光线在其上的投射高度 h 有

$$\frac{h}{l'} - \frac{h}{l} = \frac{h}{f'}$$

因有 $\frac{h}{l'} = \tan u'$,$\frac{h}{l} = \tan u$,所以

$$\tan u' = \tan u + \frac{h}{f'} \tag{3-41}$$

利用过渡公式(3-9)和 $\tan u'_{i-1} = \tan u_i$,容易得到同一条计算光线在相邻两个光组上的投射高度之间的关系

$$h_i = h_{i-1} - d_{i-1} \tan u'_{i-1} \tag{3-42}$$

其中 i 是光组序号。

例如将式(3-41)和式(3-42)连续用于 3 个光组的组合系统,任取 h_1 并令 $\tan u_1 = 0$ 有

$$\left. \begin{array}{l} \tan u'_1 = \tan u_2 = \dfrac{h_1}{f'_1} \\ h_2 = h_1 - d_1 \tan u'_1 \\ \tan u'_2 = \tan u_3 = \tan u_2 + \dfrac{h_2}{f'_2} \\ h_3 = h_2 - d_2 \tan u'_2 \\ \tan u'_3 = \tan u_3 + \dfrac{h_3}{f'_3} \end{array} \right\} \tag{3-43}$$

这个算法称为正切计算法。

(2) 对正切计算法的再认识

用正切计算法通过追迹光线求出合成系统的焦距时,本质上是用两个具有长度量纲的参量(h,l)来表征光线的方向与位置的,即用参量 l 表征光线通过了光轴上的哪一点?这一

点离开主平面多远？用参量 h 表示光线在主平面上的投射高度是多少？光线是交于光轴上方的主平面还是交于光轴以下的主平面？具体如图 3-28 所示。

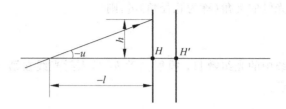

图 3-28 表示光线的两个参量

很显然，在光线、主平面和光轴组成的直角三角形中，投射高度 h、截距 l、孔径角 u 三个参量中，只要有两个参量确定了，另外一个参量可以用前两个参量表示出来，因为

$$\tan u = \frac{h}{l} \tag{3-44}$$

又由于在这个计算法的转面公式(3-42)中出现的参量是投射高度 h 和孔径角的正切 $\tan u'$，所以就用 $(h, \tan u)$ 这两个参量表示光线的方向与位置，因此可定义光线矢量，用列矩阵表示为 $\begin{bmatrix} h \\ \tan u \end{bmatrix}$。对于光轴上同一点发出的光线，任何两条光线矢量之间都存在着明显的线性关系，即

$$\begin{bmatrix} h \\ \tan u \end{bmatrix}_1 = c \begin{bmatrix} h \\ \tan u \end{bmatrix}_2 \tag{3-45}$$

其中 c 是比例系数，列矢量的脚标表示是第一条光线还是第二条光线。上述结论由式(3-44)和图 3-29 看得很清楚。

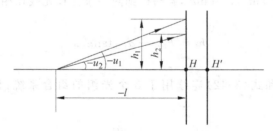

图 3-29 过同一轴上点的两条光线

借用光线矢量的列矩阵表示，可将式(3-41)写成矩阵形式。由于光线在主平面上发生折射时，出射光线与入射光线在主平面上的投射高度相同，所以有

$$h' = h$$

将它与式(3-41)联立并写成矩阵形式有

$$\begin{bmatrix} h' \\ \tan u' \end{bmatrix} = \begin{bmatrix} 1 & 0 \\ \frac{1}{f'} & 1 \end{bmatrix} \begin{bmatrix} h \\ \tan u \end{bmatrix} \tag{3-46}$$

又由于转面计算时，光线的孔径角是不变的，所以有

$$\tan u_i = \tan u'_{i-1}$$

将它与转面公式(3-42)联立写成矩阵形式有

$$\begin{bmatrix} h_i \\ \tan u_i \end{bmatrix} = \begin{bmatrix} 1 & -d \\ 0 & 1 \end{bmatrix} \begin{bmatrix} h'_{i-1} \\ \tan u'_{i-1} \end{bmatrix} \tag{3-47}$$

从上述二式可以看到,含有光学系统(光组)参量的光学系统矩阵与描述光线的光线列矩阵是完全分离的。若光学系统是由 k 个光组组合而成,因为 k 个光组之间有 $(k-1)$ 个间隔,可由式(3-46)和式(3-47)可得合成光学系统的系统矩阵 $\boldsymbol{R}$ 为

$$\boldsymbol{R} = \begin{bmatrix} 1 & 0 \\ \frac{1}{f'_k} & 1 \end{bmatrix} \begin{bmatrix} 1 & -d_{k-1} \\ 0 & 1 \end{bmatrix} \cdots \begin{bmatrix} 1 & 0 \\ \frac{1}{f'_1} & 1 \end{bmatrix} \tag{3-48}$$

利用式(3-48),由式(3-45)有

$$\begin{bmatrix} h' \\ \tan u' \end{bmatrix}_1 = c \begin{bmatrix} h' \\ \tan u' \end{bmatrix}_2 \tag{3-49}$$

所以对于给定的理想光学系统,我们有

$$\left(\frac{\tan u'}{\tan u}\right)_1 = \left(\frac{\tan u'}{\tan u}\right)_2 \tag{3-50}$$

及

$$\left(\frac{h'}{\tan u'}\right)_1 = \left(\frac{h'}{\tan u'}\right)_2 \tag{3-51}$$

这两条入射光线中设第一条为满孔径边缘光线,第二条为近轴光线,即

$$(\tan u)_1 = \tan u_{\max} = \tan u$$

$$(\tan u)_2 = \tan u \approx u$$

由式(3-50)和式(3-51)分别得

$$\left(\frac{\tan u'}{\tan u}\right)_1 = \frac{u'}{u} \tag{3-52}$$

和

$$\left(\frac{h'}{\tan u'}\right)_1 = \frac{h'}{u'} \tag{3-53}$$

在式(3-52)中,我们可以将右边的分子分母同时扩大若干倍,使得

$$\tan u = u \tag{3-54}$$

如此,在理想光学系统中应有

$$\tan u' = u' \tag{3-55}$$

为避免过多地引入符号,这里扩大了的孔径角我们仍用 u 和 u' 表示,但值得指出现在它们已不再仅仅是近轴孔径角了。

有了式(3-54)和式(3-55),前述理想光学系统中的光学不变量(拉赫不变量)与近轴光学中的光学不变量就有了统一的表述形式;有了式(3-53),依据近轴光学理论和理想光学系统理论求光学系统焦距的表述公式就统一了。由此看到,所谓用"正切"计算法来求理想光学系统的焦距是不必作正切运算的,依据式(3-54)和式(3-55)只作近轴运算就可以了,事实上有了式(3-54)和式(3-55),式(3-41)~式(3-43)完全是近轴运算公式的形式。另外式(3-43)中也是对孔径角的正切($\tan u$)作为一个整体在进行操作,而没有 $\tan u \rightarrow \arctan u \rightarrow$

$\tan u$ 这种运算过程。

3. 典型光组组合示例

这里给出两个典型的光组组合例子,为使图示简单清晰,假定单个光组的物方主面和像方主面重合(即认为单个光组是薄光组),并用符号 ┼ 表示正光焦度的薄光组,用符号 ┤├ 表示负光焦度的薄光组。

(1) 远摄型光组的例子

一光组由两个薄光组组合而成,如图 3-30 所示。第一个薄光组的焦距 $f_1'=500\mathrm{mm}$,第二个薄光组的焦距 $f_2'=-400\mathrm{mm}$,两个光组间的间隔 $d=300\mathrm{mm}$。求组合光组的焦距 f',求组合光组的像方主平面位于第一个薄光组的前面还是后面,距离第一个薄光组有多远?求像方焦点的位置 l_F',并比较筒长$(d+l_F')$与 f' 的大小。

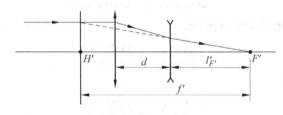

图 3-30 远摄型光组

解 利用式(3-54)和式(3-55),将式(3-43)的正切计算法改造成近轴形式。设 $h_1=100\mathrm{mm}$,有

$$u_1' = \frac{h_1}{f_1'} = 0.2$$
$$h_2 = h_1 - d_1 u_1' = 40\mathrm{mm}$$
$$u_2' = u_1' + \frac{h_2}{f_2'} = 0.1$$

所以

$$f' = \frac{h_1}{u_2'} = 1000\mathrm{mm}$$
$$l_F' = \frac{h_2}{u_2'} = 400\mathrm{mm}$$

所以像方主平面在第一个薄光组前方 300mm 的地方,如图 3-30 所示。

显然此组合光组的焦距 f' 大于光组的筒长$(d+l_F')$,其筒长只有 700mm,而焦距是 1000mm。在长焦距镜头中往往采用这种组合方式,其特点就在于筒长比焦距短,使得整体比较轻巧。这类组合光组称为远摄型光组。

因为这个问题是两个光组的合成问题,所以也可以用式(3-34)求解合成焦距

$$\frac{1}{f'} = \varphi = \varphi_1 + \varphi_2 - d\varphi_1\varphi_2 = \frac{1}{500} + \frac{1}{-400} - 300 \times \frac{1}{500} \times \frac{1}{-400} = 0.001$$

所以

$$f' = 1000\mathrm{mm}$$

可用式(3-36)求出像方焦点的位置

$$l'_F = f'\left(1 - \frac{d}{f'_1}\right) = 1000 \times \left(1 - \frac{300}{500}\right) = 400 (\text{mm})$$

可用式(3-38)求出像方主平面的位置

$$l'_H = -f'\frac{d}{f'_1} = -1000 \times \frac{300}{500} = -600 (\text{mm})$$

说明合成光组的像方主平面在第二个薄光组前600mm的地方,即在第一个薄光组前300mm的地方。

两种方法的计算结果是一致的。但用前一种方法是在追迹光线,计算的是光线的坐标参量,利于画图,更加形象直观。

(2) 反远距型光组

一光组由两个薄光组组合而成,如图3-31所示。第一个薄光组的焦距 $f'_1 = -35\text{mm}$,第二个薄光组的焦距 $f'_2 = 25\text{mm}$。两薄光组之间的间隔 $d = 15\text{mm}$。求合成焦距,并比较后工作距 l'_F 与 f' 的长短。

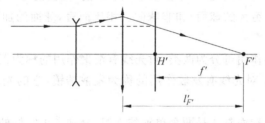

图 3-31 反远距型光组

解 仍用上例改造过的正切计算法,设 $h_1 = 10\text{mm}$,有

$$u'_1 = u_2 = \frac{h_1}{f'_1} = -0.2857143$$

$$h_2 = h_1 - d_1 u'_1 = 14.28571 \text{mm}$$

$$u'_2 = u_2 + \frac{h_2}{f'_2} = 0.2857141$$

$$f' = \frac{h_1}{u'_2} = 35 \text{mm}$$

$$l'_F = \frac{h_2}{u'_2} = 50 \text{mm}$$

这个组合光组的焦距为35mm,而系统最后一面至焦点的距离,即后工作距为50mm,却比焦距要长,这非常有利于在系统后面安放其他光学元件。因为对于一般的短焦距光组来说,后工作距空间总是不长的。

上述光组组合的两个例子谈到了远摄型和反远距型各自的特点,下面将等焦距的这两种组合形式画在一张图上,更能一目了然地看到它们各自的特点,如图3-32所示。

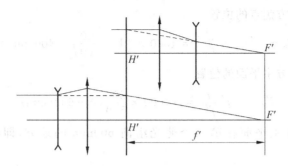

图 3-32　焦距相等的远摄型与反远距型比较图

3.6　透　镜

透镜是构成光学系统的最基本单元，它是由两个曲面包围一种透明介质（例如光学玻璃）所形成的光学零件。光线在这两个曲面上发生折射，曲面的形状通常是球面（包括平面，即将平面看成是半径无穷大的球面）和非球面。相比而言，球面的加工和检验较为简单，故在透镜中多用球面。

透镜按其对光线的作用可分为两类，对光线有汇聚作用的称为汇聚透镜，它的光焦度 φ 为正值，又称为正透镜；对光线有发散作用的称为发散透镜，它的光焦度 φ 为负值，也称为负透镜。

将透镜的两个折射球面看成是两个单独的光组，分别求出它们的焦距和基点位置，应用前述的光组组合公式就可以求得透镜的焦距和基点位置。

不难分析出，由单个折射球面构成的系统，其两个主点都重合于球面顶点，其焦距可利用单个折射球面的成像公式(2-9)得出，即在

$$\frac{n'}{l'} - \frac{n}{l} = \frac{n'-n}{r} \tag{2-9}$$

中，令 $l(l')$ 为无穷大，就有 $l' \to f'$ 或 $l \to f$，即当 l 趋于无穷大时，来自轴上物点的光线将平行于光轴，这时像点的位置为

$$l' = \frac{n'r}{n'-n} = f'$$

这个特殊的像点即称为像方焦点，入射光线与出射光线的延长线相交于过球面顶点的切平面，此即像方主平面，球面顶点即像方主点。通过使像点位置位于无穷远处，可以找到物方焦点，对这样的成像位置，对应的物距为

$$l = -\frac{nr}{n'-n} = f$$

出于同样的理由可以得出，相应的物方主平面、物方主点与像方主平面和像方主点重合。由上述结果可得物方焦距和像方焦距的关系为

$$\frac{f'}{n'} = -\frac{f}{n}$$

此即式(3-15)。

假定透镜放在空气中,即 $n_1=n_2'=1$;又设透镜的材料折射率为 n,即 $n_1'=n_2=n$,则有

$$f_1 = -\frac{r_1}{n-1}$$

$$f_1' = \frac{nr_1}{n-1}$$

$$f_2 = \frac{nr_2}{n-1}$$

$$f_2' = -\frac{r_2}{n-1}$$

透镜的光学间隔为

$$\Delta = d - f_1' + f_2$$

其中 d 是透镜的光学厚度。将这些关系式代入两个光组的合成焦距公式(3-30)得到透镜的焦距公式为

$$f' = -f = -\frac{f_1'f_2'}{\Delta} = \frac{nr_1r_2}{(n-1)[n(r_2-r_1)+(n-1)d]} \tag{3-56}$$

将上式写成光焦度的形式,有

$$\varphi = \frac{1}{f'} = (n-1)(c_1-c_2) + \frac{(n-1)^2}{n}dc_1c_2 \tag{3-57}$$

这里 c 是球面曲率半径的倒数 $1/r$。

如果透镜的厚度 d 很小可以忽略(即 $d=0$),这类透镜称为薄透镜,此时可将上式简化为

$$\varphi_{\text{thin}} = \frac{1}{f_{\text{thin}}'} = (n-1)(c_1-c_2) \tag{3-58}$$

式(3-58)称为薄透镜焦距公式,是一个常用公式。由它看出,当透镜的材料选定后,对于要求的焦距,有许许多多两个球面半径的搭配能够满足。

根据式(3-36)、式(3-37),可求得焦点位置 l_F' 和 l_F 为

$$l_F' = f'\left(1 - \frac{n-1}{n}dc_1\right)$$

$$l_F = f\left(1 + \frac{n-1}{n}dc_2\right)$$

根据式(3-38)、式(3-39),可求得主面位置 l_H' 和 l_H 为

$$l_H' = -f'\frac{n-1}{n}dc_1$$

$$l_H = f\frac{n-1}{n}dc_2$$

将式(3-56)中的 f' 代入上式可得另一种形式的表示式

$$\left.\begin{aligned} l_H' &= \frac{-dr_2}{n(r_2-r_1)+(n-1)d} \\ l_H &= \frac{-dr_1}{n(r_2-r_1)+(n-1)d} \end{aligned}\right\} \tag{3-59}$$

设透镜放在空气中,透镜由折射率大于1的光学玻璃做成。几种不同形状透镜的主点和焦点位置如图 3-33 所示。

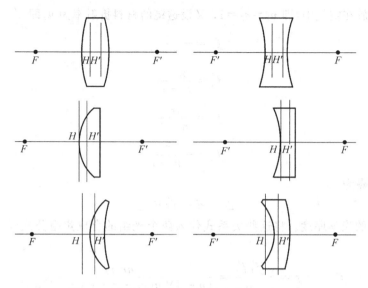

图 3-33 几种不同形状透镜的主点和焦点位置

两个半径值相等的双凸或双凹透镜,其主点位于透镜内,两个主点大致均分了透镜厚度;在平凸或平凹透镜中,一个主点总是与凸面或凹面的球面顶点重合,另一个主点在透镜内,与前一个主点的距离大致为透镜厚度的三分之一;对于弯月形透镜来讲,一个主点完全在透镜外,对于极度弯曲的弯月形透镜,甚至两个主点都在透镜外,而且两个主点的相对位置可能会与图示的相反,即像方主点在物方主点的左面。

习 题

1. 针对位于空气中的正透镜组($f'>0$)及负透镜组($f'<0$),试用作图法分别对以下物距:$-\infty, -2f, -f, -\dfrac{f}{2}, 0, \dfrac{f}{2}, f, 2f, \infty$;
求像平面的位置。

2. 已知照相物镜的焦距 $f'=75\mathrm{mm}$,被摄景物位于(以 F 点为坐标原点)$x=-\infty$,$-10\mathrm{m}, -8\mathrm{m}, -6\mathrm{m}, -4\mathrm{m}, -2\mathrm{m}$ 处,试求照相底片应分别放在离物镜的像方焦面多远的地方。

3. 设一系统位于空气中,垂轴放大率 $\beta=-10^{\times}$,由物面到像面的距离(共轭距离)为 $7200\mathrm{mm}$,物镜两焦点间距离为 $1140\mathrm{mm}$。求该物镜焦距,并绘出基点位置图。

4. 已知一个透镜把物体放大 $-3^{\times}$ 投影在屏幕上,当透镜向物体移近 $18\mathrm{mm}$ 时,物体将被放大 $-4^{\times}$,试求透镜的焦距,并用图解法校核。

5. 一个薄透镜对某一物体成一实像,放大率为 $-1^{\times}$,今以另一个薄透镜紧贴在第一透镜上,则见像向透镜方向移动了 $20\mathrm{mm}$,放大率为原先的 $3/4$ 倍,求两块透镜的焦距。

6. 有一正薄透镜对某一物成倒立的实像,像高为物高的一半,今将物面向透镜移近 $100\mathrm{mm}$,则所得像与物同大小,求该正透镜组的焦距。

7. 希望得到一个对无限远成像的长焦距物镜,焦距 $f'=1200$mm,由物镜顶点到像面的距离(筒长)$T=700$mm,由系统最后一面到像平面距离(工作距)为 $l'_k=400$mm,按最简单结构的透薄镜系统考虑,求系统结构,并画出光路图。

8. 一个对无穷远物成像的短焦距物镜,已知其焦距为 35mm,筒长 $T=65$mm,工作距离 $l'_k=50$mm,按最简单的由两块薄透镜组成的系统结构考虑,求系统结构。

9. 已知一透镜 $r_1=200$mm,$r_2=300$mm,$d=50$mm,$n=1.5$,求其焦距、光焦度、基点位置。

10. 一薄透镜组焦距为 100mm,和另一焦距为 50mm 的薄透镜组合,其组合焦距仍为 100mm,问两薄透镜的相对位置,并求基点位置,以图解法校核。

11. 长 60mm,折射率为 $n=1.5$ 的玻璃棒,在其两端磨成曲率半径为 10mm 的凸球面,试求其焦距及基点位置。

12. 一束平行光入射到平凸透镜上,汇聚于透镜后 480mm 处,如在此透镜凸面上镀银,则平行光汇聚于透镜前 80mm 处,求透镜折射率和凸面曲率半径。设该透镜为薄透镜。

13. 试以两个薄透镜组按下列要求组成光系统:①两透镜组间隔不变,物距任意而倍率不变。②物距不变,两透镜组间隔任意改变,而倍率不变。问该两透镜焦距之间的关系,并求组合焦距的表示式。

14. 由两个薄透镜组成一个成像系统,两薄透镜组焦距分别为 f'_1,f'_2,间隔为 d,物平面位于第一透镜组的焦平面上,求此系统的垂轴放大率、焦距及基点位置的表示式。

15. 一块厚透镜,$n=1.6$,$r_1=120$mm,$r_2=-320$mm,$d=30$mm,试求该透镜的焦距及基点位置。如果物距 $l_1=-5$m 时,问像在何处?如果平行光入射时,使透镜绕一和光轴垂直的轴转动,而要求像点位置不变,问该轴应装在何处?

16. 如上题中的透镜第一面在水中,求基点位置及其物、像方焦距。当 $l_1=-5$m 时,问像面应在何处?当平行光入射时,转轴装在何处,可使像点不移动?

17. 有三个薄透镜,其焦距分别为 $f'_1=100$mm,$f'_2=50$mm,$f'_3=-50$mm,其间隔 $d_1=10$mm,$d_2=10$mm,求其组合系统的基点位置。

18. 有的照相机拍摄不同远近的目标时,采用物镜中的前片调焦的方式。设前片的焦距为 75mm,试求在拍摄距离分别为 -0.8m,-1m,-1.5m,-5m,-10m,-20m 时,前片透镜相对于 $l=-\infty$ 时的原始位置调焦的距离。

参 考 文 献

[1] 郁道银,谈恒英. 工程光学[M]. 北京:机械工业出版社,1999.
[2] 王子余. 几何光学与光学设计[M]. 杭州:浙江大学出版社,1989.
[3] 杜德罗夫斯基·A. 光学仪器理论. 第一卷[M]. 王之江,等,译. 北京:科学出版社,1958.
[4] Born M and Wolf E. Principles of Optics[M]. Cambridge:Cambridge University Press,1999.
[5] 王之江. 光学设计理论基础[M]. 北京:科学出版社,1965.
[6] 袁旭沧. 应用光学[M]. 北京:国防工业出版社,1988.
[7] Smith W J. Modern Optical Engineering[M]. Boston:The McGraw-Hill Companies,Inc. ,2001.
[8] Ditteon R. Modern Geometrical Optics[M]. New York:John Wiley & Sons,Inc. ,1998.

[9] Walker B H. Optical Engineering Fundamentals[M]. Bellingham,Washington：SPIE,1998.
[10] Fischer R E. Optical System Design[M]. New York：McGraw-Hill,2000.
[11] Jenkins F,White H. Fundamentals of Optics[M]. New York：The McGraw-Hill Companies, Inc.,1976.
[12] 张以谟. 应用光学(上册)[M]. 北京：机械工业出版社,1982.

平面反射镜、反射棱镜与折射棱镜

与透镜一样,平面反射镜、反射棱镜和折射棱镜也广泛应用于光学系统中。在光学系统中,前两者的作用主要在于转折光路、压缩光路长度,正像,以及对光轴方向和成像倾斜的补偿和调整;折射棱镜的作用在于偏折光线,色散不同波长的光波,压缩光束宽席。

本章讨论有关它们的几个基础理论问题,即成像问题、调整问题(位置误差问题)和误差问题(制造误差问题),以及折射棱镜,这种非共轴平面元件的基本工作特性。

4.1 平面反射镜

1. 平面反射镜的成像

平面反射镜是一块天然完善成像的光学元件,从物点发出的光线经平面反射镜反射后仍然相交了一点,物体上点点都是如此成像。

如图 4-1 所示,MM 是一块平面反射镜,P 是一任意物点。由反射定律容易得,P 点发出的光线经平面反射镜反射后其延长线相交于一点 P',而且物点 P 和像点 P' 对平面反射镜对称,即在图示中,物点 P 和像点 P' 的连线 PP' 一定垂直于平面反射镜镜面 MM,而且镜面将连线 PP' 等分。

因为物点 P 是任选的,所以图示中平面反射镜前面空间内的所有物点成像都是如此。这是实物经平面反射镜成虚像的情况。

平面反射镜也可以将虚物成一实像。图 4-2 所示是一个照相系统简图,外界景物经照相物镜成像在底片 1 上。现为在拍照之前取景,加一平面反射镜 MM,将景物成像在上面的毛玻璃板 $1'$ 上。

就平面反射镜的成像来说,照相物镜所成的像是平面反射镜的物,这个物在平面反射镜之后,实际上是一个虚物,这个虚物经平面反射镜所成的像是一个实像。这样,反射镜后面空间内的所有虚物点都能在平面反射镜前面空间内成一与镜面为对称的实像点。由此得出结论,平面反射镜可以使实物成虚像,也可以使虚物成实像,而且能使整个空间中(既包括平面反射镜前的空间也包括平面反射镜后面的空间)任意物点成完善的理想像,并且物和像是以镜面为对称的。

2. 平面反射镜的成像方向

现讨论平面反射镜的物和像的空间对应关系。如图 4-3 所示,MM 是一个平面反射镜,

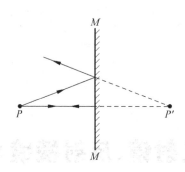

图 4-1 平面反射镜成像

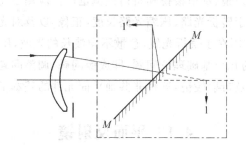

图 4-2 虚物经平面反射镜成实像

物方取一个右手直角坐标系 $Oxyz$，坐标系中每根轴都取 1 个单位长，z 轴垂直指向镜面，y 轴平行于镜面朝上，x 轴平行于镜面指向纸里。

根据平面反射镜成像的规律，易知坐标系的原点 O 与它的像点 O' 以镜面为对称，z 轴的像 z' 轴由 O' 点垂直指向镜面，y 轴的像 y' 轴平行于镜面向上，x 轴的像 x' 轴亦平行于镜面指向纸里，三条像轴的长度各自也等于 1 个单位。显然，右手直角坐标系 $Oxyz$ 经平面反射镜成像为左手直角坐标系 $O'x'y'z'$。自然，若物方坐标系为左手直角坐标系，则对应的像方坐标系一定是右手坐标系。由此可以推断，右手直角坐标系经偶数次平面反射镜成像则像一定是右手系，而其经奇数次平面反射镜成像其像一定是左手系。前者物像空间的对应关系所成的像称为相似像，后者物像空间的对应关系所成的像称为镜像。

另外，从图 4-3 中还能看到，若物方坐标系绕 x 轴右螺旋旋转，相应地像方坐标系将绕 x' 轴左螺旋旋转；若物方坐标系绕 x 轴左螺旋旋转，则像方坐标系一定绕 x' 轴右螺旋旋转。类似，物方坐标系分别绕 y 轴或 z 轴旋转的情况亦是如此。

3. 平面反射镜的旋转对光线的作用

如图 4-4 所示，现有一块平面反射镜 MM 垂直于纸面放置。有一条光线 a 以与镜面法线夹角为 i 的方向入射，则经平面反射镜反射的反射光线 a'_1 方向如图 4-4。而在入射光线方向不变的情况下，若将平面反射镜绕过入射点且垂直于纸面的轴线旋转一个角度 θ，自然反射光线就转到了图中 a'_2 的方向。由反射定律可得：平面反射镜旋转 θ 角，则反射光线旋转 2θ 角。

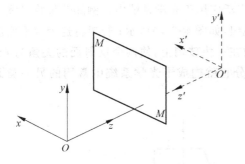
图 4-3 平面反射的物像空间对应关系

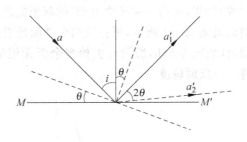
图 4-4 平面反射镜的旋转

平面反射镜的这种"角度放大作用"广泛应用于测量领域,也可以预见,若光学系统中有这类反射元件,则光路的调整,系统的安装要更费事一些。

4. 双平面反射镜系统

双平面反射镜系统是指由夹角为 θ 的两块平面反射镜组成一个系统,入射到这个系统上的光线被两块平面反射镜各反射一次后出射,如图 4-5 所示。图中,O_1 是入射光线 a 在第一块反射镜上的入射点,入射光线 a 经第一块反射镜反射后反射光线入射到第二块反射镜上,入射点为 O_2。入射光线 a 经两个平面反射镜反射后,沿着 a' 的方向射出,延长入射光线 a 与出射光线 a' 交于一点 P。设入射光线 a 和出射光线 a' 间的夹角为 ψ,在 $\triangle O_1 O_2 P$ 中,根据外角等于不相邻两内角之和的关系及图示有

$$2i_1 = 2i_2 + \psi \tag{4-1}$$

即

$$\psi = 2(i_1 - i_2) \tag{4-2}$$

其中 i_1 是入射光线在第一块平面反射镜上的入射角,i_2 是第一块平面反射镜上的反射光线在第二块平面反射镜上的入射角。过 O_1, O_2 处的平面反射镜法线相交于 T,由 $\triangle O_1 O_2 T$ 得

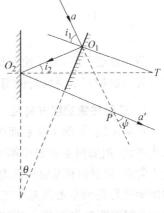
图 4-5 双平面反射镜系统

$$i_1 = i_2 + \theta \tag{4-3}$$

即

$$\theta = i_1 - i_2 \tag{4-4}$$

将这个关系代入上面关于 ψ 的关系式(4-2)有

$$\psi = 2\theta \tag{4-5}$$

值得指出,上述关系与光线的入射角无关。由此得出结论,位于与两平面反射镜交棱相垂直平面内的光线,不论它的入射光线方向如何,经两个平面反射镜各反射一次后的出射光线相对于入射光线的偏转角总是等于两平面反射镜夹角的 2 倍。至于它的偏转方向,则与反射面按反射次序由 M_1 偏转到 M_2 的方向相同。

结果说明,当入射光线的方向不变时,若两块平面反射镜作为一个刚体一起转动,则出射光线的方向不会改变,但出射光线的位置可能平行位移。

上述平面反射镜和双平面反射镜组的性质广泛应用于光学系统中。例如若想将光线方向改变 90°，可用一对夹角为 45°的双平面反射镜组，如图 4-6(a)所示；若想将这个双平面反射镜组做成一个刚体，可将这两个平面反射镜做在一块玻璃上，使两个反射面的夹角为 45°即可（如图 4-6(b)所示），去掉多余而无用的部分它就构成了光学系统中常用的另一类元件——反射棱镜。

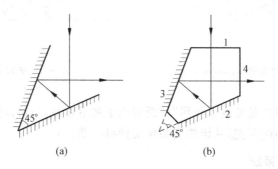

图 4-6　能将光路改变 90°的双平面反射镜和反射棱镜

4.2　反射棱镜

前面曾经提到，为了使两反射面之间的夹角不变，可将两个反射面做在同一块玻璃上，以代替一般的双平面反射镜组，这就构成了另一类常用的光学元件——反射棱镜的雏形。

1. 反射棱镜的展开特征

反射棱镜中，除了反射面外，还有一个光线进去的面和光线出来的面，分别称为入射面和出射面，例如图 4-6(b)中第 1 面为入射面，第 4 面为出射面，而第 2 和第 3 面为反射面。这些入射面、出射面和反射面称为棱镜的工作面；而其他面称为非工作面，例如图 4-6(b)所示，与纸面平行的两个面就是非工作面，正常使用情况下，有用的光线不会与这些非工作面发生作用；相邻两工作面的交棱称为反射棱镜的工作棱，与工作棱垂直的平面称为主截面。图 4-6(b)所示中，工作棱都垂直于纸面，主截面在纸面内。通常只画棱镜的主截面图。

若光线在棱镜反射面上的入射角大于临界角，则光线依据全反射原理反射，这些反射面不需要镀反射膜；如果入射角小于临界角，反射面还要镀反射膜。光学系统中通常采用的大部分反射棱镜都是无须镀反射膜的全反射棱镜。

反射棱镜的结构除诸反射面的空间方位配置要满足光线转折方向的要求外，入射面和出射面对光线的折射作用要相互抵消，不能偏折光线的方向。如反射棱镜用在汇聚光路中（即反射棱镜的物位于有限距时的情况），光学系统的光轴要垂直于入射面进入反射棱镜，也要求相应的出射光轴垂直于出射面；如反射棱镜用在平行光路中（即反射棱镜的物位于无穷远时的情况），虽则允许光学系统的光轴不一定非要垂直于入射面，但一定要求其结构满足入射面的法线经反射棱镜诸反射面的依次成像后与出射面的法线重合。

具有上述结构特征的反射棱镜，若以主截面内的反射面为轴依次将反射棱镜翻转180°，最终会有翻转前的入射面一定与翻转后的出射面相互平行。如图 4-7 所示 ABCDE 是一块由双平面镜演变而来的五角棱镜，现在画出来的是它的主截面图，其中 AB 面和 EA

面分别是入射面和出射面,入射面与出射面垂直;DE 面是第一反射面,BC 面是第二反射面,两反射面的夹角为 45°,入射面 AB 与第二反射面 BC 之间的夹角为 112.5°,出射面 AE 与第一反射面 ED 之间的夹角为 112.5°。

入射光轴 a 经五角棱镜的反射后方向改变 90°成出射光轴 a'。现以 DE 为轴将棱镜翻转 180°成 $A'B'C'DE$,此时,第二反射面 BC 就被翻转到了 $B'C'$ 的位置,出射面 EA 被翻转到了 EA' 的位置。再以第二反射面 $B'C'$ 为轴将棱镜再翻转 180°成 $B'C'D''E''A''$,出射面 EA' 此时被翻转到了 $E''A''$ 的位置,与入射面 AB 平行。这时就将在反射棱镜中的三部分光轴 1,2,3 拉直成了一条直线。所以经常称这个动作为棱镜的拉直,又称棱镜的展开。

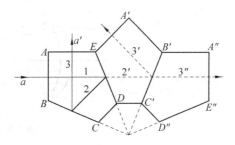

图 4-7 五角棱镜及五角棱镜的展开

反射棱镜展开后是一块平行平板,这是一切反射棱镜结构上的特征,也是棱镜设计时要注意的基本问题。因此,在共轴光路中应用反射棱镜就相当于在光路中加入了一块平行平板玻璃,若它被用在汇聚光路中,光路的光轴垂直于反射棱镜的入射面,反射棱镜的加入仍然保持了光路系统的共轴性。

例如靴形棱镜,如图 4-8 所示是由两部分组成的,第一部分 ABCD 是由两个夹角为 45°的反射面 BC 和 CD 以及入射面 AB 组成的,第一反射面也可兼作出射面,但是这一部分棱镜展开后不是一块平行平板,所以还要补上第二部分 EFG,这样整个棱镜展开后才是一块平行平板。为使入射光轴在 BC 面上发生全反射,补上去的第二部分 EFG 并不与 BC 面粘接在一起,而在

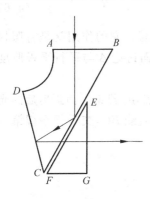

图 4-8 靴形棱镜

第一部分的 BC 面和第二部分的 EF 面之间留有一小的空气间隙,如图 4-8 所示。

棱镜展开成平行平板后,其平行平板的厚度也称为棱镜的展开长度。展开长度不仅与棱镜的结构有关,还与棱镜入射面的口径大小有关。设五角棱镜的入射面口径 $AB=\Phi$,则展开长度 l 为 $(2+\sqrt{2})\Phi$,即 $l_{五角}=3.41\Phi$。其计算方法完全是一个平面几何问题,参见习题。

2. 平行平板的成像

如上述,在光路中加入反射棱镜,除光路发生折转外,也相当于加入了一块平行平板。现在考查平行平板的成像特性。

如图 4-9 所示是一个简单的照相物镜系统,现在其后插入一块厚度为 d、折射率为 n 的平行平板玻璃,看看物镜的焦点 F'_0 被它后移了多少距离?原物镜焦平面上的像被这块平行平板再一次成像时的放大率为多少?像的正倒又如何?

从图 4-9 可以看到,照相物镜所成的像 F'_0 作为平行平板玻璃这个光学元件的物,由于平行平板的成像作用,将它成像在 F''_0 处。设 a_1 是从物镜射出并聚焦于物镜像方焦点 F'_0 的近轴光线,它经平行平板第一面的折射后成为 a'_1,又经平行平板第二面的折射后从其射出成为光线 a'_2,光线 a'_2 与光轴的相交点 F''_0 即为物点 F'_0 经平行平板所成的像。

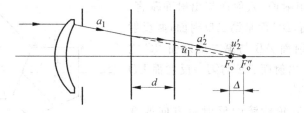

图 4-9 平板玻璃的成像

由于现在讨论的是一块平行平板的成像,两折射面的法线相互平行,且假定平行平板前后的介质相同,例如通常为空气,则据折射定律易得出射光线 a_2' 一定是平行于入射光线 a_1 的,所以出射光线的孔径角 u_2' 与入射光线的孔径角 u_1 相等且符号相同,故平行平板玻璃的横向放大率为

$$\beta = \frac{u_1}{u_2'} = 1 \tag{4-6}$$

所以平行平板将原物按 1∶1 成像,既不放大也不缩小,而且成正像。它的作用就是将照相物镜所成的像平面向后推移了一段距离 Δ 成为新的像平面。下面讨论 Δ 与平行平板厚度和平行平板材料折射率的关系。

如图 4-10,设 A 为入射光线 a_1 在平行平板第一面上的入射点,a_1 经第一面折射后的光线 a_1' 在平行平板第二面上的入射点为 B。过 B 作平行于光轴的直线 BC,交平行平板第一面于 C,交入射光线 a_1 于 D。

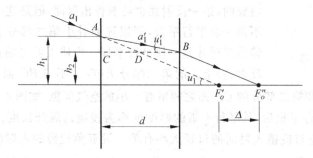

图 4-10 平板玻璃的延伸量

由已叙述过的条件知,四边形 $BDF_o'F_o''$ 是一个平行四边形,$BD = F_o'F_o'' = \Delta$。而 AC 就是光线 a_1' 在平行平板第一面上的投射高度 h_1 与该光线在平行平板第二面上的投射高度 h_2 之差,利用转面公式(2-36)即有

$$AC = h_1 - h_2 = du_1' \tag{4-7}$$

在直角三角形 ACD 中,有

$$CD = \frac{AC}{u_1} = \frac{du_1'}{u_1} \tag{4-8}$$

这里已利用了所考虑的光线是近轴光线这一条件。又因为在近轴近似条件下,折射定律在这里为 $u_1 = nu_1'$,将它代入式(4-8)有

$$CD = \frac{d}{n} \tag{4-9}$$

由图 4-10 有

$$\Delta = F'_o F''_o = BD = d - CD = d\left(1 - \frac{1}{n}\right) \tag{4-10}$$

由此可得，在照相物镜后面插入一块平行平板后，它将物镜的像方焦平面向后推移了，由于这个推移的距离仅仅与平行平板的厚度和材料有关，所以在物镜后面的任何位置插入平行平板都是这个结果。通常将 Δ 称为平行平板的延伸量。

3. 反射棱镜的正像作用

在光路中加入反射棱镜，除折转光路，改变共轴系统光轴的位置和方向并将共轴系统折叠以缩小仪器的体积外，更主要的是它能改变像的方向，起正像或倒像作用。现就反射棱镜的成像方向作一简要的分析。

为了表示物和像的方向关系，在反射棱镜的物空间取一右手直角坐标系 xyz，如图 4-11 所示。其中 z 轴和入射光轴重合，y 轴位于反射棱镜主截面内，x 轴垂直于主截面。$x'y'z'$ 是表示坐标系 xyz 通过反射棱镜后所成的方向共轭像，但并不表示位置。显然 z' 轴与反射棱镜的出射光轴重合，其他两个轴的方向需要我们分析确定。

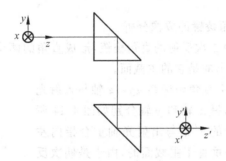

图 4-11 反射棱镜的物方坐标系和像方坐标系

我们将反射棱镜系统分成三类，分别研究。

(1) 具有单一主截面的棱镜或棱镜系统

设一个棱镜系统中包含若干块反射棱镜，若所有反射棱镜的主截面彼此重合，且所有反射面都与主截面垂直，则说这个反射棱镜系统是具有单一主截面的系统。在这类系统中，因为所有的反射面都垂直于主截面，又由于我们取物方坐标系 xyz 时将 y 轴取在主截面内，而让 x 轴垂直于主截面，这样 x 轴平行于棱镜所有的反射面，所以像空间的 x' 轴和物空间的 x 轴方向总是一致的。确定了 x' 轴和 z' 轴的方向，可根据反射棱镜系统中反射面数的奇偶确定出 y' 轴的方向。如前述，当取定物方坐标系为右手系，又棱镜系统中总的反射面数为偶数，它的像是相似像，一定为右手系；而棱镜系统中总的反射面数为奇数，其像为镜像，一定为左手系。

例 4.1 一次反射直角棱镜的成像分析。

如图 4-12 所示是一块一次反射的直角棱镜，其主截面在纸面内。取物方右手直角坐标系 xyz，z 轴垂直于反射棱镜的入射面指向棱镜，y 轴在主截面内直立向上，x 轴垂直于主截面（即纸面）朝里。沿 z 轴的指向追迹一条光线，它垂直穿过入射面射向反射面，被其反射在主截面内竖直向下，再垂直穿过反射棱镜的出射面成像方空间的 z' 轴，它就是反射棱镜的出射光轴。因为 x 轴与反射面平行，经其所成的像 x' 轴与 x 轴平行且同向，如图 4-12 所示；因为是一次反射，所以像方坐标系 $x'y'z'$ 应该是左手坐标系，这样可以确定 y' 轴沿水平指向左边，即与 z 轴的指向相反，如图 4-12 所示。

关于 y 轴方向的确定还可以通过追迹光线的方法，从 y 轴尖上发一条平行于入射光轴的光线，它也垂直穿过入射面，经反射面反射后与出射光轴相平行地垂直射出入射面，这能断定轴尖的指向一定是指向出射光轴的左边，如图 4-13 所示，与上述得出的结论一致。

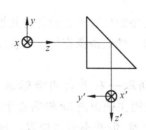

图 4-12　一次反射的直角棱镜

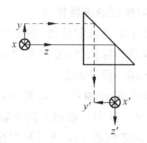

图 4-13　确定 y 轴成像方向的另一种方法

例 4.2　二次反射直角棱镜的成像分析。

如图 4-14 所示是一块二次反射的直角棱镜，形成直角的两个面为反射面，而弦面既是入射面又是出射面。现画出的是它的主截面。

取通常采用的物方右手直角坐标系 xyz，z 轴与入射光轴重合且垂直指向入射面，另 x 轴和 y 轴分别如图 4-14 所示。像方坐标系 $x'y'z'$ 中的 z' 轴与出射光轴重合指向左方，x' 轴与 x 轴同向，都是垂直于主截面的，由于是偶次反射，故 $x'y'z'$ 也是右手系，所以 y' 轴朝下。

（2）屋脊棱镜

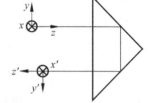

图 4-14　二次反射的直角棱镜

前述第一类棱镜具有单一主截面，而且所有反射面都垂直于主截面，所以垂直于主截面的物成像后其方向与物方向一定同向。在许多系统中，有时需要颠倒垂直于主截面的物方向，即垂直于主截面的物经棱镜成像后其方向是物方向的反向。为达到这个目的，将第一类棱镜中的某一反射面用一对相互垂直的屋脊面替代，这类棱镜叫屋脊棱镜。图 4-15 所示是一个直角屋脊棱镜，图(a)是它的主截面图，以及沿双箭头所示的投影方向看到的投影图。为与直角棱镜对比异同，图(b)画出了直角棱镜的主截面图以及沿双箭头所示的方向看到的投影图。

从图 4-15 中看到，在直角棱镜中弦面是反射面，而在直角屋脊棱镜中，它被一对相互正交的反射面取代了。这对相互正交的反射面俗称屋脊面，这一对反射面的交棱称为屋脊棱。图中的投影方向就是沿着屋脊棱的指向。图 4-15(c)描述了屋脊面所起的颠倒垂直于主截面的物像方向的作用。

位于主截面后面（此处的前后是从读者的角度说的）的光线 1 垂直向下射向屋脊的第 I 反射面，经其反射至主截面前并射到屋脊的第 II 反射面，再经屋脊的第 II 反射面反射沿水平射出成光线 1′。值得注意，入射光线 1 和出射光线 1′ 不在同一个主截面内，对读者来说，入射光线 1 在纸面后边，而出射光线 1′ 在纸面前边。完全雷同，主截面前的入射光线 2 经屋脊

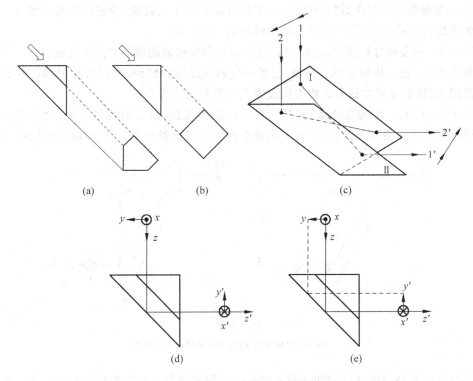

图 4-15 直角屋脊棱镜的投影图
(a)、(b) 直角屋脊棱镜的投影图；(c) 屋脊面对光线的反射作用；
(d) 直角屋脊棱镜的成像方向确定；(e) 在直角屋脊棱镜中确定 y 轴成像方向的另一种方法

面的两次反射后在主截面后沿水平方向射出成出射光线 $2'$。假设物方有一垂直于主截面的箭头由主截面后边指向主截面前边，若光线 1 是这个箭尾上发出的，而光线 2 是这个箭头上发出的，则经过屋脊面的反射后箭尾上来的光线却位于主截面前边，而箭头上来的光线却位于主截面后边，显然，在屋脊面的像方，相应箭头的指向是从主截面的前边指向了主截面的后边。所以说屋脊面能将垂直于主截面的物方方向颠倒而成为像方方向。

在图 4-15(c)中当光线 1 和光线 2 靠拢在一起位于主截面内时，它就是图中的入射光轴，显然相应的出射光线也位于主截面内成为图中的出射光轴，此时相当于光轴在屋脊棱上被反射的情况。

在直角屋脊棱镜的物方取定右手直角坐标系 xyz，z 轴与入射光轴重合，y 轴位于主截面内水平向左，x 轴垂直于主截面朝外。在像方，z' 轴与出射光轴重合，因屋脊面将垂直于主截面的方向颠倒了，所以 x 轴的像轴 x' 则垂直于主截面朝里，y' 轴的方向则可沿用前述的方法确定：因为有两个反射面，所以该棱镜是偶次反射，成相似像，则像方坐标系 $x'y'z'$ 也是右手系，由此定出轴 y' 是竖直朝上，如图 4-15(d)；或者从轴 y 的箭头上发出一条与入射光轴即与 z 轴平行的光线，它在屋脊棱上反射，在出射光轴的上方平行于出射光轴射出棱镜，由此确定轴 y' 的方向是竖直朝上，如图 4-15(e)。两种方法确定的结论是相同的。这样可以总结出确定屋脊棱镜成像方向的一般方法和步骤：

① 按光轴是在屋脊棱上被反射的情况确定出出射光轴 z' 的方向；

② 根据一对屋脊面颠倒了垂直于主截面的物像方向的结论确定 x' 轴的方向；

③ 按棱镜的总反射次数的奇偶性(一对屋脊面算两个反射面)确定像方坐标系 $x'y'z'$ 是左手系还是右手系,从而定出位于主截面内的轴 y' 的方向。

例 4.3 列曼屋脊棱镜的成像方向分析,并与列曼棱镜的成像方向作比较。

图 4-16(a)是一块列曼屋脊棱镜,它是一块四次反射的棱镜,所以成相似像;由于屋脊面的作用,它将垂直于主截面的物方向成像为与其相反的方向。

图 4-16(b)是一块列曼棱镜,它是一块三次反射棱镜,所以成镜像;不存在屋脊,所有的反射面都垂直于主截面,所以垂直于主截面的方向与反射面平行,成像后方向没有变化。

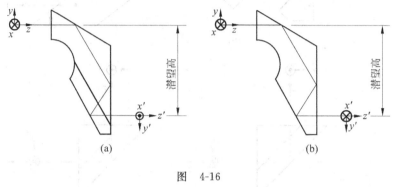

图 4-16
(a) 列曼屋脊棱镜的成像;(b) 列曼棱镜的成像

列曼棱镜和列曼屋脊棱镜的共同之处在于出射光轴与入射光轴在高度方向上位置有差别,这个差别称为潜望高。

(3) 具有两个相互垂直的主截面的棱镜或棱镜系统

有些反射棱镜或反射棱镜系统没有一个共同的主截面,这样可以将此反射棱镜或反射棱镜系统拆成若干部分,使每一部分的主截面是单一的,为使每一部分的主截面都能放在同一张纸面上,同时要确定出实际主截面旋转到纸面上时的方位和角度。然后采用前述一、二类中确定成像方向的方法可以确定每一部分的成像方向。得到第一部分的成像方向后,按照第二部分实际的主截面旋转到当前在纸面上的第二部分主截面的方位关系和角度,将第一部分的成像方向进行相同的旋转变换后作为第二部分的物方方向再去求像方方向。仿照此,可求出每一部分的成像方向,进而得到整个棱镜或棱镜系统的成像方向。下面举普罗棱镜的例子具体说明。

例 4.4 普罗棱镜的成像方向分析。

如图 4-17(a)所示,普罗棱镜是由两块两次反射的直角棱镜相互正交放置构成的。

设第一块两次反射的直角棱镜的主截面与纸面重合,则第二块两次反射直角棱镜的实际主截面垂直于纸平面,若要将它放在纸平面上,须将这块棱镜绕其入射光轴以左螺旋旋转 90°,如图 4-17(b)。

如图 4-17(a)所示取物方坐标系 xyz,z 轴沿第一块棱镜的入射光轴方向,则 yz 平面是第一块棱镜的主截面,x 轴垂直于第一块棱镜的主截面。沿用前面确定第一类棱镜成像方向的方法可以得到,y' 轴在主截面内朝上,x' 轴垂直于主截面朝外。

现将 $x'y'z'$ 与第二块棱镜一起绕 z' 轴左螺旋旋转 90°画出如图(b)所示主截面,此时 $x'z'$ 是该棱镜的主截面,而 y' 轴垂直于主截面朝外。同样沿用第一类棱镜成像方向的确定

4 平面反射镜、反射棱镜与折射棱镜　85

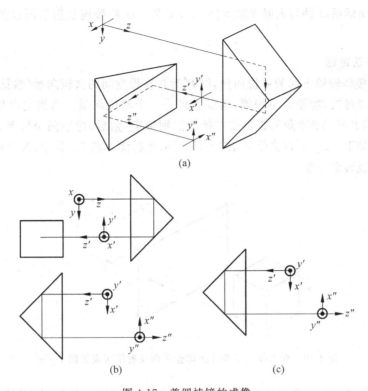

图 4-17　普罗棱镜的成像
(a) 普罗棱镜；(b) 普罗棱镜的主截面；(c) 普罗棱镜中第二块直角棱镜的成像

方法可得 x'' 轴在主截面内朝上，y'' 轴垂直于主截面朝外，如图 4-17(c)。

将图 4-17(c) 中的棱镜连同它的物方和像方坐标系作为刚体还回到图(a)所示的方位，可以清楚地看到，经普罗棱镜成像后，x 轴和 y 轴方向同时倒了像，更确切地说，第一块棱镜将 y 方向倒了像，第二块棱镜将 x 方向倒了像。

4.3　反射棱镜转动引起的光轴方向和成像方向变化的分析和计算

光学系统中的反射棱镜除起转折光路、正像等静态作用外，还是一个动态光学元件。在光学仪器的装校过程中，往往利用反射棱镜的微量转动调整光学系统的光轴方向和成像方向的倾斜。其核心内容是研究物体不动，而当反射棱镜绕某轴旋转时，像的方向如何变化。本节先讨论"棱镜转动定理"，在它的基础上，利用矩阵理论导出平行光路中反射棱镜转动引起的光轴方向变化(光轴编)及成像方向变化(像倾斜)的计算公式，并就"特征方向"的存在性加以证明，同时讨论特征方向、特征平面、最大像倾斜方向的求解。

为便于讨论，在棱镜的物、像空间分别采用一个直角坐标系，表示物和像的对应关系，如图 4-18 所示的 xyz 和 $x'y'z'$，其

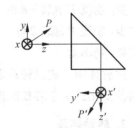

图 4-18　转轴 P 与它经棱镜所成的像 P'

中 xyz 是右手坐标系，z 轴与入射光轴重合；$x'y'z'$ 是 xyz 经棱镜反射后所成的像，z' 轴与出射光轴重合。

1. 棱镜转动定理

若取 P 为棱镜转轴方向的单位向量，则 P' 为 P 在像空间的共轭向量（参见图 4-18）。由于平面反射镜成像时，物像大小相等，所以它也是一个单位向量。当物空间坐标系 xyz 不动，棱镜绕转轴 P 转动 θ（θ 角的正负按右螺旋法则确定）角后，像空间坐标系 $x'y'z'$ 的转动情况可以表述如下：$x'y'z'$ 首先绕 P' 转 $(-1)^{N-1}\theta$，然后绕 P 转 θ。其中，N 是棱镜的反射次数。这就是棱镜转动定理。

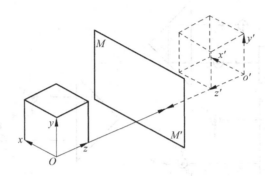

图 4-19 立方体 xyz 与立方体经平面反射镜所成的像 $x'y'z'$

现简要地证明这个定理。先看图 4-19，立方体 xyz 经平面反射镜 MM' 成像为立方体 $x'y'z'$。若立方体绕 x 轴转 θ 角（θ 角的正负服从右螺旋法则），则立方体的像将绕 x 轴的像轴 x' 转 $-\theta$ 角；若立方体绕 y 轴转 θ 角，其像会绕 y 轴的像 y' 轴转 $-\theta$ 角；若立方体绕 z 轴转 θ 角，则其像将会绕 z 轴的像 z' 轴转 $-\theta$ 角。由此可以归纳出结论：立方体绕任一轴 P 转 θ 角，则立方体的像将绕 P 轴的像 P' 轴转 $-\theta$ 角。这是一块平面反射镜的情况。如果立方体经两块平面反射镜成像，则可归纳为物方绕 P 轴转 θ 角则像方一定绕像轴 P' 转 $(-1)^2\theta$ 角。进一步则可归纳推广为对于由 N 个平面反射镜组成的系统，物方绕轴 P 转 θ 角则像方一定绕像轴 P' 转 $(-1)^N\theta$ 角。换句话说，当物方绕轴 P 转 θ 角则像方一定绕 P 轴的像 P' 轴转 $(-1)^N\theta$ 角。现将物体不动而棱镜绕轴 P 转动 θ 角所引起的像的转动分解为两步：第一步设棱镜不动，物方坐标系 xyz 绕 P 轴转 $-\theta$ 角，已经知道像方坐标系 $x'y'z'$ 将绕 P 轴的像轴 P' 转 $(-1)^{N-1}\theta$ 角，其中，N 是棱镜的反射面数；第二步，物方坐标系 xyz、棱镜和像方坐标系 $x'y'z'$ 作为一个刚体都绕 P 轴转 θ 角。这样两步转动的合成结果如下所示：

第一步：物绕 P 轴转 $-\theta$ 角　　棱镜不动　　　　像绕 P' 轴转 $(-1)^{N-1}\theta$ 角
第二步：物绕 P 轴转 θ 角　　　棱镜绕 P 轴转 θ 角　像绕 P 轴转 θ 角
总结果：物不动　　　　　　　　棱镜绕 P 轴转 θ 角　像先绕 P' 轴转 $(-1)^{N-1}\theta$ 角再绕 P 轴转 θ 角

这就证明了棱镜转动定理。下面以它为基础讨论棱镜转动时引起的光轴方向变化和像方向的变化。由于装校时棱镜的转角一般都很小，故用 $\Delta\theta$ 取代 θ。

2. 转动矩阵

现在先作一点数学方面的准备工作。设单位向量 g 绕 P 轴转动了 $\Delta\theta$ 角后成为向量 g'（如图 4-20），则利用熟知的已知向量绕某一已知轴线回转一微量角度的公式

$$g' = g + \Delta\theta P \times g \quad (4\text{-}11)$$

即可解决旋转前老坐标系 $x'y'z'$ 的三个单位基向量与旋转后新坐标系 $x''y''z''$ 的三个单位基向量的关系。

式(4-11)中，g 是已知向量，P 是表示转轴方向的单位向量，g' 是 g 绕 P 转微角 $\Delta\theta$ 后所成的新的向量。

设单位向量 $P = \cos\alpha' i' + \cos\beta' j' + \cos\gamma' k'$，其中 α'，β'，γ' 分别是 P 轴与 x'，y'，z' 轴的夹角；i'，j'，k' 分别是直角坐标系 $x'y'z'$ 的三个单位基向量。

令 g 分别等于 i'，j'，k'，由式(4-11)可得

$$\begin{cases} i'' = i' + \Delta\theta\cos\gamma' j' - \Delta\theta\cos\beta' k' \\ j'' = -\Delta\theta\cos\gamma' i' + j' + \Delta\theta\cos\alpha' k' \\ k'' = \Delta\theta\cos\beta' i' - \Delta\theta\cos\alpha' j' + k' \end{cases}$$

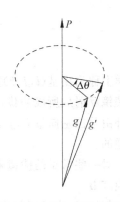

图 4-20 向量 g 绕轴 P 旋转 $\Delta\theta$ 角后成向量 g'

即

$$\begin{bmatrix} i'' \\ j'' \\ k'' \end{bmatrix} = \begin{bmatrix} 1 & \Delta\theta\cos\gamma' & -\Delta\theta\cos\beta' \\ -\Delta\theta\cos\gamma' & 1 & \Delta\theta\cos\alpha' \\ \Delta\theta\cos\beta' & -\Delta\theta\cos\alpha' & 1 \end{bmatrix} \begin{bmatrix} i' \\ j' \\ k' \end{bmatrix} \quad (4\text{-}12)$$

式(4-12)表示了老坐标系 $x'y'z'$ 的三个单位基向量 (i', j', k') 与转动后的新坐标系 $x''y''z''$ 的三个单位基向量 (i'', j'', k'') 之间的关系。这里，矩阵

$$\begin{bmatrix} 1 & \Delta\theta\cos\gamma' & -\Delta\theta\cos\beta' \\ -\Delta\theta\cos\gamma' & 1 & \Delta\theta\cos\alpha' \\ \Delta\theta\cos\beta' & -\Delta\theta\cos\alpha' & 1 \end{bmatrix} \quad (4\text{-}13)$$

称为转动矩阵，简记为 R。

3. 反射棱镜的作用矩阵

通常转轴 P 在物空间坐标系 xyz 中标定。为便于利用转动矩阵，要将 P 轴转换到像空间坐标系 $x'y'z'$ 中标定。

设 α, β, γ 是转轴 P 分别与 x, y, z 轴的夹角，i, j, k 是直角坐标系 xyz 的三个单位基向量；则单位向量 P 在 xyz 坐标系中的坐标是 $(\cos\alpha, \cos\beta, \cos\gamma)$，在 $x'y'z'$ 坐标系中的坐标是 $(\cos\alpha', \cos\beta', \cos\gamma')$。

我们将像空间坐标系的三个单位基向量 i', j', k' 用物空间坐标系的三个单位基向量 i, j, k 线性表出：

$$\begin{cases} i' = b_{11} i + b_{12} j + b_{13} k \\ j' = b_{21} i + b_{22} j + b_{23} k \\ k' = b_{31} i + b_{32} j + b_{33} k \end{cases}$$

即

$$\begin{bmatrix} i' \\ j' \\ k' \end{bmatrix} = \begin{bmatrix} b_{11} & b_{12} & b_{13} \\ b_{21} & b_{22} & b_{23} \\ b_{31} & b_{32} & b_{33} \end{bmatrix} \begin{bmatrix} i \\ j \\ k \end{bmatrix} \quad (4\text{-}14)$$

这里，矩阵

$$\boldsymbol{B} = \begin{bmatrix} b_{11} & b_{12} & b_{13} \\ b_{21} & b_{22} & b_{23} \\ b_{31} & b_{32} & b_{33} \end{bmatrix} \tag{4-15}$$

数学上称为由基 (i, j, k) 到基 (i', j', k') 的过渡矩阵。而由几何光学看来,i', j', k' 是 i, j, k 经棱镜反射后所成的像,所以称矩阵 $\boldsymbol{B}$ 为反射棱镜的作用矩阵,它与棱镜型式密切有关。另外由单位基向量 i', j', k' 的线性无关性保证了矩阵 $\boldsymbol{B}$ 的行列式之值不为零,即 $\boldsymbol{B}$ 矩阵是可逆的。

对一些常见的棱镜来说,很容易应用刚刚讨论过的确定棱镜成像方向的方法来得到作用矩阵 $\boldsymbol{B}$。

例如,一次反射的直角棱镜 DI—90°如图 4-21 所示,显见物方坐标系与像方坐标系的基之间的关系为

$$\begin{cases} i' = i \\ j' = -k \\ k' = -j \end{cases}$$

所以一次反射直角棱镜 DI—90°的作用矩阵是

$$\boldsymbol{B} = \begin{bmatrix} 1 & 0 & 0 \\ 0 & 0 & -1 \\ 0 & -1 & 0 \end{bmatrix}$$

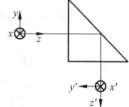

图 4-21 一次反射直角棱镜的成像

已经假定 $\boldsymbol{P}$ 向量在物空间坐标系和像空间坐标系中的坐标分别为 $(\cos\alpha, \cos\beta, \cos\gamma)$ 和 $(\cos\alpha', \cos\beta', \cos\gamma')$,即

$$\begin{aligned} \boldsymbol{P} &= \cos\alpha\, \boldsymbol{i} + \cos\beta\, \boldsymbol{j} + \cos\gamma\, \boldsymbol{k} \\ &= \cos\alpha'\, \boldsymbol{i}' + \cos\beta'\, \boldsymbol{j}' + \cos\gamma'\, \boldsymbol{k}' \end{aligned}$$

为了写起来方便,利用矩阵记号,上式可写成

$$(\cos\alpha \quad \cos\beta \quad \cos\gamma) \begin{bmatrix} \boldsymbol{i} \\ \boldsymbol{j} \\ \boldsymbol{k} \end{bmatrix} = (\cos\alpha' \quad \cos\beta' \quad \cos\gamma') \begin{bmatrix} \boldsymbol{i}' \\ \boldsymbol{j}' \\ \boldsymbol{k}' \end{bmatrix}$$

将式(4-14)和式(4-15)代入有

$$(\cos\alpha \quad \cos\beta \quad \cos\gamma) \begin{bmatrix} \boldsymbol{i} \\ \boldsymbol{j} \\ \boldsymbol{k} \end{bmatrix} = (\cos\alpha' \quad \cos\beta' \quad \cos\gamma') \boldsymbol{B} \begin{bmatrix} \boldsymbol{i} \\ \boldsymbol{j} \\ \boldsymbol{k} \end{bmatrix}$$

比较上式两边可得

$$(\cos\alpha \quad \cos\beta \quad \cos\gamma) = (\cos\alpha' \quad \cos\beta' \quad \cos\gamma') \boldsymbol{B}$$

此式两边同作转置有

$$\begin{bmatrix} \cos\alpha \\ \cos\beta \\ \cos\gamma \end{bmatrix} = \boldsymbol{B}^{\mathrm{T}} \begin{bmatrix} \cos\alpha' \\ \cos\beta' \\ \cos\gamma' \end{bmatrix}$$

因为 $\boldsymbol{B}$ 矩阵可逆,又可得

$$\begin{bmatrix} \cos\alpha' \\ \cos\beta' \\ \cos\gamma' \end{bmatrix} = (\boldsymbol{B}^{\mathrm{T}})^{-1} \begin{bmatrix} \cos\alpha \\ \cos\beta \\ \cos\gamma \end{bmatrix}$$

已经提及 $\boldsymbol{B}$ 矩阵是基 i,j,k 到基 i',j',k' 的过渡矩阵,且 i,j,k 是直角坐标系 xyz 的三个单位基向量,i',j',k' 是直角坐标系 $x'y'z'$ 的三个单位基向量,所以基 i,j,k 和基 i',j',k' 都是标准正交基。由欧几里得空间的定理知:标准正交基到标准正交基的过渡矩阵是正交矩阵。所以 $\boldsymbol{B}$ 矩阵是正交矩阵,即

$$\boldsymbol{B}^{\mathrm{T}} = \boldsymbol{B}^{-1}$$

于是有

$$\begin{bmatrix} \cos\alpha' \\ \cos\beta' \\ \cos\gamma' \end{bmatrix} = \boldsymbol{B} \begin{bmatrix} \cos\alpha \\ \cos\beta \\ \cos\gamma \end{bmatrix} \tag{4-16}$$

式(4-16)就是 $\boldsymbol{P}$ 轴的坐标转换关系式。

4. 光轴偏与像倾斜的计算公式

因为 P' 是 P 的像,而反射棱镜成像并不改变物像内部结构,如果 P 轴与物空间坐标系 x,y,z 轴的夹角分别为 α,β,γ,则 P' 轴与像空间坐标系 $x'y'z'$ 的三个轴的夹角也分别为 α,β,γ。

根据棱镜转动定理,并利用式(4-12),可以得到表达棱镜转动引起的像空间坐标系方位变化情况的矩阵方程

$$\begin{bmatrix} i''' \\ j''' \\ k''' \end{bmatrix} = \boldsymbol{R}_{OP}\boldsymbol{R}_{OP'} \begin{bmatrix} i' \\ j' \\ k' \end{bmatrix} \tag{4-17}$$

其中,i''',j''',k''' 为像空间坐标系 $x'y'z'$ 绕 P' 轴转 $\Delta\theta(-1)^{N-1}$ 后再绕 P 轴转 $\Delta\theta$ 所成的新像空间坐标系 $x''y''z''$ 的三个单位基向量。矩阵

$$\boldsymbol{R}_{OP} = \begin{bmatrix} 1 & \Delta\theta\cos\gamma' & -\Delta\theta\cos\beta' \\ -\Delta\theta\cos\gamma' & 1 & \Delta\theta\cos\alpha' \\ \Delta\theta\cos\beta' & -\Delta\theta\cos\alpha' & 1 \end{bmatrix}$$

是绕 P 轴的转动矩阵。矩阵

$$\boldsymbol{R}_{OP'} = \begin{bmatrix} 1 & (-1)^{N-1}\Delta\theta\cos\gamma & (-1)^{N}\Delta\theta\cos\beta \\ (-1)^{N}\Delta\theta\cos\gamma & 1 & (-1)^{N-1}\Delta\theta\cos\alpha \\ (-1)^{N-1}\Delta\theta\cos\beta & (-1)^{N}\Delta\theta\cos\alpha & 1 \end{bmatrix}$$

是绕 P' 轴的转动矩阵。算出 $\boldsymbol{R}_{OP'}$ 与 $\boldsymbol{R}_{OP}$ 的乘积,并略去二阶微量 $(\Delta\theta)^2$,得

$\boldsymbol{R}_{OP}\boldsymbol{R}_{OP'} =$
$$\begin{bmatrix} 1 & (-1)^{N-1}\Delta\theta\cos\gamma + \Delta\theta\cos\gamma' & (-1)^{N}\Delta\theta\cos\beta - \Delta\theta\cos\beta' \\ (-1)^{N}\Delta\theta\cos\gamma - \Delta\theta\cos\gamma' & 1 & (-1)^{N-1}\Delta\theta\cos\alpha + \Delta\theta\cos\alpha' \\ (-1)^{N-1}\Delta\theta\cos\beta + \Delta\theta\cos\beta' & (-1)^{N}\Delta\theta\cos\alpha - \Delta\theta\cos\alpha' & 1 \end{bmatrix}$$

代入式(4-17)即得

$$\begin{bmatrix} \boldsymbol{i}''' \\ \boldsymbol{j}''' \\ \boldsymbol{k}''' \end{bmatrix} = \begin{bmatrix} 1 & \Delta\theta[(-1)^{N-1}\cos\gamma + \cos\gamma'] & \Delta\theta[(-1)^N\cos\beta - \cos\beta'] \\ \Delta\theta[(-1)^N\cos\gamma - \cos\gamma'] & 1 & \Delta\theta[(-1)^{N-1}\cos\alpha + \cos\alpha'] \\ \Delta\theta[(-1)^{N-1}\cos\beta + \cos\beta'] & \Delta\theta[(-1)^N\cos\alpha - \cos\alpha'] & 1 \end{bmatrix} \begin{bmatrix} \boldsymbol{i}' \\ \boldsymbol{j}' \\ \boldsymbol{k}' \end{bmatrix}$$

由上式即可计算由于棱镜绕某一轴微量转动而引起的光轴方向的改变和成像方向的改变。棱镜旋转前光轴沿着 $\boldsymbol{k}'$ 方向,旋转后光轴沿着 $\boldsymbol{k}'''$ 方向,二者的差($\boldsymbol{k}''' - \boldsymbol{k}'$)就是光轴方向的改变,称为光轴偏,用 $\Delta\boldsymbol{k}'$ 表示之,如图 4-22 所示。由前述可知,我们一般将 y 轴取在主截面内竖直向上,$\boldsymbol{j}'$ 就是棱镜在正确安放情况下所描述的像平面上正确的成像方向,当棱镜旋转后,$\boldsymbol{j}'''$ 与 $\boldsymbol{j}'$ 的差在 $\boldsymbol{i}'$ 方向分量就是偏离正确成像方向的表述,用 $\Delta\boldsymbol{j}'$ 表示,称为像倾斜,如图 4-23 所示。按此定义,由上式可得到光轴偏和像倾斜的计算公式分别如下:

$$\Delta\boldsymbol{k}' = [(-1)^{N-1}\Delta\theta\cos\beta + \Delta\theta\cos\beta']\boldsymbol{i}' + [(-1)^N\Delta\theta\cos\alpha - \Delta\theta\cos\alpha']\boldsymbol{j}' \tag{4-18}$$

$$\Delta\boldsymbol{j}' = [(-1)^N\Delta\theta\cos\gamma - \Delta\theta\cos\gamma']\boldsymbol{i}' \tag{4-19}$$

式(4-18)、式(4-19)原则上对一切棱镜都适用,尤其对常见棱镜更是方便。

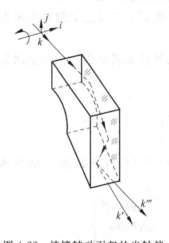

图 4-22 棱镜转动引起的光轴偏

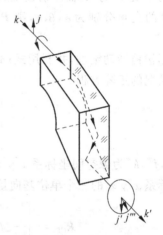

图 4-23 棱镜转动引起的像倾斜

例 4.5 列曼屋脊棱镜 $L \text{III}_J$—$0°$ 光轴偏与像倾斜的计算。

列曼屋脊棱镜 $L \text{III}_J$—$0°$ 如图 4-24 所示,显见该棱镜是四次反射,即 $N=4$,物方坐标系与像方坐标系的基之间的关系为

$$\begin{cases} \boldsymbol{i}' = -\boldsymbol{i} \\ \boldsymbol{j}' = -\boldsymbol{j} \\ \boldsymbol{k}' = \boldsymbol{k} \end{cases}$$

所以 $L \text{III}_J$—$0°$ 列曼屋脊棱镜的作用矩阵是

$$\boldsymbol{B} = \begin{bmatrix} -1 & 0 & 0 \\ 0 & -1 & 0 \\ 0 & 0 & 1 \end{bmatrix}$$

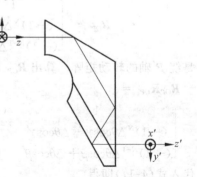

图 4-24 列曼屋脊棱镜成像

设棱镜绕单位向量 $\boldsymbol{P}=\cos\alpha\boldsymbol{i}+\cos\beta\boldsymbol{j}+\cos\gamma\boldsymbol{k}$ 表示的轴 $\boldsymbol{P}$ 转一微角 $\Delta\theta$,则由式(4-16)

$$\begin{bmatrix}\cos\alpha'\\\cos\beta'\\\cos\gamma'\end{bmatrix}=\boldsymbol{B}\begin{bmatrix}\cos\alpha\\\cos\beta\\\cos\gamma\end{bmatrix}$$

有

$$\begin{cases}\cos\alpha'=-\cos\alpha\\\cos\beta'=-\cos\beta\\\cos\gamma'=\cos\gamma\end{cases}$$

代入式(4-18)得光轴偏是

$$\Delta\boldsymbol{k}'=-2\Delta\theta\cos\beta\boldsymbol{i}'+2\Delta\theta\cos\alpha\boldsymbol{j}'$$

代入式(4-19)得像倾斜为

$$\Delta\boldsymbol{j}'=0$$

因为这里的转轴 $\boldsymbol{P}$ 是任选的,由此说明,不管该棱镜绕空间哪一根轴微量转动,都不产生像倾斜,这是列曼屋脊棱镜的一大特点。

5. 特征方向,特征平面和最大像倾斜方向

(1) 特征方向

列曼屋脊棱镜绕任意轴微量转动不产生像倾斜的结论启示我们,应了解一般的棱镜中有没有这样的一根轴或几根轴,即棱镜绕其微量转动既不产生光轴偏也不产生像倾斜。若有,这根 $\boldsymbol{P}^*$ 轴所表示的方向定义为棱镜的特征方向。以下来研究这个问题。

求棱镜的特征方向 $\boldsymbol{P}^*$,即要求

$$\Delta\boldsymbol{k}'=[(-1)^{N-1}\Delta\theta\cos\beta+\Delta\theta\cos\beta']\boldsymbol{i}'+[(-1)^N\Delta\theta\cos\alpha-\Delta\theta\cos\alpha']\boldsymbol{j}'=0$$
$$\Delta\boldsymbol{j}'=[(-1)^{N-1}\Delta\theta\cos\gamma+\Delta\theta\cos\gamma']\boldsymbol{i}'=0$$

亦即要求

$$\begin{cases}(-1)^{N-1}\Delta\theta\cos\alpha+\Delta\theta\cos\alpha'=0\\(-1)^{N-1}\Delta\theta\cos\beta+\Delta\theta\cos\beta'=0\\(-1)^{N-1}\Delta\theta\cos\gamma+\Delta\theta\cos\gamma'=0\end{cases}$$

上式用矩阵表达,就是

$$\begin{bmatrix}\cos\alpha'\\\cos\beta'\\\cos\gamma'\end{bmatrix}=(-1)^N\begin{bmatrix}\cos\alpha\\\cos\beta\\\cos\gamma\end{bmatrix} \quad (4\text{-}20)$$

将式(4-16)代入有

$$\boldsymbol{B}\begin{bmatrix}\cos\alpha\\\cos\beta\\\cos\gamma\end{bmatrix}=(-1)^N\begin{bmatrix}\cos\alpha\\\cos\beta\\\cos\gamma\end{bmatrix} \quad (4\text{-}21)$$

式(4-21)说明求特征方向 $\boldsymbol{P}^*$ 就是求特征值为 $(-1)^N$(即偶次反射棱镜的特征值为1,奇次的为-1)的 $\boldsymbol{B}$ 矩阵的特征向量。

但是 $\boldsymbol{B}$ 矩阵是否有 $(-1)^N$ 的特征值呢?如果 $\boldsymbol{B}$ 矩阵确实有 $(-1)^N$ 的特征值,即式(4-21)一定有非零解,则说明特征方向确实存在。

由线性变换的理论知,一次镜面反射的作用可用一个正交矩阵 B_i 表达,且 $|B_i|=-1$。如果棱镜反射面总数为 N,则棱镜的作用矩阵 B 为

$$B = B_N \cdot B_{N-1} \cdot \cdots \cdot B_i \cdot \cdots \cdot B_1$$

其行列式之值为

$$|B| = \prod_{i=1}^{N} |B_i| = (-1)^N$$

即偶次反射棱镜作用矩阵 B 的行列式之值为1,奇次反射棱镜作用矩阵 B 的行列式之值为 -1。

设 B 矩阵的特征值为 λ,则 B 矩阵的特征多项式为

$$f(\lambda) = |\lambda I - B| = 0$$

其中 I 为单位矩阵。由代数方程论可知,在复数域中必有三个特征根 $\lambda_1, \lambda_2, \lambda_3$ 满足 $f(\lambda) = 0$,且

$$\lambda_1 \lambda_2 \lambda_3 = |B|$$

又因为 $f(\lambda)$ 是实系数多项式,所以 $\lambda_1, \lambda_2, \lambda_3$ 中至少有一个是实根。

如果 λ 是 B 矩阵的特征值,X_0 是 B 矩阵的特征向量,即 $BX_0 = \lambda X_0$,两边同乘以 B^{-1},即得

$$B^{-1} X_0 = \frac{1}{\lambda} X_0$$

而 B 矩阵是正交矩阵,所以

$$B^T X_0 = \frac{1}{\lambda} X_0$$

上式说明 $\frac{1}{\lambda}$ 是矩阵 B^T 的特征值。所以

$$\left| \frac{1}{\lambda} I - B^T \right| = 0$$

又

$$\begin{aligned}
0 &= \left| \frac{1}{\lambda} I - B^T \right| \\
&= \left| \left(\frac{1}{\lambda} I - B \right)^T \right| \\
&= \left| \frac{1}{\lambda} I - B \right|
\end{aligned}$$

此式说明 $\frac{1}{\lambda}$ 也是矩阵 B 的特征值。

以上证明说明:如果 λ 是正交矩阵 B 的特征值,则 $\frac{1}{\lambda}$ 也是矩阵 B 的特征值。

令 $\lambda_1 = \lambda, \lambda_2 = \frac{1}{\lambda}$,由

$$\lambda_1 \lambda_2 \lambda_3 = |B|$$

可得

$$\lambda = |B| = (-1)^N$$

说明矩阵 B 至少有一个特征值为 $(-1)^N$。此即证明了特征方向的存在性。

根据 B 矩阵有一个特征值为 $(-1)^N$ 这一事实,可以给特征方向 P^* 一个几何解释。将

特征方向 $\boldsymbol{P}^*$ 同时在物方坐标系和像方坐标系中标定,即有

$$\boldsymbol{P}^* = (\boldsymbol{i}'\quad \boldsymbol{j}'\quad \boldsymbol{k}')\begin{bmatrix}\cos\alpha'\\\cos\beta'\\\cos\gamma'\end{bmatrix} = (\boldsymbol{i}\quad \boldsymbol{j}\quad \boldsymbol{k})\begin{bmatrix}\cos\alpha\\\cos\beta\\\cos\gamma\end{bmatrix}$$

将式(4-20)代入得

$$(-1)^N(\boldsymbol{i}'\quad \boldsymbol{j}'\quad \boldsymbol{k}')\begin{bmatrix}\cos\alpha\\\cos\beta\\\cos\gamma\end{bmatrix} = (\boldsymbol{i}\quad \boldsymbol{j}\quad \boldsymbol{k})\begin{bmatrix}\cos\alpha\\\cos\beta\\\cos\gamma\end{bmatrix}$$

亦即

$$(\boldsymbol{i}'\quad \boldsymbol{j}'\quad \boldsymbol{k}')\begin{bmatrix}\cos\alpha\\\cos\beta\\\cos\gamma\end{bmatrix} = (-1)^N(\boldsymbol{i}\quad \boldsymbol{j}\quad \boldsymbol{k})\begin{bmatrix}\cos\alpha\\\cos\beta\\\cos\gamma\end{bmatrix}$$

上式说明,对于偶次反射棱镜来说,特征方向在像空间坐标系中的三个方向余弦与它在物空间坐标系中的三个方向余弦对应相等,则像空间坐标系一定可由物空间坐标系以此特征方向为轴转动某一角度 ϕ 而得到;而对于奇次反射棱镜来说,特征方向在像空间坐标系中的三个方向余弦与它在反向物空间坐标系中的三个方向余弦对应相等,则像空间坐标系一定可由反向物空间坐标系以此特征方向为轴转动某一角度 ϕ 而得出。在这里,$\phi=0°$ 包括在内。

根据上述论证,利用棱镜转动定理,即可证明棱镜绕特征方向转动任意大的角度 θ 也不会引起光轴偏和像倾斜。

对于偶次反射棱镜,$\boldsymbol{P},\boldsymbol{P}^*,\boldsymbol{P}'$ 三轴合一,棱镜绕 $\boldsymbol{P}^*$ 转 θ,引起像空间坐标系 $x'y'z'$ 先绕 $\boldsymbol{P}'$ 转 $-\theta$,然后绕 $\boldsymbol{P}$(即 $\boldsymbol{P}^*$)转 θ,总的效果就是 $x'y'z'$ 不动,当然无光轴偏与像倾斜的问题。

对于奇次反射棱镜,$\boldsymbol{P}^*$ 与 $\boldsymbol{P}'$ 二轴合一,且仅仅是 $\boldsymbol{P}$ 的反向,棱镜绕 $\boldsymbol{P}^*$ 转 θ,引起像空间坐标系 $x'y'z'$ 先绕 $\boldsymbol{P}'$ 转 θ,然后绕 $\boldsymbol{P}$ 转 θ(即绕 $\boldsymbol{P}^*$ 转 $-\theta$),总的效果也是 $x'y'z'$ 不动,同样无光轴偏与像倾斜的问题。

特征方向既然存在,对一定的棱镜来说,找出 $\boldsymbol{P}^*$ 就要求解下面由式(4-21)转化来的线性方程组:

$$\begin{cases}[b_{11}+(-1)^{N-1}]\cos\alpha + b_{12}\cos\beta + b_{13}\cos\gamma = 0\\ b_{21}\cos\alpha + [b_{22}+(-1)^{N-1}]\cos\beta + b_{23}\cos\gamma = 0\\ b_{31}\cos\alpha + b_{32}\cos\beta + [b_{33}+(-1)^{N-1}]\cos\gamma = 0\end{cases} \tag{4-22}$$

显然,在这里,$\cos\alpha$、$\cos\beta$、$\cos\gamma$ 是待求的未知数。

例 4.6 空间棱镜 KⅡ—80°—90° 特征方向的计算。

空间棱镜 KⅡ—80°—90° 如图 4-25 所示。它是一个两次反射的棱镜,即 $N=2$。

按前述求棱镜成像的方法可得到像方坐标系的三个基向量与物方坐标系的三个基向量之间的关系为

$$\begin{cases}\boldsymbol{i}' = \cos100°\boldsymbol{i} - \cos10°\boldsymbol{j}\\ \boldsymbol{j}' = \boldsymbol{k}\\ \boldsymbol{k}' = -\cos10°\boldsymbol{i} + \cos80°\boldsymbol{j}\end{cases}$$

由此可得棱镜的作用矩阵为

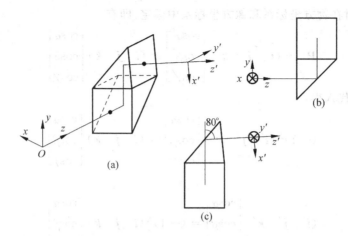

图 4-25 空间棱镜 KⅡ—80°—90°
(a) 轴测图；(b) 顺 x 方向投影图；(c) 顺 z 方向投影图

$$\boldsymbol{B} = \begin{bmatrix} \cos 100° & -\cos 10° & 0 \\ 0 & 0 & 1 \\ -\cos 10° & \cos 80° & 0 \end{bmatrix}$$

$$= \begin{bmatrix} -0.1736 & -0.9848 & 0 \\ 0 & 0 & 1 \\ -0.9848 & 0.1736 & 0 \end{bmatrix}$$

将上列数据代入方程组(4-22)，同时考虑到 $\cos^2\alpha + \cos^2\beta + \cos^2\gamma = 1$，求解即得

$$\begin{cases} \cos\alpha = \cos 120.68° \\ \cos\beta = \cos 52.54° \\ \cos\gamma = \cos 52.54° \end{cases}$$

和

$$\begin{cases} \cos\alpha = \cos 59.32° \\ \cos\beta = \cos 127.45° \\ \cos\gamma = \cos 127.45° \end{cases}$$

表面看来，似乎由此得到两个特征方向，实际上两组解所表示的是同一根轴。由此得空间棱镜 KⅡ—80°—90°的特征方向为

$$\boldsymbol{P}^* = \cos 59.32°\boldsymbol{i} + \cos 127.45°\boldsymbol{j} + \cos 127.45°\boldsymbol{k}$$

(2) 特征平面

现在讨论棱镜绕哪些轴微量转动不产生像倾斜，将会看到这些转轴均在同一个平面内。定义这个平面为棱镜的特征平面。

由式(4-19)可知，像倾斜为零时即有

$$(-1)^{N-1}\Delta\theta\cos\gamma + \Delta\theta\cos\gamma' = 0 \tag{4-23}$$

由式(4-16)知

$$\cos\gamma' = b_{31}\cos\alpha + b_{32}\cos\beta + b_{33}\cos\gamma$$

将上式代入式(4-23)有

$$b_{31}\cos\alpha + b_{32}\cos\beta + [b_{33} + (-1)^{N-1}]\cos\gamma = 0 \tag{4-24}$$

此即方程组(4-22)中的第三个方程,它就是不产生像倾斜的转轴所必须满足的方程。对于一定的棱镜来说,b_{31},b_{32},b_{33},N 是确定的数。由解析几何知式(4-24)是一个平面方程,满足式(4-24)的平面就是我们所称的特征平面。

仍以空间棱镜 K Ⅱ —80°—90°为例。将 $b_{31}=-0.9848$,$b_{32}=0.1736$,$b_{33}=0$,$N=2$ 代入式(4-24)得

$$-0.9848\cos\alpha + 0.1736\cos\beta + \cos\gamma = 0$$

由解析几何知,上述平面的法矢量为

$$\boldsymbol{n} = -0.9848\boldsymbol{i} + 0.1736\boldsymbol{j} + \boldsymbol{k}$$

(3) 最大像倾斜方向

在此讨论棱镜绕哪一根轴 $\boldsymbol{P}_M$ 微转一角度而产生的像倾斜最大。定义 $\boldsymbol{P}_M$ 轴所表示的方向为最大像倾斜方向。

由式(4-19)知,像倾斜 $\Delta \boldsymbol{j}'$ 是 $\cos\alpha$,$\cos\beta$,$\cos\gamma$ 的函数,其模为

$$|\Delta \boldsymbol{j}'| = \Delta\theta[b_{31}\cos\alpha + b_{32}\cos\beta + [b_{33} + (-1)^{N-1}]\cos\gamma]$$

而且

$$\cos^2\alpha + \cos^2\beta + \cos^2\gamma = 1$$

我们求何时 $|\Delta \boldsymbol{j}'|$ 有极值。这个极值问题是一个条件极值问题,用拉格朗日乘子法解。令

$$F = |\Delta \boldsymbol{j}'| + \lambda\Delta\theta(\cos^2\alpha + \cos^2\beta + \cos^2\gamma - 1)$$

其中,λ 是拉格朗日乘子。这样求 $|\Delta \boldsymbol{j}'|$ 的极值就转化成了求 F 的极值,其极值点必须满足的条件是

$$\begin{cases} \dfrac{\partial F}{\partial(\cos\alpha)} = b_{31} + 2\lambda\cos\alpha = 0 \\ \dfrac{\partial F}{\partial(\cos\beta)} = b_{32} + 2\lambda\cos\beta = 0 \\ \dfrac{\partial F}{\partial(\cos\gamma)} = b_{33} + (-1)^{N-1} + 2\lambda\cos\gamma = 0 \\ \dfrac{\partial F}{\partial\lambda} = \cos^2\alpha + \cos^2\beta + \cos^2\gamma - 1 = 0 \end{cases} \tag{4-25}$$

对于一定的棱镜来说,b_{31},b_{32},b_{33},N 是确定的数。代入这些数值,由上述方程组中解出 $\cos\alpha$,$\cos\beta$,$\cos\gamma$ 就是 $|\Delta \boldsymbol{j}'|$ 有极值的转轴的三个方向余弦,这根转轴所表示的方向一般就是最大像倾斜方向。

例 4.7 空间棱镜 K Ⅱ —80°—90°特征平面和最大像倾斜方向的求解。

将 $b_{31}=-0.9848$,$b_{32}=0.1736$,$b_{33}=0$,$N=2$ 代入式(4-25)得

$$\cos\alpha = \frac{-0.9848}{\sqrt{0.1736^2 + 0.9848^2 + 1}} = \cos 134.14°$$

$$\cos\beta = \frac{0.1736}{\sqrt{0.1736^2 + 0.9848^2 + 1}} = \cos 82.95°$$

$$\cos\gamma = \frac{1}{\sqrt{0.1736^2 + 0.9848^2 + 1}} = \cos 45°$$

和

$$\cos\alpha = \frac{0.9848}{\sqrt{0.1736^2 + 0.9848^2 + 1}} = \cos 45.86°$$

$$\cos\beta = \frac{-0.1736}{\sqrt{0.1736^2 + 0.9848^2 + 1}} = \cos 97.05°$$

$$\cos\gamma = \frac{-1}{\sqrt{0.1736^2 + 0.9848^2 + 1}} = \cos 135°$$

同样,这两组解表示的是同一根转轴。显然,第一组数据表示的方向就是特征平面的法矢量方向,这显然是合乎逻辑的结论。

将 P_M 轴的三个方向余弦值代入式(4-19)可得棱镜绕此轴所产生的像倾斜为

$$\Delta j' = \sqrt{2}\,\Delta\theta i'$$

4.4 反射棱镜作用矩阵的特征值与特征方向

前述已知,反射棱镜的物空间坐标系(若为奇次反射棱镜需将物空间坐标系先反向,即先中心反演)可以绕该反射棱镜的特征方向旋转某一特定的转角——特征转角 ϕ 后得到反射棱镜的像空间坐标系。

这一节进一步讨论由反射棱镜作用矩阵得出一个新的、简单的计算反射棱镜特征转角 ϕ 的公式,导出反射棱镜作用矩阵复特征值与特征转角 ϕ 之间的关系,并讨论当复特征值退化为实特征值时反射棱镜的简化问题。

1. 引言

前述已知,反射棱镜的成像作用就是将物空间的一直角坐标系变换成像空间的另一个直角坐标系。如果只关心物、像空间坐标系的方向共轭关系,则可用一个 3×3 的实正交矩阵描述反射棱镜的这种成像作用。这个矩阵就是反射棱镜的作用矩阵,常用 B 表示。对现有的一切反射棱镜利用几何光学的方法求作用矩阵 B 是非常方便的事情。

已经证明:偶次反射棱镜的作用矩阵有一个特征值为 1;奇次反射棱镜的作用矩阵有一个特征值为 −1。同时还证明了作用矩阵属于上述特征值的特征向量是一个特殊的转轴(称为特征方向,用 P^* 表示),反射棱镜绕该转轴旋转不产生像倾斜,若反射棱镜位于平行光路中,也不产生光轴偏;并且物空间坐标系(若为奇次反射棱镜需将物空间坐标系先反向,即先中心反演)绕该转轴旋转某一特定的转角——特征转角 ϕ 后与像空间坐标系仍然符合。

2. 计算特征转角 ϕ 的新公式

设 B 是反射棱镜作用矩阵,即

$$B = \begin{bmatrix} b_{11} & b_{12} & b_{13} \\ b_{21} & b_{22} & b_{33} \\ b_{31} & b_{32} & b_{33} \end{bmatrix} \tag{4-26}$$

则作用矩阵 B 之迹 $t_r(B)$ 为

$$t_r(B) = \sum_{i=1}^{3} b_{ii} \tag{4-27}$$

4 平面反射镜、反射棱镜与折射棱镜

(1) 偶次反射棱镜 ϕ 的计算公式

已经多次看到,作用矩阵 B 是以一定的坐标系来描述的,称为计读。变换计读作用矩阵 B 的坐标系,使其 z 轴与特征方向重合,这样在新的计读坐标系中,偶次反射棱镜作用矩阵为

$$A = \begin{bmatrix} \cos\phi & -\sin\phi & 0 \\ \sin\phi & \cos\phi & 0 \\ 0 & 0 & 1 \end{bmatrix} \qquad (4\text{-}28)$$

设老计读坐标系到新计读坐标系的过渡矩阵为 C,则 A 与 B 的关系由线性变换理论可得:

$$A = CBC^{-1} \qquad (4\text{-}29)$$

上式两边取迹 t_r,有

$$t_r(A) = t_r(CBC^{-1}) = t_r(C^{-1}CB) = t_r(B) \qquad (4\text{-}30)$$

由式(4-28)显见

$$t_r(B) = 2\cos\phi + 1 \qquad (4\text{-}31)$$

考虑到式(4-27)、式(4-30)、式(4-31),得

$$\cos\phi = \frac{1}{2}\left(\sum_{i=1}^{3} b_{ii} - 1\right) \qquad (4\text{-}32)$$

式(4-32)就是计算偶次反射棱镜特征转角 ϕ 的新公式。

(2) 奇次反射棱镜 ϕ 的计算公式

类似于(1),并考虑到在新的计读坐标系中,奇次反射棱镜作用矩阵为

$$A = -\begin{bmatrix} \cos\phi & -\sin\phi & 0 \\ \sin\phi & \cos\phi & 0 \\ 0 & 0 & 1 \end{bmatrix} \qquad (4\text{-}33)$$

则得计算奇次反射棱镜特征转角 ϕ 得新公式

$$\cos\phi = -\frac{1}{2}\left(\sum_{i=1}^{3} b_{ii} + 1\right) \qquad (4\text{-}34)$$

值得指出:由于相似变换不改变矩阵的迹(即式(4-30)所包含的内容),所以不论利用反射棱镜的物空间坐标系还是利用反射棱镜的像空间坐标系来计读反射棱镜的作用矩阵,计算特征转角 ϕ 的新公式(4-32)和式(4-34)都是对的。另外如引言中所述,求已知反射棱镜的作用矩阵本是一件很简单的事情,所以由新公式(4-32)、式(4-34)求特征转角 ϕ 就显得更简单了。

3. 复特征值与 ϕ 的关系

作用矩阵 B 的特征多项式为

$$f(\lambda) = |B - \lambda I| = 0 \qquad (4\text{-}35)$$

其中 λ 为 B 的特征值,I 为单位矩阵。式(4-35)是 λ 的 3 次方程。

(1) 偶次反射棱镜

已经证明,偶次反射棱镜作用矩阵 B 的行列式之值为 1,即 $|B|=1$。因为式(4-35)有一个根为 1,所以可将其分解成

$$(\lambda - 1)(a\lambda^2 + b\lambda + c) = 0 \qquad (4\text{-}36)$$

将式(4-35)、式(4-36)展开并作比较得

$$\begin{cases} a = 1 \\ b = 1 - \sum_{i=1}^{3} b_{ii} \\ c = 1 \end{cases}$$

这样,另外两个特征值必满足方程

$$\lambda^2 + \left(1 - \sum_{i=1}^{3} b_{ii}\right)\lambda + 1 = 0 \tag{4-37}$$

将式(4-32)代入得

$$\lambda^2 - 2\cos\phi \cdot \lambda + 1 = 0 \tag{4-38}$$

解之得

$$\lambda = e^{\pm i\phi} \tag{4-39}$$

此结果说明,偶次反射棱镜作用矩阵的复特征值的辐角即为特征转角 ϕ,式(4-39)即为两者间关系。

(2) 奇次反射棱镜

同样,已经证明,对奇次反射棱镜来说,其作用矩阵 $\boldsymbol{B}$ 的行列式之值为 -1,即 $|\boldsymbol{B}| = -1$,且式(4-35)有一个根为 -1。所以可将式(4-35)分解成

$$(\lambda + 1)(a\lambda^2 + b\lambda + c) = 0 \tag{4-40}$$

此时,类似于得出式(4-37)的办法,由式(4-35)、式(4-40)可得

$$\begin{cases} a = 1 \\ b = -1 - \sum_{i=1}^{3} b_{ii} \\ c = 1 \end{cases}$$

则另外两个特征值必满足方程

$$\lambda^2 - \left(1 + \sum_{i=1}^{3} b_{ii}\right)\lambda + 1 = 0 \tag{4-41}$$

将式(4-34)代入得

$$\lambda^2 + 2\cos\phi \cdot \lambda + 1 = 0 \tag{4-42}$$

解之得

$$\lambda = e^{\pm i(\pi - \phi)} \tag{4-43}$$

上式即奇次反射棱镜作用矩阵的复特征值与特征转角 ϕ 间的关系。

4. 反射棱镜的简化(等效)

(1) 偶次反射棱镜

由式(4-39)显见,当 $\phi = \pi$ 时,复特征值将退化为实特征值,且

$$\lambda = -1 \tag{4-44}$$

此时,偶次反射棱镜的作用矩阵 $\boldsymbol{A}$(在 $\boldsymbol{A}$ 中分析,问题比较简明,故暂不在 $\boldsymbol{B}$ 中分析)由式(4-28)为

$$\boldsymbol{A} = \begin{bmatrix} -1 & 0 & 0 \\ 0 & -1 & 0 \\ 0 & 0 & 1 \end{bmatrix} \tag{4-45}$$

这个作用矩阵是一个简单的对角矩阵。易求出式(4-45)所表示的作用矩阵 A 的属于 $\lambda=-1$ 的两个线性无关的特征向量为

$$\begin{cases} \boldsymbol{\xi}_1 = \boldsymbol{e}_1 \\ \boldsymbol{\xi}_2 = \boldsymbol{e}_2 \end{cases} \tag{4-46}$$

同样可求出属于 $\lambda=1$ 的特征向量(即特征方向) $\boldsymbol{P}^*$ 为

$$\boldsymbol{P}^* = \boldsymbol{e}_3 \tag{4-47}$$

这里, e_1, e_2, e_3 是新计读坐标系的一组基。又因为

$$A\boldsymbol{\xi}_1 = -\boldsymbol{\xi}_1$$
$$A\boldsymbol{\xi}_2 = -\boldsymbol{\xi}_2$$
$$A\boldsymbol{P}^* = \boldsymbol{P}^*$$

所以这种作用矩阵的物理解释极其简单,它是夹角为 90°、交棱沿特征方向 $\boldsymbol{P}^*$ 的平面反射镜对,我们称其为本征反射镜对。

可以证明,与式(4-45)所示 A 矩阵相应的 B 矩阵一定是一个对称矩阵,证明如下。因为

$$A = CBC^{-1}$$

其中 C 是老直角坐标系到新直角坐标系的过渡矩阵,它是一个正交矩阵,即有

$$C^{-1} = C^{T}$$

所以

$$B = C^{T}AC$$

上式两边取转置有

$$B^{T} = C^{T}A^{T}C = C^{T}AC = B$$

此即证明了矩阵 B 也是对称矩阵。

由此可以肯定地讲,凡是具有对称作用矩阵的偶次反射棱镜一定可以简化(等效)成一个本征反射镜对,因为它们的 A 矩阵都是式(4-45)的形式。这类棱镜为数不少,常见的如"列曼屋脊棱镜 LⅢ$_J$—0°"、"等腰屋脊棱镜 DⅢ$_J$—45°"、"屋脊棱镜 DⅢ$_J$—180°"、"复合棱镜 FY$_J$—60°"、"复合棱镜 FP—0°"、"别汉屋脊棱镜 FB$_J$—0°"、"阿贝屋脊棱镜 FA$_J$—0°"等。

(2) 奇次反射棱镜

由式(4-43)显见,当 $\phi=\pi$ 时,复特征值将退化为实特征值,且

$$\lambda = 1$$

此时,奇次反射棱镜的作用矩阵 A 由式(4-33)为

$$A = \begin{bmatrix} 1 & 0 & 0 \\ 0 & 1 & 0 \\ 0 & 0 & -1 \end{bmatrix} \tag{4-48}$$

易求出上述矩阵属于 $\lambda=1$ 的两个线性无关的特征向量为

$$\begin{cases} \boldsymbol{\xi}_1 = \boldsymbol{e}_1 \\ \boldsymbol{\xi}_2 = \boldsymbol{e}_2 \end{cases} \tag{4-49}$$

同样可求出属于 $\lambda=-1$ 的特征向量(即棱镜的特征方向 $\boldsymbol{P}^*$)为

$$\boldsymbol{P}^* = \boldsymbol{e}_3 \tag{4-50}$$

又因为
$$A\boldsymbol{\xi}_1 = \boldsymbol{\xi}_1$$
$$A\boldsymbol{\xi}_2 = \boldsymbol{\xi}_2$$
$$A\boldsymbol{P}^* = -\boldsymbol{P}^*$$

所以这种作用矩阵的物理模型就是法线与特征方向重合的平面反射镜,称其为本征反射镜。

同样可以证明:与式(4-48)所表示 A 矩阵相应的 B 矩阵一定是一个对称矩阵。

可以肯定:凡是具有对称作用矩阵的奇次反射棱镜一定可以简化(等效)成一本征反射棱镜。因为它们的 A 矩阵都是式(4-48)的形式。这类棱镜数量也不少,常见的如"列曼棱镜 LⅢ—0°"、"等腰棱镜 DⅢ—45°"、"等腰棱镜 DⅢ—180°"、"别汉棱镜 FB—0°"、"阿贝棱镜 FA—0°"、"潜望棱镜 FQ—0°"、"复合棱镜 FY—60°"。

4.5 从棱镜成像到棱镜转动定理

反射棱镜成像在数学上的描述就是一个正交变换。其特征方向 $\boldsymbol{P}^*$ 是描述这个正交变换矩阵的一个特征向量,对应的特征值是 1(偶次反射棱镜)或 −1(奇次反射棱镜)。从棱镜成像的角度看,$\boldsymbol{P}^*$ 是一个特殊的转轴,像可由物或物的反向绕其转动角度 ϕ 得到;从棱镜调整的角度看,棱镜绕 $\boldsymbol{P}^*$ 转动不产生光轴偏(棱镜位于平行光路中)和像倾斜,就是说,$\boldsymbol{P}^*$ 是零值轴向。数学上,描述棱镜成像作用的矩阵是一个绕 $\boldsymbol{P}^*$ 旋转 ϕ 角的矩阵数乘 $(-1)^N$(表示棱镜总的反射次数)。

棱镜调整中由于棱镜转动引起的光路变化所关心的仅是变化前后的始态和终态,中间过渡过程是次要的。就是说,动态的光路变化如果仅关心始态和终态,则完全是两种静态情况的比较。

反射棱镜绕空间某一单位轴 $\boldsymbol{P}(p_x, p_y, p_z)$ 旋转一微角 $\Delta\theta$,则其特征方向 $\boldsymbol{P}^*$ 就随着转至新的方位 $\boldsymbol{P}^{*\prime}$。就棱镜成像来讲,旋转前的成像方位由物空间坐标系绕 $\boldsymbol{P}^*$ 转 ϕ 决定;旋转后则改由物空间坐标系绕 $\boldsymbol{P}^{*\prime}$ 转 ϕ 决定。这里 ϕ 不改变。从光学上讲,它是棱镜本身的属性,自然与棱镜所处的方位无关;从数学上讲,它仅与棱镜作用矩阵的迹有关,而矩阵的迹在坐标系的变换中是不变的。以 $(\boldsymbol{i}'', \boldsymbol{j}'', \boldsymbol{k}'')^T$ 表示物空间正交基矢 $(\boldsymbol{i}, \boldsymbol{j}, \boldsymbol{k})^T$ 绕 $\boldsymbol{P}^{*\prime}$ 转 ϕ 并数乘 $(-1)^N$ 的像空间基矢;以 $(\boldsymbol{i}', \boldsymbol{j}', \boldsymbol{k}')^T$ 表示绕 $\boldsymbol{P}^*$ 转 ϕ 并数乘 $(-1)^N$ 的像空间基矢,则将 $(\boldsymbol{i}'', \boldsymbol{j}'', \boldsymbol{k}'')^T$ 以 $(\boldsymbol{i}', \boldsymbol{j}', \boldsymbol{k}')^T$ 为基线性表出,其相应的系数就代表了光轴偏和像倾斜的诸分量,自然这些系数与棱镜转轴密切相关。

如果将 $(\boldsymbol{i}'', \boldsymbol{j}'', \boldsymbol{k}'')^T$ 以 $(\boldsymbol{i}', \boldsymbol{j}', \boldsymbol{k}')^T$ 为基线性表出的系数矩阵作分解,则会分解成两个微量转动矩阵之积,并可以看出一个微量转动矩阵表示的就是绕 $\boldsymbol{P}'$($\boldsymbol{P}'$ 是转轴 $\boldsymbol{P}$ 经反射棱镜所成的像)转 $(-1)^{N-1}\Delta\theta$ 的转动,另一个就是绕 $\boldsymbol{P}$ 转 $\Delta\theta$ 的转动,这恰恰是棱镜转动定理所表述的内容。

由此看到,由两个静态成像的比较可以得到棱镜转动引起的光轴偏与像倾斜的结果,同时还能得出棱镜转动定理。所以说,棱镜成像是源,而棱镜转动定理是流。

在 4.3 节、4.4 节和 4.5 节中我们讨论了反射棱镜的调整问题,并就有关这个问题的一些基础理论进行了研究。很有意思的是,在这方面的研究探讨中,我国的学者借鉴了"刚体运动学"的原理和方法,并卓有成效。这种不同学科领域之间研究方法的交叉是很富有启迪的[21]。

4.6 反射棱镜的几何误差

由前知,在共轴系统中用棱镜替代平面反射镜系统,相当于在共轴系统中增加了一块平行玻璃板。玻璃板的两个表面对应棱镜的入射面和出射面。为了保持共轴系统的特点,棱镜的结构必须满足两个要求:①棱镜展开后,玻璃板的两个表面互相平行;②如果棱镜位于非平行光束(平行光束的定义是物在无穷远,像亦在无穷远的光路所对应的光束,例如望远物镜前的光束)中,则共轴系统的光轴必须垂直于棱镜的入射面或出射面。

如果棱镜存在几何形状误差,致使展开的玻璃板其两个表面不再相互平行,这将破坏系统的共轴性。这种不平行性,称之为棱镜的"光学平行度",反映了棱镜几何误差的大小。

1. "光学平行度"的分类

光学平行度根据产生原因的不同,分为"第一光学平行度"和"第二光光学平行度",分别以符号 θ_I 和 θ_{II} 表示。

第一光学平行度表示棱镜展开以后的玻璃板在主截面内的不平行度,它是由棱镜主截面内的角度误差产生的。

第二光学平行度表示棱镜展开以后的玻璃板在垂直于主截面方向上的不平行度。它是由棱镜各个棱的几何位置误差造成的。棱的位置误差称为"棱差"。通常将棱差分为两类,分别称为 A 棱差和 C 棱差,其定义是:

A 棱差:棱镜的任一工作面(屋脊面除外)的法线对指定棱的不垂直度,以符号 γ_A 表示;C 棱差:棱镜中屋脊棱对某一指定棱的不垂直度,以符号 γ_C 表示。

2. 屋脊棱镜的双像差

一个理想的屋脊棱镜,两屋脊面之间的夹角应严格等于 90°。如果不等,一束平行光射入棱镜,经过两个屋脊面反射后成为两束有一定夹角的平行光,因而出现双像。这两束平行光之间的夹角,称为屋脊棱镜的双像差,以 S 表示。

3. "光学平行度"的计算方法

引入光学平行度以后,对于棱镜几何误差,从设计到检验的关系比较直接,处理也简单了。但是,在制造过程中,如何修改这些误差呢?也就是说,第一平行度是由哪些几何误差引起的?第二平行度又是由哪些几何误差引起的?这些关系明确了,才便于在制造过程中修正这些误差。下面讨论光学平行度与几何误差之间的关系。为此先作几点准备工作:由矢量形式的反射定律导出反射矩阵;在反射矩阵的基础上导出反射面有位置误差时的误差矩阵;并定义矢量积的矩阵表示。

(1) 反射矩阵

由第 1 章知,矢量形式的反射定律可表示成

$$\boldsymbol{a}_1 = \boldsymbol{a}_0 - 2(\boldsymbol{a}_0 \cdot \boldsymbol{n})\boldsymbol{n} \tag{4-51}$$

式中,n 是反射面的单位法向矢量,规定其方向指向反射面;$\boldsymbol{a}_0$ 和 $\boldsymbol{a}_1$ 分别是沿入射光线和反射光线的单位矢量。值得指出,这里我们用黑体的 n 表示反射面的单位法向矢量,而一般

用非黑体的 n 表示材料的折射率。

在指定的直角坐标系中,上述三个单位矢量可分别用其在三个坐标轴上的投影分量(方向余弦)表示,即

$$\boldsymbol{n} = \begin{bmatrix} \cos\alpha \\ \cos\beta \\ \cos\gamma \end{bmatrix}$$

$$\boldsymbol{a}_0 = \begin{bmatrix} L_0 \\ M_0 \\ N_0 \end{bmatrix}$$

$$\boldsymbol{a}_1 = \begin{bmatrix} L_1 \\ M_1 \\ N_1 \end{bmatrix}$$

将上述分量表示式(方向余弦表示式)代入矢量形式的反射定律表示式,并加以整理可得

$$\begin{bmatrix} L_1 \\ M_1 \\ N_1 \end{bmatrix} = \begin{bmatrix} 1-2\cos^2\alpha & -2\cos\alpha\cos\beta & -2\cos\alpha\cos\gamma \\ -2\cos\alpha\cos\beta & 1-2\cos^2\beta & -2\cos\beta\cos\gamma \\ -2\cos\alpha\cos\gamma & -2\cos\beta\cos\gamma & 1-2\cos^2\gamma \end{bmatrix} \begin{bmatrix} L_0 \\ M_0 \\ N_0 \end{bmatrix} \tag{4-52}$$

上式是反射光线的三个方向余弦与入射光线的三个方向余弦间的矩阵关系式,矩阵

$$\begin{bmatrix} 1-2\cos^2\alpha & -2\cos\alpha\cos\beta & -2\cos\alpha\cos\gamma \\ -2\cos\alpha\cos\beta & 1-2\cos^2\beta & -2\cos\beta\cos\gamma \\ -2\cos\alpha\cos\gamma & -2\cos\beta\cos\gamma & 1-2\cos^2\gamma \end{bmatrix} \tag{4-53}$$

称为反射矩阵,简记为 $\boldsymbol{R}$。它作用到入射光线上得到了反射光线。

(2)误差矩阵

如果反射面有位置误差,则其法线方向就有误差,因为反射面的法线方向完全决定了反射面的空间方位。设反射面处于理想位置时其法线为

$$\boldsymbol{n} = \begin{bmatrix} \cos\alpha \\ \cos\beta \\ \cos\gamma \end{bmatrix} \tag{4-54}$$

反射面稍稍偏离理想位置后的法线为

$$\boldsymbol{n}_\Delta = \begin{bmatrix} \cos(\alpha+\mathrm{d}\alpha) \\ \cos(\beta+\mathrm{d}\beta) \\ \cos(\gamma+\mathrm{d}\gamma) \end{bmatrix} \tag{4-55}$$

其中,$\mathrm{d}\alpha,\mathrm{d}\beta,\mathrm{d}\gamma$ 分别是 α,β,γ 的微小误差。则偏离理想位置的反射面所对应的反射矩阵为

$$\boldsymbol{R}_\Delta = \begin{bmatrix} 1-2\cos^2(\alpha+\mathrm{d}\alpha) & -2\cos(\alpha+\mathrm{d}\alpha)\cos(\beta+\mathrm{d}\beta) & -2\cos(\alpha+\mathrm{d}\alpha)\cos(\gamma+\mathrm{d}\gamma) \\ -2\cos(\alpha+\mathrm{d}\alpha)\cos(\beta+\mathrm{d}\beta) & 1-2\cos^2(\beta+\mathrm{d}\beta) & -2\cos(\beta+\mathrm{d}\beta)\cos(\gamma+\mathrm{d}\gamma) \\ -2\cos(\alpha+\mathrm{d}\alpha)\cos(\gamma+\mathrm{d}\gamma) & -2\cos(\beta+\mathrm{d}\beta)\cos(\gamma+\mathrm{d}\gamma) & 1-2\cos^2(\gamma+\mathrm{d}\gamma) \end{bmatrix} \tag{4-56}$$

利用简单的三角公式,将上式 $\boldsymbol{R}_\Delta$ 中的每一个矩阵元展开并取一阶近似得

$$R_\Delta = R + \Delta R \tag{4-57}$$

这里，R 就是反射面处于理想位置时的反射矩阵。矩阵

$$\Delta R = \begin{bmatrix} 2\sin2\alpha d\alpha & \begin{array}{c}2\sin\alpha\cos\beta d\alpha\\+2\cos\alpha\sin\beta d\beta\end{array} & \begin{array}{c}2\sin\alpha\cos\gamma d\alpha\\+2\cos\alpha\sin\gamma d\gamma\end{array} \\ \begin{array}{c}2\sin\alpha\cos\beta d\alpha\\+2\cos\alpha\sin\beta d\beta\end{array} & 2\sin2\beta d\beta & \begin{array}{c}2\sin\beta\cos\gamma d\beta\\+2\cos\beta\sin\gamma d\gamma\end{array} \\ \begin{array}{c}2\sin\alpha\cos\gamma d\alpha\\+2\cos\alpha\sin\gamma d\gamma\end{array} & \begin{array}{c}2\sin\beta\cos\gamma d\beta\\+2\cos\beta\sin\gamma d\gamma\end{array} & 2\sin2\gamma d\gamma \end{bmatrix} \tag{4-58}$$

称为误差矩阵。

（3）矢量积的矩阵表示

设有两个矢量，分别表示为 $a_1 = L_1 i + M_1 j + N_1 k$，$a_2 = L_2 i + M_2 j + N_2 k$。其中 L, M, N 是方向余弦；i, j, k 是基矢量。则矢量 a_1 与矢量 a_2 的矢量积可用矩阵形式表示为

$$a_1 \times a_2 = \begin{bmatrix} L_1 & M_1 & N_1 \end{bmatrix} \begin{bmatrix} 0 & k & -j \\ -k & 0 & i \\ j & -i & 0 \end{bmatrix} \begin{bmatrix} L_2 \\ M_2 \\ N_2 \end{bmatrix} \tag{4-59}$$

（4）光学平行度的计算方法

一块完全没有制造误差的棱镜，如果有 i 个反射面（值得指出，这里我们用非黑体的 i 表示面数序号，而用黑体的 i 表示一个单位基矢量），设其每一个反射面的反射矩阵为 $R_1, R_2, \cdots, R_i$（反射面的次序是光线前进时光线依次碰到的次序）。以 a_0 简记入射光线列矩阵，以 a_i 简记经棱镜最后一个反射面反射后的光线列矩阵。将前一反射面的反射光线看成是后一反射面的入射光线，并据前述入射光线与反射光线的矩阵关系式有

$$a_i = R_i R_{i-1} \cdots R_2 R_1 a_0 \tag{4-60}$$

如果棱镜的所有反射面都有制造误差，则经棱镜最后一个反射面反射的反射光线 $a_{\Delta i}$ 为

$$a_{\Delta i} = (R_i + \Delta R_i)(R_{i-1} + \Delta R_{i-1}) \cdots (R_1 + \Delta R_1) a_0$$

展开上式，略去二阶和高于二阶的微量得

$$a_{\Delta i} = R_i R_{i-1} \cdots R_2 R_1 a_0 + (\Delta R_i R_{i-1} \cdots R_1 a_0 + \cdots + R_i R_{i-1} \cdots R_2 \Delta R_1 a_0) \tag{4-61}$$

此式说明最终的反射光线方向的误差是各反射面产生的误差之线性和。

将式（4-60）代入式（4-61），并将各反射面产生的光线方向误差之代数和简记为 Δa_i，有

$$a_{\Delta i} = a_i + \Delta a_i \tag{4-62}$$

在考查棱镜的几何误差时，总要选择一个基准面作标准。现选棱镜的入射面为计算时的基准面，并令入射光线沿入射面的法线方向入射，对于没有制造误差的棱镜来说，其出射光线 a_i 必定沿出射面的法线方向 m 出射，则有

$$a_i \times m = 0 \tag{4-63}$$

如果棱镜的反射面和出射面都有位置误差，则出射光线一定不再与出射面的法线方向平行，即有

$$a_{\Delta i} \times m_\Delta \neq 0 \tag{4-64}$$

其中，$a_{\Delta i}$ 是经诸实际反射面反射后的出射光线；m_Δ 是实际出射面的法线方向。上述矢量积的方向就是有误差的棱镜展开后楔形板的交棱方向，其大小就是光学平行度 θ。

设处于理想位置的出射面的法线方向为 $m = \cos\phi i + \cos\varphi j + \cos\eta k$,有误差棱镜的实际出射面法向方向 m_Δ 为

$$\begin{aligned} m_\Delta &= \cos(\phi + \mathrm{d}\phi)i + \cos(\varphi + \mathrm{d}\varphi)j + \cos(\eta + \mathrm{d}\eta)k \\ &= (\cos\phi i + \cos\varphi j + \cos\eta k) + (-\sin\phi \mathrm{d}\phi i - \sin\varphi \mathrm{d}\varphi j - \sin\eta \mathrm{d}\eta k) \\ &= m + \Delta m \end{aligned} \tag{4-65}$$

则

$$\begin{aligned} \theta &= a_{\Delta i} \times m_\Delta \\ &= (a_i + \Delta a_i) \times (m + \Delta m) \\ &= a_i \times m + \Delta a_i \times m + a_i \times \Delta m + \Delta a_i \times \Delta m \\ &= m \times (\Delta m - \Delta a_i) \end{aligned} \tag{4-66}$$

这里,已利用了式(4-63),并忽略了二阶微量。据式(4-59),上式可写成

$$\theta = m^\mathrm{T} \begin{bmatrix} 0 & k & -j \\ -k & 0 & i \\ j & -i & 0 \end{bmatrix} (\Delta m - \Delta a_i) \tag{4-67}$$

其中,m^T 是 m 的转置。式(4-67)是计算有几何误差的棱镜光学平行度的基本公式。下面举几个计算实例。

例 4.8 一次反射直角棱镜的光学平行度。

如图 4-26 选坐标系,选入射面为计算基准面,并选定直角棱为计算基准棱。

如此,则斜面即反射面的法线是可以任意变动的,出射面的法线可以在 xy 平面内变动。显见,理想反射面的法线方向单位矢量为

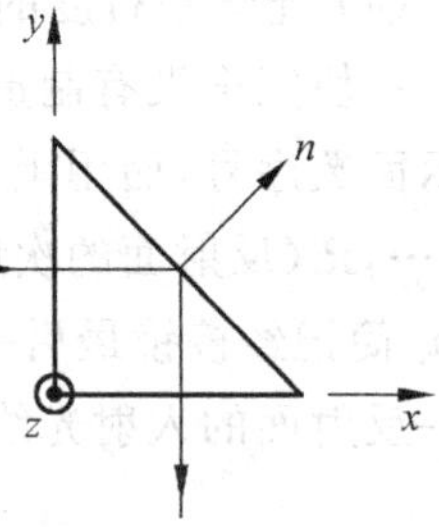

$$n = \begin{bmatrix} \cos 45° \\ \cos 45° \\ \cos 90° \end{bmatrix}$$

图 4-26 一次反射直角棱镜的光学平行度计算

理想出射面的法线方向为

$$m = \begin{bmatrix} \cos 90° \\ \cos 180° \\ \cos 90° \end{bmatrix}$$

入射光线的方向为

$$a_0 = \begin{bmatrix} \cos 0° \\ \cos 90° \\ \cos 90° \end{bmatrix}$$

据此,由式(4-65)有

$$m^\mathrm{T} = \begin{bmatrix} 0 & -1 & 0 \end{bmatrix}$$

和

$$\Delta\boldsymbol{m} = \begin{bmatrix} -\sin 90°\mathrm{d}\phi \\ -\sin 180°\mathrm{d}\varphi \\ -\sin 90°\mathrm{d}\eta \end{bmatrix} = \begin{bmatrix} -\mathrm{d}\phi \\ 0 \\ -\mathrm{d}\eta \end{bmatrix}$$

因为出射面的法线只能在 xy 平面内变动,所以 $\mathrm{d}\eta=0$,故

$$\Delta\boldsymbol{m} = \begin{bmatrix} -\mathrm{d}\phi \\ 0 \\ 0 \end{bmatrix}$$

根据式(4-58)有

$$\Delta\boldsymbol{R} = \begin{bmatrix} 2\mathrm{d}\alpha & \mathrm{d}\alpha+\mathrm{d}\beta & \sqrt{2}\,\mathrm{d}\gamma \\ \mathrm{d}\alpha+\mathrm{d}\beta & 2\mathrm{d}\beta & \sqrt{2}\,\mathrm{d}\gamma \\ \sqrt{2}\,\mathrm{d}\gamma & \sqrt{2}\,\mathrm{d}\gamma & 0 \end{bmatrix}$$

根据式(4-61)有

$$\Delta\boldsymbol{a}_1 = \Delta\boldsymbol{R}\boldsymbol{a}_0 = \begin{bmatrix} 2\mathrm{d}\alpha \\ \mathrm{d}\alpha+\mathrm{d}\beta \\ \sqrt{2}\,\mathrm{d}\gamma \end{bmatrix}$$

再据式(4-67)有

$$\boldsymbol{\theta} = \boldsymbol{m}^{\mathrm{T}} \begin{bmatrix} 0 & \boldsymbol{k} & -\boldsymbol{j} \\ -\boldsymbol{k} & 0 & \boldsymbol{i} \\ \boldsymbol{j} & -\boldsymbol{i} & 0 \end{bmatrix} (\Delta\boldsymbol{m} - \Delta\boldsymbol{a}_i)$$

$$= \begin{bmatrix} \boldsymbol{k} & 0 & -\boldsymbol{i} \end{bmatrix} \begin{bmatrix} -\mathrm{d}\phi - 2\mathrm{d}\alpha \\ -\mathrm{d}\alpha - \mathrm{d}\beta \\ -\sqrt{2}\,\mathrm{d}\gamma \end{bmatrix}$$

$$= \sqrt{2}\,\mathrm{d}\gamma\boldsymbol{i} + (-\mathrm{d}\phi - 2\mathrm{d}\alpha)\boldsymbol{k}$$

显然,$\boldsymbol{\theta}$ 在 $\boldsymbol{k}$ 方向的分量反映了第一光学平行度 θ_I,在 $\boldsymbol{i}$ 方向的分量反映了第二光学平行度 θ_II。

上面的计算结果中,第一光学平行度 θ_I 与主截面内角度误差的关系不太明显,可以再进一步转化,参见图 4-27。

由图 4-27 显见,两个锐角的实际值分别为 $(45°+\mathrm{d}\alpha)$ 和 $(45°-\mathrm{d}\phi-\mathrm{d}\alpha)$。用 $\delta 45°$ 表示两个 $45°$ 角的差,有

$$\delta 45° = (45° - \mathrm{d}\phi - \mathrm{d}\alpha) - (45° + \mathrm{d}\alpha)$$
$$= -\mathrm{d}\phi - 2\mathrm{d}\alpha$$

所以第一光学平行度和第二光学平行度分别为

$$\theta_\mathrm{I} = \delta 45°$$
$$\theta_\mathrm{II} = \sqrt{2}\,\mathrm{d}\gamma = \sqrt{2}\,\gamma_A$$

例 4.9 半五角棱镜的光学平行度。

如图 4-28 所示选取坐标系,除选定入射面为计算基准面外,并选定入射面与第二反射面的交棱(与 z 轴重合)为计算基准棱。

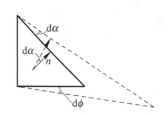

图 4-27 第一光学平行度 θ_1 与主截面内角度误差的关系

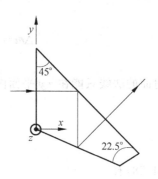

图 4-28 半五角棱镜示意图

如此,则第一反射面(与出射面重合)可以任意变动,第二反射面的法线可以在 xy 平面内变动。

显见,理想的第一反射面即出射面的法线方向为

$$\boldsymbol{n}_1 = \begin{bmatrix} \cos 45° \\ \cos 45° \\ \cos 90° \end{bmatrix} = \boldsymbol{m}$$

理想的第二反射面的法线方向为

$$\boldsymbol{n}_2 = \begin{bmatrix} \cos 112.5° \\ \cos 157.5° \\ \cos 90° \end{bmatrix}$$

入射光线的方向为

$$\boldsymbol{a}_0 = \begin{bmatrix} \cos 0° \\ \cos 90° \\ \cos 90° \end{bmatrix}$$

据此有

$$\boldsymbol{m}^\mathrm{T} = \begin{bmatrix} \dfrac{\sqrt{2}}{2} & \dfrac{\sqrt{2}}{2} & 0 \end{bmatrix}$$

$$\Delta \boldsymbol{m} = \begin{bmatrix} -\sin 45° \mathrm{d}\alpha_1 \\ -\sin 45° \mathrm{d}\beta_1 \\ -\sin 90° \mathrm{d}\gamma_1 \end{bmatrix} = \begin{bmatrix} -\dfrac{\sqrt{2}}{2}\mathrm{d}\alpha_1 \\ -\dfrac{\sqrt{2}}{2}\mathrm{d}\beta_1 \\ -\mathrm{d}\gamma_1 \end{bmatrix}$$

$$\boldsymbol{a}_0 = \begin{bmatrix} 1 \\ 0 \\ 0 \end{bmatrix}$$

由式(4-53)得

$$\boldsymbol{R}_1 = \begin{bmatrix} 0 & -1 & 0 \\ -1 & 0 & 0 \\ 0 & 0 & 1 \end{bmatrix}$$

$$\boldsymbol{R}_2 = \begin{bmatrix} \frac{\sqrt{2}}{2} & -\frac{\sqrt{2}}{2} & 0 \\ -\frac{\sqrt{2}}{2} & -\frac{\sqrt{2}}{2} & 0 \\ 0 & 0 & 1 \end{bmatrix}$$

由式(4-58)得

$$\Delta \boldsymbol{R}_1 = \begin{bmatrix} 2\mathrm{d}\alpha_1 & \mathrm{d}\alpha_1 + \mathrm{d}\beta_1 & \sqrt{2}\,\mathrm{d}\gamma_1 \\ \mathrm{d}\alpha_1 + \mathrm{d}\beta_1 & 2\mathrm{d}\beta_1 & \sqrt{2}\,\mathrm{d}\gamma_1 \\ \sqrt{2}\,\mathrm{d}\gamma_1 & \sqrt{2}\,\mathrm{d}\gamma_1 & 0 \end{bmatrix}$$

值得指出,$\mathrm{d}\alpha,\mathrm{d}\beta,\mathrm{d}\gamma$ 三者并不完全独立,这是因为 $\cos^2(\alpha+\mathrm{d}\alpha)+\cos^2(\beta+\mathrm{d}\beta)+\cos^2(\gamma+\mathrm{d}\gamma)=1$。将 $\cos^2\alpha_1+\cos^2\beta_1+\cos^2\gamma_1=1$ 两端同时微分有

$$-2\cos\alpha_1\sin\alpha_1\,\mathrm{d}\alpha_1 - 2\cos\beta_1\sin\beta_1\,\mathrm{d}\beta_1 - 2\cos\gamma_1\sin\gamma_1\,\mathrm{d}\gamma_1 = 0$$

再将 $\alpha_1,\beta_1,\gamma_1$ 代入得

$$\mathrm{d}\alpha_1 = -\mathrm{d}\beta_1$$

则

$$\Delta \boldsymbol{R}_1 = \begin{bmatrix} 2\mathrm{d}\alpha_1 & 0 & \sqrt{2}\,\mathrm{d}\gamma_1 \\ 0 & -2\mathrm{d}\alpha_1 & \sqrt{2}\,\mathrm{d}\gamma_1 \\ \sqrt{2}\,\mathrm{d}\gamma_1 & \sqrt{2}\,\mathrm{d}\gamma_1 & 0 \end{bmatrix}$$

同样可得

$$\Delta \boldsymbol{R}_2 = \begin{bmatrix} -\sqrt{2}\,\mathrm{d}\alpha_2 & -\sqrt{2}\,\mathrm{d}\alpha_2 & 0 \\ -\sqrt{2}\,\mathrm{d}\alpha_2 & \sqrt{2}\,\mathrm{d}\alpha_2 & 0 \\ 0 & 0 & 0 \end{bmatrix}$$

据式(4-61)和式(4-62)有

$$\Delta \boldsymbol{a}_2 = \boldsymbol{R}_2 \Delta \boldsymbol{R}_1 \boldsymbol{a}_0 + \Delta \boldsymbol{R}_1 \boldsymbol{R}_2 \boldsymbol{a}_0$$

$$= \sqrt{2} \begin{bmatrix} \mathrm{d}\alpha_1 + \mathrm{d}\alpha_2 \\ -\mathrm{d}\alpha_1 - \mathrm{d}\alpha_2 \\ \mathrm{d}\gamma_1 \end{bmatrix}$$

又由式(4-67)得

$$\boldsymbol{\theta} = (3\mathrm{d}\alpha_1 + 2\mathrm{d}\alpha_2)\boldsymbol{k} + \frac{2+\sqrt{2}}{2}\mathrm{d}\gamma_1(\boldsymbol{j}-\boldsymbol{i})$$

显然,在 $\boldsymbol{k}$ 方向的分量反映了第一光学平行度 θ_I,在 $\boldsymbol{i}$ 和 $\boldsymbol{j}$ 方向的分量反映了第二光学平行度 θ_II。所以

$$\theta_\mathrm{I} = 3\mathrm{d}\alpha_1 + 2\mathrm{d}\alpha_2$$

$$\theta_{\mathrm{II}} = (1+\sqrt{2})\mathrm{d}\gamma_1 = (1+\sqrt{2})\gamma_A$$

现将上述 θ_{I} 的计算结果稍作转化,参见图 4-29。

同时采用常用的角度表示法,即将主截面内 45°角的误差表示成 $\Delta 45°$,将主截面内 112.5°角和 22.5°角的误差分别表示成 $\Delta 112.5°$ 和 $\Delta 22.5°$。如此则有

$$\theta_{\mathrm{I}} = 3\mathrm{d}\alpha_1 + 2\mathrm{d}\alpha_2$$
$$= 3\Delta 45° + 2\Delta 112.5°$$

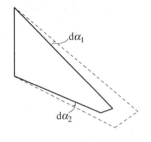

图 4-29 第一平行度与主截面内角度误差的关系

又因为三角形的内角和为 180°,所以有

$$\Delta 45° + \Delta 112.5° + \Delta 22.5° = 0$$

故

$$\theta_{\mathrm{I}} = \Delta 45° - 2\Delta 22.5°$$

例 4.10 斯密特屋脊棱镜的光学平行度。

如图 4-30 所示选取坐标系,选取入射面作为计算基准面,选取入射面与出射面的交棱(与 z 轴重合)为计算基准棱。

如此,则第一反射面(与出射面重合)的法线可以在 xy 平面内变动;第三反射面因与入射面重合,其法线就不能变动了,但屋脊棱可以任意变动。

我们能够证明,描述一对屋脊面对光线反射作用的作用矩阵等效于描述以屋脊棱为法线(用 $\boldsymbol{n}_2$ 表示)的一平面反射镜对光线反射作用的反射矩阵乘以 -1。

显见,第一反射面和出射面的法线方向为

$$\boldsymbol{n}_1 = \begin{bmatrix} \cos 45° \\ \cos 45° \\ \cos 90° \end{bmatrix} = \boldsymbol{m}$$

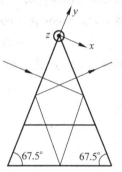

图 4-30 斯密特屋脊棱镜

屋脊棱的方向为

$$\boldsymbol{n}_2 = \begin{bmatrix} \cos 157.5° \\ \cos 112.5° \\ \cos 90° \end{bmatrix}$$

第三反射面的法线方向为

$$\boldsymbol{n}_3 = \begin{bmatrix} \cos 180° \\ \cos 90° \\ \cos 90° \end{bmatrix}$$

入射光线的方向为

$$\boldsymbol{a}_0 = \begin{bmatrix} \cos 0° \\ \cos 90° \\ \cos 90° \end{bmatrix}$$

据此得

$$\boldsymbol{m}^{\mathrm{T}} = \begin{bmatrix} \dfrac{\sqrt{2}}{2} & \dfrac{\sqrt{2}}{2} & 0 \end{bmatrix}$$

$$\Delta \boldsymbol{m} = \begin{bmatrix} -\dfrac{\sqrt{2}}{2}\mathrm{d}\alpha_1 \\ \dfrac{\sqrt{2}}{2}\mathrm{d}\alpha_1 \\ 0 \end{bmatrix}$$

$$\boldsymbol{a}_0 = \begin{bmatrix} 1 \\ 0 \\ 0 \end{bmatrix}$$

据式(4-53)有

$$\boldsymbol{R}_1 = \begin{bmatrix} 0 & -1 & 0 \\ -1 & 0 & 0 \\ 0 & 0 & 1 \end{bmatrix}$$

$$\boldsymbol{R}_2 = \begin{bmatrix} -\dfrac{\sqrt{2}}{2} & -\dfrac{\sqrt{2}}{2} & 0 \\ -\dfrac{\sqrt{2}}{2} & \dfrac{\sqrt{2}}{2} & 0 \\ 0 & 0 & 1 \end{bmatrix}$$

$$\boldsymbol{R}_3 = \begin{bmatrix} -1 & 0 & 0 \\ 0 & 1 & 0 \\ 0 & 0 & 1 \end{bmatrix}$$

由式(4-58)得

$$\Delta \boldsymbol{R}_1 = \begin{bmatrix} 2\mathrm{d}\alpha_1 & 0 & 0 \\ 0 & -2\mathrm{d}\alpha_1 & 0 \\ 0 & 0 & 0 \end{bmatrix}$$

$$\Delta \boldsymbol{R}_2 = \begin{bmatrix} -\sqrt{2}\mathrm{d}\alpha_2 & \sqrt{2}\mathrm{d}\alpha_2 & 2\cos157.5°\mathrm{d}\gamma_2 \\ \sqrt{2}\mathrm{d}\alpha_2 & \sqrt{2}\mathrm{d}\alpha_2 & 2\cos112.5°\mathrm{d}\gamma_2 \\ 2\cos157.5°\mathrm{d}\gamma_2 & 2\cos112.5°\mathrm{d}\gamma_2 & 0 \end{bmatrix}$$

由式(4-61)和式(4-60)有

$$\Delta \boldsymbol{a}_3 = \boldsymbol{R}_3(-\boldsymbol{R}_2)\Delta \boldsymbol{R}_1 \boldsymbol{a}_0 + \boldsymbol{R}_3(-\Delta \boldsymbol{R}_2)\boldsymbol{R}_1 \boldsymbol{a}_0$$

$$= \sqrt{2}\begin{bmatrix} -\mathrm{d}\alpha_1 - \mathrm{d}\alpha_2 \\ \mathrm{d}\alpha_1 + \mathrm{d}\alpha_2 \\ \sqrt{2}\cos112.5°\mathrm{d}\gamma_2 \end{bmatrix}$$

又由式(4-67)得

$$\boldsymbol{\theta} = (-\mathrm{d}\alpha_1 - 2\mathrm{d}\alpha_2)\boldsymbol{k} - \sqrt{2}\cos112.5°\mathrm{d}\gamma_2(\boldsymbol{i}-\boldsymbol{j})$$

在 $\boldsymbol{k}$ 方向的分量反映了第一光学平行度 θ_I，在 $\boldsymbol{i}$ 和 $\boldsymbol{j}$ 方向的分量反映了第二光学平行度 θ_II。即

$$\theta_\mathrm{I} = \mathrm{d}\alpha_1 + \mathrm{d}\alpha_2 = \Delta 67.5°$$

$$\theta_\mathrm{II} = 0.76\gamma_c$$

4. 屋脊棱镜的双像差计算式

屋脊棱镜的双像差计算式是

$$S = 4n\delta\sin\chi \tag{4-68}$$

其中，n 是棱镜材料的折射率，δ 是实际两屋脊面夹角与 90°角的偏离量，即实际两屋脊面的夹角为 $(90°\pm\delta)$，χ 是入射光束轴线与屋脊棱的交角。现利用矢量形式的反射定律式(4-51)导出式(4-68)。

先研究双平面镜形式的角镜。如图 4-31 所示，角镜由 1, 2 两个平面反射镜构成，光线 a_0 先入射到反射镜 1，经反射镜 1 反射后射至反射镜 2，再被反射镜 2 反射后射出。

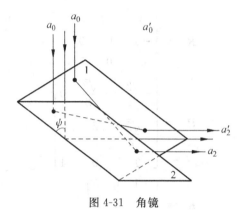

图 4-31 角镜

出射光线的方向由式(4-51)可得，即有

$$\begin{aligned}
\boldsymbol{a}_2 &= \boldsymbol{a}_1 - 2(\boldsymbol{a}_1 \cdot \boldsymbol{n}_2)\boldsymbol{n}_2 \\
&= \boldsymbol{a}_0 - 2(\boldsymbol{a}_0 \cdot \boldsymbol{n}_1)\boldsymbol{n}_1 - 2[\boldsymbol{a}_0 \cdot \boldsymbol{n}_2 - 2(\boldsymbol{a}_0 \cdot \boldsymbol{n}_1)\boldsymbol{n}_1 \cdot \boldsymbol{n}_2]\boldsymbol{n}_2 \\
&= \boldsymbol{a}_0 - 2(\boldsymbol{a}_0 \cdot \boldsymbol{n}_1)\boldsymbol{n}_1 - 2(\boldsymbol{a}_0 \cdot \boldsymbol{n}_2)\boldsymbol{n}_2 + 4(\boldsymbol{a}_0 \cdot \boldsymbol{n}_1)(\boldsymbol{n}_1 \cdot \boldsymbol{n}_2)\boldsymbol{n}_2
\end{aligned} \tag{4-69}$$

如果光线先入射到反射镜 2 上，然后射至反射镜 1，再由反射镜 1 反射后射出角镜。则可通过将式(4-69)中的 $\boldsymbol{n}_1$ 和 $\boldsymbol{n}_2$ 对易，即可得出出射光线 $\boldsymbol{a}'_2$ 的方向为

$$\boldsymbol{a}'_2 = \boldsymbol{a}_0 - 2(\boldsymbol{a}_0 \cdot \boldsymbol{n}_2)\boldsymbol{n}_2 - 2(\boldsymbol{a}_0 \cdot \boldsymbol{n}_1)\boldsymbol{n}_1 + 4(\boldsymbol{a}_0 \cdot \boldsymbol{n}_2)(\boldsymbol{n}_2 \cdot \boldsymbol{n}_1)\boldsymbol{n}_1 \tag{4-70}$$

式(4-69)和式(4-70)表述的两出射光线的方向，二者之差为

$$\begin{aligned}
\boldsymbol{a}_2 - \boldsymbol{a}'_2 &= 4(\boldsymbol{n}_1 \cdot \boldsymbol{n}_2)[(\boldsymbol{a}_0 \cdot \boldsymbol{n}_1)\boldsymbol{n}_2 - (\boldsymbol{a}_0 \cdot \boldsymbol{n}_2)\boldsymbol{n}_1] \\
&= 4(\boldsymbol{n}_1 \cdot \boldsymbol{n}_2)[(\boldsymbol{n}_1 \times \boldsymbol{n}_2) \times \boldsymbol{a}_0]
\end{aligned} \tag{4-71}$$

如果两反射镜的夹角为 90°，即 $\boldsymbol{n}_1$ 与 $\boldsymbol{n}_2$ 正交，则有

$$\boldsymbol{n}_1 \cdot \boldsymbol{n}_2 = 0$$

所以有

$$\boldsymbol{a}_2 - \boldsymbol{a}'_2 = 0$$

说明两条出射光线是相互平行的。若两块反射镜的夹角为 $90°\pm\delta$，这里 δ 是一个很小的角，表示角镜夹角偏离 90°的误差大小。则

$$\boldsymbol{n}_1 \cdot \boldsymbol{n}_2 = \cos(90\pm\delta)$$

$$\boldsymbol{n}_1 \times \boldsymbol{n}_2 = \boldsymbol{e}\sin(90°\pm\delta)$$

其中，$\boldsymbol{e}$ 是方向沿角镜交棱的单位向量。由式(4-71)可得

$$|a_2 - a_2'| = 4\cos(90°\pm\delta)\sin(90°\pm\delta)\sin\psi$$
$$= 2\sin(180°\pm 2\delta)\sin\psi$$

这里 ψ 是入射光线与角镜(两反射镜)的交棱之间的夹角。设由两个反射镜上分别出射的出射光线 a_2 和 a_2' 之间的夹角为 S,则矢量(a_2-a_2')的模又可以写成

$$|a_2 - a_2'| = 2\sin\left(\frac{1}{2}S\right)$$

故有

$$\sin\left(\frac{1}{2}S\right) = \sin(180°\pm 2\delta)\sin\psi$$

因为 S 和 δ 都很小,所以

$$S = 4\delta\sin\psi \tag{4-72}$$

如果角镜间充以折射率为 n 的介质,即反射棱镜屋脊的情况,式(4-72)改写为

$$S = 4n\delta\sin\psi \tag{4-73}$$

上式即为屋脊棱镜双像差的计算公式。例如屋脊角为 $90°+1'$,棱镜玻璃折射率 n 为 1.5,入射光轴与屋脊棱的夹角为 $45°$,则双像差约为 $4.2'$。

5. 小结

这一部分内容提供了一个反射棱镜光学平行度的计算办法。需要指出,对于棱镜几何误差的计算,应该与加工、检验和测量密切结合,才能处理得更好。限于本教材的范围,这里没有进一步的涉及。

4.7 折射棱镜与光楔

1. 折射棱镜

在 1.1 节中提及的"牛顿三棱镜"是一块典型的折射棱镜。它由光学玻璃制成,光束入射面和出射面是工作面,都是平面。入射面与出射面不平行,二者的交棱称为折射棱,二者构成的二面角称为顶角。垂直于折射棱的平面称为主截面,通常画的就是折射棱镜的主截面图。

如图 4-32 所示,θ 表示顶角,n 表示折射率,AB 表示入射面,AC 表示出射面。白光中的各色光先在入射面上折射,再在出射面上折射,然后以不同的方向射出形成彩色光谱。

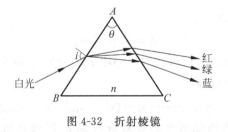

图 4-32 折射棱镜

因为折射棱镜是一种非轴对称光学元件,所以它大多用在平行光路中。所谓"平行光路"就是对折射棱镜来说,其物在无穷远处的光路。通常,折射棱镜在光路中起 3 种作用:偏折光线,色散不同波长的色光,压缩光束宽度。如果折射棱镜的顶角 θ 很小,则称为光楔,

它在光路中的作用主要是偏(折)移(动)光轴,做测微器或补偿器用。下面分别讨论。

1) 偏折光线

如图 4-33 所示,光线 DE 入射到折射棱镜 ABC 的入射面 AB 上,经其折射偏折为光线 EF。折射光线 EF 与入射光线 DE 的夹角称为偏折角,用 δ_1 表示,这个偏折是入射面造成的;光线 EF 又经折射棱镜出射面 AC 的折射,偏折为光线 FG 从折射棱镜的出射面 AC 射出。对出射面而言,折射光线 FG 与入射光线 EF 的偏折角即为图 4-33 中所示的 δ_2。由图 4-33 显见,入射光线 DE 经整个折射棱镜偏折 δ 角后成为了出射光线 FG,且有

$$\delta = \delta_1 + \delta_2 \tag{4-74}$$

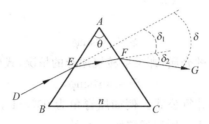

图 4-33 折射棱镜的偏折角

为图示清晰,另画一张图 4-34,标出光线在入射面处的入射角 i_1 和折射角 i_1',以及光线在出射面处的入射角 i_2 和折射角 i_2'。值得指出,在折射棱镜中,光线折射状况简单直观,所以不再对有关角度施加正负号的规定。由图 4-34 中的简单几何关系知

$$\begin{cases} i_1 - i_1' = \delta_1 \\ i_2' - i_2 = \delta_2 \\ i_1' + i_2 = \theta \end{cases} \tag{4-75}$$

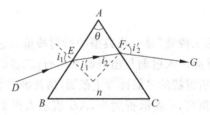

图 4-34 折射棱镜对光线的折射

将式(4-75)代入式(4-74)有

$$\delta = i_1 + i_2' - \theta \tag{4-76}$$

由折射定律和式(4-75),可以将式(4-76)中 i_2' 表示为 i_1 和 θ 的函数关系。利用简单的三角函数关系,式(4-76)可以写成

$$\delta = i_1 - \theta + \arcsin(\sin\theta\,(n^2 - \sin^2 i_1)^{\frac{1}{2}} - \cos\theta\sin i_1) \tag{4-77}$$

此式表明,折射棱镜对光线的偏折角是材料折射率 n、顶角 θ 和光线入射角 i_1 的函数,即 $\delta = \delta(n, \theta, i_1)$。

对于一定的折射棱镜(即 n 和 θ 为定值),若入射的是单色光,则折射角 δ 只是入射角 i_1 的函数。下面证明在不同的入射角中有一个入射角使得偏折角为极小。

式(4-76)两边对 i_1 求导有

$$\frac{\mathrm{d}\delta}{\mathrm{d}i_1} = 1 + \frac{\mathrm{d}i_2'}{\mathrm{d}i_1}$$

当 δ 有极值时,有

$$\frac{\mathrm{d}i_2'}{\mathrm{d}i_1} = -1$$

分别对 $\sin i_1' = \frac{1}{n}\sin i_1$ 和 $\sin i_2' = n\sin i_2$ 的两边求对 i_1 的导数,得

$$\frac{\mathrm{d}i_1'}{\mathrm{d}i_1} = \frac{\cos i_1}{n\cos i_1'}$$

$$\frac{\mathrm{d}i_2'}{\mathrm{d}i_1} = \frac{n\cos i_2}{\cos i_2'}\left(-\frac{\mathrm{d}i_1'}{\mathrm{d}i_1}\right)$$

由上述三式可得

$$\frac{\cos i_1}{\cos i_1'} = \frac{\cos i_2'}{\cos i_2} \tag{4-78}$$

由折射定律有

$$\frac{\sin i_1}{\sin i_1'} = \frac{\sin i_2'}{\sin i_2} = n \tag{4-79}$$

若想式(4-78)和式(4-79)同时成立,则只能是

$$\begin{cases} i_1 = i_2' \\ i_1' = i_2 \end{cases} \tag{4-80}$$

可以进一步证明,当 $\frac{\mathrm{d}\delta}{\mathrm{d}i_1} = 0$ 时,$\frac{\mathrm{d}^2\delta}{\mathrm{d}i_1^2} > 0$,所以满足式(4-80)的 δ 是极小值 $\delta_{\min}$。显然,具有最小偏折角的光路是以垂直于棱镜主截面的顶角角平分面为对称的。另外,在最小偏折角的情况下,有

$$n = \frac{\sin i_1}{\sin i_1'} = \frac{\sin\frac{1}{2}(\theta + \delta_{\min})}{\sin\frac{\theta}{2}} \tag{4-81}$$

测量了棱镜顶角 θ 和最小偏折角 $\delta_{\min}$,据此式就可以计算出棱镜的折射率 n。这就是"最小偏向角法"测量玻璃折射率的依据。

2) 色散

由前面导出的式(4-77)知偏折角 δ 是棱镜折射率 n 的函数,而且也容易看出当折射率增大时偏折角随之增大。在第 1 章引言中知道,不同波长的光在同一种光学玻璃中传播的速度是不同的,因而折射率也不一样。在正常色散的范围内,长波长的折射率小,短波长的折射率大。因此,当白光入射折射棱镜时,波长长的红光的偏折角小,而波长短的蓝光的偏折角大,波长居中的绿光的偏折角居于红光偏折角和蓝光偏折角之间。所以得到如图 4-35 右边所示的光谱分布。

偏折角随波长的变化称为棱镜的色散。对式(4-77)两边微分,右边对折射率 n 微分,左边对偏折角 δ 微分,并假定入射角 i_1 是常数,得

$$\mathrm{d}\delta = \frac{\cos i_2 \tan i_1' + \sin i_2}{\cos i_2'}\mathrm{d}n \tag{4-82}$$

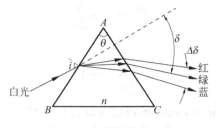

图 4-35　折射棱镜的色散

式(4-82)两边同除 dλ,可得相对于波长的角色散 dδ/dλ,其中 dn/dλ 就是折射率的色散。

3) 光束宽度的压缩

尽管折射棱镜的两个工作面都是平面,但由于两个面不平行,它对主截面内的光束宽度就有了压缩(或增宽)作用,如图 4-36 所示。设入射光束的宽度为 BW_i,出射光束的宽度为 BW_o,定义二者之比为光束压缩比,用 κ 表示,即

$$\kappa = \frac{BW_o}{BW_i} \tag{4-83}$$

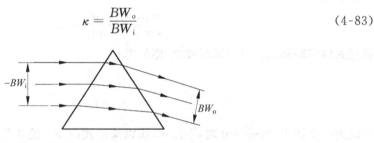

图 4-36　折射棱镜对光束宽度的压缩

一块折射棱镜的光束压缩比是由两个折射平面完成的。在入射面处入射光束被折射一次进入棱镜,光束宽度被压缩一次;然后在出射面处光束再被折射一次,光束宽度又被压缩一次。折射棱镜的光束压缩比就是入射面处的光束压缩比与出射面处的光束压缩比的乘积。联系图 4-34 中标示的入射角和折射角,入射面处的光束宽度压缩比为 $\frac{\cos i_1'}{\cos i_1}$,出射面处的光束宽度压缩比为 $\frac{\cos i_2'}{\cos i_2}$,所以

$$\kappa = \frac{\cos i_2'}{\cos i_2} \frac{\cos i_1'}{\cos i_1} \tag{4-84}$$

利用式(4-75)、式(4-76),以及折射定律,将 i_1'、i_2 及 i_2' 用只含有 i_1、δ 和 θ 的函数式取代,有

$$\kappa = \frac{\cos i_2'}{\cos i_2} \frac{\cos i_1'}{\cos i_1} = \frac{\cos(\delta+\theta-i_1)}{\sqrt{n^2-\sin^2(\delta+\theta-i_1)}} \frac{\sqrt{n^2-\sin^2 i_1}}{\cos i_1} \tag{4-85}$$

显然,光束宽度的压缩比 κ 是折射棱镜的结构(n,θ),以及入射角 i_1 的函数。值得注意,折射棱镜对于垂直于主截面内的光束宽度是没有压缩作用的。所以这两个正交方向上光束宽度的压缩比一般是不相同的,这种不同光路截面内光束宽度压缩比不相同的光学系统(元件)称作变形系统(元件)。棱镜形式的变形系统广泛用于宽银幕电影变形镜组中,亦多用在半导体激光光束的整形系统中。

据式(4-77)和式(4-85)知,折射棱镜对光线的偏折 δ 和对光束宽度的压缩比 κ 都与棱

镜的顶角大小 θ 及光束的入射角 i_1 有关,所以适当选择两块折射棱镜,并按适当的相对位置安放在平行光路中,既可以对主截面内的光束宽度有一定的压缩,又使出射光轴与入射光轴平行,如图 4-37 所示。

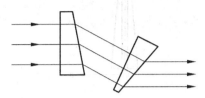

图 4-37 折射棱镜形式的变形系统

2. 光楔

当折射棱镜的顶角很小时,称为光楔,它的顶角用 $\Delta\theta$ 表示。光楔在光学仪器中常被用做测微器或补偿器。

1) 偏折光线

如果光线又以小的入射角入射光楔,则前面讨论折射棱镜时所列举的有些公式就可以简化为

$$\begin{cases} i'_1 = \dfrac{i_1}{n} \\ i_2 = \Delta\theta - i'_1 = \Delta\theta - \dfrac{i_1}{n} \\ i'_2 = ni_2 = n\Delta\theta - i_1 \end{cases} \quad (4\text{-}86)$$

进而有光楔的偏折角为

$$\delta = \Delta\theta(n-1) \quad (4\text{-}87)$$

2) 色散

式(4-87)两边微分,左边对偏折角 δ 微分,右边对折射率 n 微分,有 $\mathrm{d}\delta = \Delta\theta \mathrm{d}n$。将上式代入得

$$\mathrm{d}\delta = \delta\dfrac{\mathrm{d}n}{n-1} \quad (4\text{-}88)$$

上式中,$\dfrac{\mathrm{d}n}{n-1}$ 的倒数是表示材料特性的一个参量,由第 1 章知,在可见光范畴内它就是阿贝常数 ν。所以

$$\mathrm{d}\delta = \dfrac{\delta}{\nu} \quad (4\text{-}89)$$

该式易于评估光楔产生的色散。

3) 有关转动双光楔的讨论

在光学仪器中,将两块光楔组合在一起,通过它们的转动,产生光线的不同偏折。如图 4-38 所示,组合的两块光楔是相同的,两光楔间有一小的空气间隙,相邻的工作面平行,工作时,两块光楔可绕公共轴线相对转动。"公共轴线"平行于图 4-38 所示坐标系中的 z 轴,"相对转动"的含义是一块光楔以 z 轴右螺旋转动时,另一块同步以 z 轴左螺旋转动。

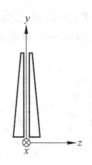

图 4-38 组合光楔

设图 4-38 所示为转动双光楔的初始工作状态,即两块光楔的顶角都指向 y 轴正方向。初始状态时两块光楔的主截面重合,平行于 yz 坐标平面。设单个光楔的顶角为 $\Delta\theta$,折射率为 n,根据式(4-87),沿平行于 z 轴方向入射到组合光楔上的光线经过两块光楔的折射,向负 y 轴方向偏折了 $\delta=2\Delta\theta(n-1)$ 后出射,如图 4-39(a)所示。

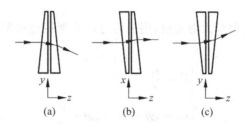

图 4-39 组合光楔的三种工作状态

当第一块光楔绕 z 轴右螺旋转过90°,第二块光楔同步绕 z 轴左螺旋转过90°后,两块光楔的主截面重合,平行于 xz 坐标平面。第一块光楔的顶角指向负 x 轴的方向,第二块光楔的顶角指向 x 轴的正向,两光楔组合起来类同于一块平行平板,对入射光线没有偏折作用,如图 4-39(b)所示。

当第一块光楔绕 z 轴右螺旋又转过90°(相当于从初始状态起转过了180°),第二块光楔同步绕 z 轴左螺旋又转过90°(相当于从初始状态起转过了180°)后,两块光楔的主截面又重合,平行于 yz 坐标平面。两块光楔的顶角都指向负 y 轴的方向。沿平行于 z 轴方向入射到组合光楔上的光线经过两块光楔的折射,向 y 轴正方向偏折了 $\delta=2\Delta\theta(n-1)$ 后出射,如图 4-39(c)所示。

在上述三种工作状态下,转动双光楔对光线的偏折情况很容易作出判断,因为两块光楔的主截面重合,情况较为简单。

在转动双光楔处于一般工作状态时,虽然两块光楔的主截面并不重合,近(转)轴光线通过转动双光楔后的偏折光线较之入射光线只有 yz 平面内的偏折,而无 xz 平面内的偏折,偏折角大小满足式(4-90):

$$\delta = 2(n-1)\Delta\theta\cos\phi \tag{4-90}$$

其中,ϕ 是单块光楔的转角。

下面证明上述结论,先作几点说明:

(1)确定图 4-38 所示的转动双光楔状态为初始状态,采用图中的右手坐标系 xyz(设 3

个基向量分别为 i,j,k),光楔的转轴与光楔所处的光学系统的光轴重合,它们都与 z 轴平行。转动时,前一块光楔右螺旋转动,后一块光楔则同步左螺旋转动。

(2) 要确定近转轴入射光线经过转动双光楔后出射光线的偏折,原则上只要依次追迹出入射光线经过第一块光楔第一个面、第一块光楔第二个面、第二块光楔第一个面以及第二块光楔第二个面的 4 次折射后的出射光线,并与入射光线相比,就解决了问题。然而由于第一块光楔的第二个折射面与第二块光楔的第一个折射面平行,形成了一个玻璃中的空气薄平行平板,光线穿过这个"薄平行平板"后方向不变,加之在双光楔的转动过程中,这个"薄平行平板"始终是与转轴垂直的,所以只要计算出入射光线在第一块光楔的第一个面和第二块光楔的第二个面折射后的出射光线,问题即告解决。

(3) 因为在一般工作状态下,两块光楔的主截面并不重合,所以光线追迹应采用矢量形式的折射定律式(1-21)和式(1-22)。

(4) 光楔转动,光楔折射面的法线方位就在变动。初始状态时,第一块光模第一面的法线矢量为 $N_1=-\Delta\theta j+k$,第二块光模第二面的法线矢量为 $N_2=\Delta\theta j+k$。数学上,要利用一个矢量绕另一个单位矢量转动生成一个新矢量的关系。如图 4-40 所示,矢量 N 绕单位矢量 k 转动 ϕ 角生成新矢量 N'。为得到 N' 与 N 的关系,由 B 向 $O'A$ 引辅助垂线 BC 交 $O'A$ 于 C,有

$$\overrightarrow{OO'} = (N \cdot k)k$$
$$\overrightarrow{O'C} = \{N-(N \cdot k)K\}\cos\phi$$
$$\overrightarrow{CB} = -(N \times k)\sin\phi$$

进而有

$$N' = \overrightarrow{OO'} + \overrightarrow{O'B}$$
$$= N\cos\phi + (1-\cos\phi)(N \cdot k)K - \sin\phi(N \times k) \tag{4-91}$$

这是矢量 N 绕单位矢量 k 转动 ϕ 角生成新矢量 N' 的关系式。

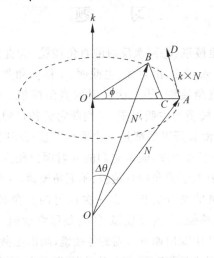

图 4-40 单位矢量 N 绕单位矢量 k 转动生成新单位矢量 N' 的关系

当第一块光楔绕转轴 k 右螺旋转动 ϕ 角后,第一个面的法线随之旋转到新的方位,其新的法线方向 N_1' 由式(4-91)求得为

$$N'_1 = \Delta\theta(i\sin\phi - j\cos\phi) + k \tag{4-92}$$

同时,第二块光楔绕转轴 k 左螺旋转动 ϕ 角,第二个面的法线随之旋转到新的方位,其新的法线方向 N'_2 为

$$N'_2 = \Delta\theta(i\sin\phi + j\cos\phi) + k \tag{4-93}$$

设入射的近轴光线为 $a_0 = \Delta L i + \Delta M j + k$,其中 ΔL 和 ΔM 是入射光线的两个"小的方向余弦",二者都是一阶微量。利用式(1-21)和式(1-22)计算出入射光线 a_0 经第一块光楔第一面折射后的光线 a'_1 为

$$\begin{aligned} na'_1 &= a_0 + \Gamma_1 N'_1 \\ &= \{\Delta L + \Delta\theta(n-1)\sin\phi\}i + \{\Delta M - \Delta\theta(n-1)\cos\phi\}j + nk \end{aligned} \tag{4-94}$$

其中 $\Gamma_1 = n - 1$。运算中,只保留了一阶微量,略去了二阶微量。同样,利用式(1-21)和式(1-22)计算出光线 a'_1 经第二块光楔第二面折射后的出射光线 a'_2 为

$$\begin{aligned} a'_2 &= na'_1 + \Gamma_2 N'_2 \\ &= \Delta L i + \{\Delta M - 2\Delta\theta(n-1)\cos\phi\}j + k \end{aligned} \tag{4-95}$$

其中 $\Gamma_2 = 1 - n$。运算中,只保留了一阶微量,略去了二阶微量。用出射光线矢量 a'_2 减去入射光线矢量 a_0,可得到光线偏折的全部信息,即偏折方向和偏折大小。结果为

$$a'_2 - a_0 = -\{2\Delta\theta(n-1)\cos\phi\}j \tag{4-96}$$

式(4-96)表明,转动双光楔偏折角 δ 为

$$\delta = 2\Delta\theta(n-1)\cos\phi \tag{4-90}$$

且表明,当光楔转角在范围 $0° \leqslant \phi \leqslant 90°$ 内时,出射光线向负 y 轴方向偏折;当转角在范围 $90° < \phi \leqslant 180°$ 内时,出射光线向 y 轴正方向偏折。即在转动双光楔处于一般工作状态时,虽然两块光楔的主截面并不重合,近(转)轴光线通过转动双光楔后的偏折光线较之入射光线只有 yz 平面内的偏折,而无 xz 平面内的偏折。

习 题

1. 以①一次反射的直角棱镜、②两次反射的直角棱镜、③直角屋脊棱镜为例,画出它们的轴测图并分别指出它们的入射面、出射面、主截面、工作面和非工作面。

2. 画出①一次反射的直角棱镜、②二次反射的直角棱镜、③直角屋脊棱镜、④五角棱镜、⑤列曼棱镜、⑥列曼屋脊棱镜的主截面图,并判断它们各自的成像方向。

3. 试问,所有的反射棱镜展开以后都是一块平行平板玻璃吗?并举实例说明。

4. 分别计算如下棱镜的展开长度,假定它们的入射面口径都是 10mm:①一次反射的直角棱镜、②二次反射的直角棱镜、③直角屋脊棱镜、④五角棱镜、⑤列曼棱镜、⑥列曼屋脊棱镜。

5. 分别计算出如下棱镜的特征方向:①一次反射的直角棱镜、②二次反射的直角棱镜、③直角屋脊棱镜、④五角棱镜、⑤列曼棱镜、⑥列曼屋脊棱镜。

6. 在参考文献 2、4 或 23 中找出如下所列的各棱镜,画出主截面图,列出各工作面间的角度参数,并写出它们各自的作用矩阵:①列曼屋脊棱镜 LⅢ$_J$—0°、②等腰屋脊棱镜 DⅢ$_J$—45°、③屋脊棱镜 DⅢ$_J$—180°、④复合棱镜 FY$_J$—60°、⑤复合棱镜 FP$_J$—0°、⑥别汉屋脊棱镜 FB$_J$—0°、⑦阿贝屋脊棱镜 FA$_J$—0°。

7. 在参考文献 2、4 或 23 中找出如下所列的各棱镜,画出主截面图,列出各工作面间的

角度参数,并写出它们各自的作用矩阵:①列曼棱镜 LⅢ—0°、②等腰棱镜 DⅢ—45°、③等腰棱镜 DⅢ—180°、④别汉棱镜 FB—0°、⑤阿贝棱镜 FA—0°、⑥潜望棱镜 FQ—0°、⑦复合棱镜 FY—60°。

8. 分别计算出如下棱镜的最大像倾斜方向:①一次反射的直角棱镜、②二次反射的直角棱镜、③直角屋脊棱镜、④五角棱镜、⑤列曼棱镜。

9. 试证明,表述一对屋脊面对光线反射作用的作用矩阵可以等效为以屋脊棱为法线的一平面反射镜对光线的反射矩阵乘以—1。

10. 分别计算出道威棱镜、直角屋脊棱镜的光学平行度。

参 考 文 献

[1] Lian Tongshu. Theory of Conjugation for reflecting Prisms[M]. Oxford:IAP,1991.
[2] 连铜淑. 棱镜调整[M]. 北京:国防工业出版社,1978.
[3] 连铜淑. 反射棱镜共轭理论[M]. 北京:北京理工大学出版社,1988.
[4] 袁旭沧. 应用光学[M]. 北京:国防工业出版社,1973(及 1979,1988 等版).
[5] 何绍宇,郑长英. 棱镜位移和微量旋转引起的光路变化[A]. 见:第一机械工业部情报所. 光学设计文集[M]. 北京:第一机械工业部情报所,1973:243-256.
[6] 唐家范. 四元数在光学仪器中的应用[J]. 云光技术,1975(4).
[7] Hopkins R E. Geometrical Optics and Optical Design[A]. In:U. S. Military Handbook[M]. Sinclair Optics,1987:1-52.
[8] 毛文炜. 棱镜调整的矩阵分析[J]. 云光技术,1981(5):1-12.
[9] 毛文炜. 反射棱镜作用矩阵的特征值和特征向量[J]. 光学仪器,1987,9(3):1-5.
[10] 毛文炜,王民强,连铜淑. 新基下的棱镜作用矩阵[J]. 清华大学学报,1993,33(2):106-109.
[11] 毛文炜. 棱镜转动定理[J]. 清华大学学报,1994,34(2):108-112.
[12] Mao Wenwei. Adjustment of Reflecting Prisms[J]. Optical Engineering,1995,34(5):79-82.
[13] 毛文炜. 反射棱镜的制造误差与调整[J]. 清华大学学报,1996,36(10):73-79.
[14] 毛文炜. 棱镜制造误差造成的光路变化与调整[J]. 清华大学学报,1997,37(11):87-89.
[15] Mao Wenwei. Error and Adjustment of Reflecting Prisms[J]. Optical Engineering,1997,36(12):3367-3371.
[16] 毛文炜. 位于平行光路中的光楔产生的畸变[J]. 清华大学学报,1999,39(4):42-45.
[17] 毛文炜. 棱镜第二光学平行度所致的畸变与像倾斜[J]. 清华大学学报,1999,39(4):46-48.
[18] Mao Wenwei,Xu Yuxian. Distortion of Optical Wedges with a Large Angle of Incidence in a Collimated Beam[M]. Optical Engineering,1999,38(4):1-6.
[19] Mao Wenwei,Wang Boxiong. Analysis of Slyusarev Optical Wedge Distortion[M]. Optical Engineering,2000,35(6):1722-1724.
[20] 毛文炜. 刚体定点转动的欧拉定理[M]. 大学物理,1988(4):15-16.
[21] 连铜淑. 论我国棱镜调整理论中的"刚体运动学"体系[M]. 北京:北京工业学院工程光程系,1983.
[22] Hopkins R E. Mirror and prism system[A]. In:Applied Optics and Optical Engineering Vol. Ⅲ[M]. R Kingslake Ed. New York:Academic Press Inc. ,1965.
[23] 李士贤,李林. 光学设计手册[M]. 北京:北京理工大学出版社,1996.
[24] Smith W J. Modern Optical Emgineering[M]. New York:The McGraw-Hill Companices,Inc. ,2008.
[25] 云南光仪厂设计科. 反射棱镜的光学平行差[J]. 云光技术,1974(1):24-44.
[26] 连铜淑. 反射棱镜与平面镜系统——光学仪器的调整与稳像[M]. 北京:国防工业出版社,2014.

5 常用光学系统

放大镜、显微镜、望远镜是一些常用的典型光学系统,它们常与人眼联用,将人眼作为这些光学系统传递过来的图像信息的接收系统,并由此扩大了人眼的功能,借助于它们,人眼能看清更为细小的物体,或看到处于更远的物体。另外,这些光学系统也常用在别的场合,例如在激光光束学中所用的扩束系统本质上是一个望远镜系统。

本章先叙述简眼,即从几何光学的角度简述人眼这个光学系统的结构与功能,然后讨论放大镜、显微镜、望远镜的工作原理,以及与其工作原理密切相关的视觉放大率,及各光学系统的结构和特征。

5.1 简 眼

1. 简眼结构

眼睛是一种重要的感觉器官。来自外界物体的光线进入眼内,落在视网膜上,引起人对其形状、颜色、位置等的感觉。人眼的解剖结构相当复杂,但从几何光学的角度看,它可以等效成一架照相机系统,它的晶状体及对光线有折射作用的部分合起来相当于一个变焦距照相机镜头,人眼的瞳孔相当于照相机的光圈,接受信息的视网膜的作用等同于记录图像的胶片,如图 5-1 所示,其中角膜是人眼最外面的透明球面,本身厚度不到 1mm(以后画简眼时可以略去角膜不画);在几何光学的初步分析中,可等效将人眼对光线有折射作用的所有光焦度集中在晶状体上。

在眼科学的研究中,为了计算和测定人眼的成像过程,常采用简眼结构,等同于理想光学系统的主点(H, H')、节点(N, N')和焦点(F, F')的相关参数如图 5-2 所示。

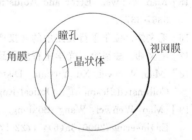

图 5-1 简眼结构示意图

2. 眼睛的调节

人眼晶状体到视网膜的这段距离解剖学上称为后室长度,对于具体的每一个人来说,这段距离是确定不变的。因为只有外界的物体通过晶状体的成像作用将它们成像在视网膜上,大脑才能接受到清晰的信息。从几何光学讲,眼睛这个光学系统的像距是一定的,人眼通过调整晶状体的焦距将不同物距位置上的物体成像在视网膜上。人眼的这个功能称为调节。正常

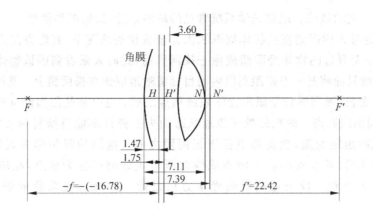

图 5-2 简眼光学系统的相关参数(单位 mm)

人的眼睛,处于完全放松的无调节状态时,位于无穷远的物体成像在视网膜上。这时,人眼的像方焦点位于视网膜上。由于此时人眼处于放松状态,所以看远处的物体时人眼不易疲劳。这是绝大多数与人眼联用的目视光学仪器将它的像成在无穷远处的原因。

人眼的调节能力常用屈光度这个单位衡量。人眼通过自身的变焦作用,能将人眼前方多近的物体清晰地成像在视网膜上,这个距离称为人眼的近点距离。设近点距离为 l,并以 m 为单位,则取 l 的倒数 $\frac{1}{l}$ 表示人眼的调节能力,其单位为屈光度。例如一年轻人,通过自己眼睛的变焦作用,可以将眼睛前方 -0.1 m 以外的物体清晰地成像在视网膜上,我们就说他有 -10 个屈光度的调节能力。人眼的调节能力视不同的年龄段而有所不同,对于正常人眼其统计数据如表 5-1 所示。

表 5-1 不同年龄段的人眼调节范围

年　　龄	最大调节能力/屈光度	近点距离/m
10	-14	-0.07
15	-12	-0.083
20	-10	-0.10
30	-7	-0.14
40	-4.5	-0.22
50	-2.5	-0.40

3. 眼睛的适应

根据周围环境的照明情况不同,人眼瞳孔开启的大小也不一样。如在室外,阳光普照,照明条件好,则人眼瞳孔自动收缩,不让过多的光能进入眼睛,以免视网膜受到过度刺激;又如在黑暗的房间里,照明条件不好,则人眼瞳孔自动放大,让较多的光能进入眼睛而尽可能收集到较多的信息。人眼瞳孔大小能随外界照明条件而自动变化的功能称为眼睛的适应。一般人眼的瞳孔直径在 2~8mm 的范围内变动。

4. 眼睛的缺陷

正常人的眼睛在晶状体周围肌肉完全放松的自然状态下,将无穷远的物体成像在视网膜上,这时眼睛光学系统的像方焦点就落在视网上了。但不是所有人的眼睛都是这样的,有些人的眼睛有一定的缺陷。眼睛光学系统常见的缺陷是近视、远视和散光。

(1) 有一部分人的眼睛在晶状体周围肌肉完全放松的情况下，其像方焦点位于视网膜的前面，即位于无穷远的物体经眼睛成像于视网膜前，此时人眼看到的该物体是模糊不清的。这样的眼睛只能将某一有限距离以内的目标清晰地成像在视网膜上。其原因可能是眼睛的后室天生太长，视网膜位于眼睛光学系统焦点之后；也可能是因为经常观察近距离目标，使晶状体周围的肌肉长时期的处于收缩状态而失去弹性不能再恢复到放松状态，导致眼睛光学系统的焦距变短，使得焦点位于视网膜之前。这样的眼睛称为近视眼，在它完全处于放松状态时，能在视网膜上清晰成像时所对应的物点称为远点，相应的物方距离称为近视眼的远点距。校正近视眼的光学方法是戴一副光焦度为负的眼镜，如图 5-3 所示。

无穷远物体经这个负透镜成像在眼睛前方某一有限距离处，使得眼睛在放松状态下将负透镜的这个像再经其成像在视网膜上，从而清晰地看到了无穷远的目标。例如某人的眼睛在放松状态下只能将位于眼睛前方 0.5m ($l=-0.5$m) 处的物体成像在视网膜上，就说此人眼睛的远点距为 -0.5m。通常采用近视眼的远点距离所对应的屈光度表示近视的程度，即近视程度为

$$\frac{1}{-0.5\text{m}} = -2 \text{ 屈光度} = -200°$$

这里采用了眼镜店中常用的计量单位，即 -1 屈光度 $= -100°$。要校正此人的近视眼，可以戴一副焦距 $f'=-500$mm 的眼镜。

(2) 远视眼，就是在眼睛肌肉完全放松的状态下，其像方焦点位于视网膜之后。其原因可能是眼睛后室太短，也可能是因为人的年龄增大眼睛肌肉弹性减弱所致。这时，能在视网膜上清晰成像的物点位于眼睛之后，即远视眼的远点在它的眼睛后面。校正的方法是戴一副正光焦度的眼镜，给光焦度较"弱"的眼睛增加一点正光焦度。如图 5-4 所示。

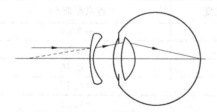

图 5-3 近视眼及近视眼的校正

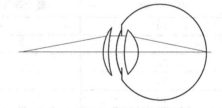

图 5-4 远视眼及远视眼的校正

具有远视缺陷的人眼通过自身的调节是可以将一定近距的物体成像在视网膜上的，在它发挥了最大调节能力的情况下，视网膜上清晰成像所对应的物方距离被称为远视眼的近点距离。

(3) 眼睛可能有的另外一种缺陷是散光。存在这种缺陷时，眼睛不再是一个以光轴为对称轴的旋转对称系统，在包含光轴在内的两个相互正交的平面内眼睛的光焦度是不相等的。校正的方法是戴一副柱面或轮胎面的眼镜。

5. 眼睛的分辨本领

已经知道，视网膜在人眼中起接收器的作用。由于视网膜上的视觉神经细胞有一定的

大小,所以人眼能分辨出外界两个点(靠得很近)的能力一定是有限的,将人眼的这种能力称为眼睛的分辨率。将刚能分辨的物方两点对眼睛物方节点的张角称为极限分辨角,通常以这个极限分辨角来描述人眼的分辨率。统计数据显示人眼的极限分辨角约为 $1'$。

5.2 放 大 镜

到钟表店去修表,师傅要戴上一块镜子仔细瞧看表壳内的结构与零件;在古玩店,行家们往往用一块镜子仔细观察古瓷的花色与纹路;在战争影片中,往往有军事指挥员用一块镜子仔细在地图上寻找着什么。他们所用的这些镜子有一个很形象的名字,叫放大镜。一般情况下,放大镜是一块焦距小于 100mm 的正光焦度镜头。

1. 放大镜的工作原理和视角放大率

一定大小的近距物体,它对人眼的张角称为视角。物距不同,同样大小的物体对人眼的张角不同。近者视角大,它在人眼中成的像就大,就感到人眼看到的物体大;远者视角小,它在人眼中成的像就小,就感到人眼看到的物体小。人们观看近距物体时,也不是将物体放得离人眼愈近感觉就愈好,通常将物体放在人眼前约 250mm 处,此时看到的物体不算很小且眼睛也感到舒适。在几何光学中,—250mm 这个距离称为明视距离或较佳视距。

那么放大镜是如何起到"放大"作用的呢?设物高为 y,放在明视距离—250mm 处,则物体对人眼的张角 ω 的正切为

$$\tan\omega = \frac{y}{-l} = \frac{y}{-(-250)} \tag{5-1}$$

如图 5-5 所示。

若将这个物高为 y 的物体先放在一块焦距为 $f'(f'>0)$ 的透镜的前焦平面附近,为简单计假定将它放在前焦平面 F 处。如图 5-6 所示。

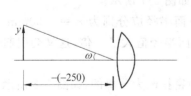

图 5-5 物体位于明视距离处对人眼的张角

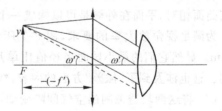

图 5-6 放大镜的工作原理

此时物体经这块透镜成像在无穷远处。人眼再去看这个位于无穷远的像,则这个位于无穷远处的像对人眼张角 ω' 的正切为

$$\tan\omega' = \frac{y}{f'} \tag{5-2}$$

此处已利用了这块透镜的物空间与像空间为同一介质(即空气)时成立的关系 $-f=f'$。显然,如果所用镜头的焦距 f' 小于明视距离值,则通过短焦透镜成在无穷远处的像对人眼的张角 ω' 大于物处于明视距离处对人眼的张角 ω,人眼感觉到利用它观察到的物体总比人眼直接看到的大。其实质是,利用短焦距($f'<|-250|$mm)的透镜后人眼视网膜上的像大,

相比而言，人眼直接看物体时人眼视网膜上的像小。这块透镜称为放大镜。

由此定义，$\tan\omega'$ 与 $\tan\omega$ 之比为视角放大率，用 $\varGamma$ 表示，即

$$\varGamma = \frac{\tan\omega'}{\tan\omega} \tag{5-3}$$

将上述有关放大镜 $\tan\omega'$ 和 $\tan\omega$ 的式(5-1)和式(5-2)代入，即得到放大镜的视角放大率公式为

$$\varGamma_e = \frac{250}{f'} \tag{5-4}$$

很清楚，放大镜的焦距愈短则它的视角放大率愈大。这一点从上述图示的放大镜工作原理中不难看出。

2. 简单放大镜的设计

试设计一个 $5^\times$（即 $\varGamma_e = 5$）放大镜。由式(5-4)知，放大镜的焦距 f' 为 50mm。设这个放大镜由一块薄透镜构成，则其面形的搭配应服从薄透镜的焦距公式 $\frac{1}{f'} = (n-1)\left(\frac{1}{r_1} - \frac{1}{r_2}\right)$，如前述这里 n 为透镜材料的折射率，采用常用光学玻璃，近似为 $n = 1.5$；r_1, r_2 分别为透镜前后两面的球面半径，设第一面为平面，即 $r_1 = \infty$，则据此式可求出第二面的半径 r_2 为 -25mm。这样我们就完成了一个简单放大镜的设计。不过细想一下还是有些问题需要进一步探讨：

(1) 这里一个焦距要求由两个面形变量搭配完成，从解析角度看，面形可以有多种选择，如何选择其结果才更佳呢？确实这里一个自由度是冗余的，这在工程设计中是好事而非坏事，因为可利用这个冗余的自由度去满足其他要求。例如可以利用它减小像差，当然这些内容已属于光学镜头设计的范畴了，现在不予讨论。

(2) 前面用一块透镜做成了所需要的放大镜，那么可不可以用密接的两块单透境做成这个放大镜呢？它与一块透镜做成的放大镜又有什么不同呢？的确，用两块平凸透镜密接，令其凸面相对，平面在外侧是可以构成一个放大镜的，如图 5-7 所示。

为满足视角放大率的要求，图 5-7 所示的两个凸面半径应分别为 $r_2 = -50$mm，$r_3 = 50$mm。显然它们的最小球面半径值比单片的最小球面半径值大了一倍，这又会引起什么不同？这也涉及到了"像差"方面的内容，暂不讨论。

(3) 将这两块透镜间的空气间隔变动，即将它们由密接改为分离的，如图 5-8 所示。则此放大镜的视角放大率不是又可以在一定范围内调整了吗？

图 5-7 两块密接透镜构成的放大镜　　图 5-8 两块分离透镜构成的放大镜

(4) 我们听说过有 $100^\times$ 的放大镜吗？似乎没有听说过。那是为什么呢？试想如果放大镜的视角放大率要做到 $100^\times$，据式(5-4)有其焦距 f' 为 2.5mm。用单片构成，其面形半径不过 1.3～2.5mm 左右；用双片构成，其面形球面半径也不过在 2.5～5mm 左右。因此这个放大镜垂直于光轴的横向口径最大也不超过 10mm，我们看见过口径这么小的放大镜吗？

没有。显然要做太高倍数的放大镜是有很多问题的。

(5) 为什么在导出式(5-4)时,物体一定位于放大镜的前焦面处呢?物体位于放大镜的前焦面内时不也成一放大的像供人眼观察吗?此时,放大镜的视角放大率还可用式(5-4)表示吗?是的,人们使用放大镜时物体往往位于放大镜的前焦面附近,而非一定严格地位于前焦面处。这时式(5-4)仍然适用。请读者根据视角放大率的定义自行导出这个结论。

这一节通过讨论放大镜的工作原理引出了视角放大率的概念,应该说在与人眼联用的目视光学系统中(例如刚刚讨论过的放大镜,以及将要讨论的显微镜和望远镜等光学系统),视角放大率是一个重要概念,我们应该清楚它与横向放大率、角放大率的区别。

5.3 显微镜的工作原理

显微镜也是眼睛的辅助工具,它主要是被用来观察近距物体的微小细节,其广泛应用于各种科学和技术领域,是一种极为重要的目视光学仪器。

1. 显微镜的工作原理

显微镜和放大镜起着相同的作用,就是将近距微小的物体成一放大的像,该像对人眼的张角远远大于人眼直接看该物时的视角。二者不同的是,放大镜的放大率不高,一般在15×以下;而显微镜的视觉放大率却可以达到1000多倍。放大镜组成结构较为简单,一般只是一组镜头,本质是一次放大;而显微镜组成结构就较为复杂,一般是两组镜头,本质是二次放大。

显微镜的二次放大原理是先利用一块焦距较短的镜头将微小的物体成一放大的实像,即将物体横向放大若干倍,然后再利用一块"放大镜"去观察这个已被横向放大了的一次像。如图5-9所示。

图 5-9 显微镜的结构

设微小物体的物高为 y,则人眼直接看它时视角 ω 的正切为 $\tan\omega = \dfrac{y}{-(-250)}$;又设第一块透镜的横向放大的倍率为 β,则一次实像高为 βy;当用一块焦距为 f'_e 的"放大镜"再去放大这个实像时,如前所知,若这个一次实像位于"放大镜"的前焦平面上,则人眼看到的这个位于无穷远处的最终像对人眼张角 ω' 的正切 $\tan\omega'$ 为

$$\tan\omega' = \frac{\beta y}{-(-f'_e)}$$

所以,该显微镜的视角放大率 Γ_m 为

$$\Gamma_m = \frac{\tan\omega'}{\tan\omega} = \frac{\beta y/f'_e}{y/250} = \beta\frac{250}{f'_e} \tag{5-5}$$

在这个由两组镜头构成的显微镜系统中,第一组镜头是朝向物体的,称为物镜,而第二组镜头即"放大镜"是朝向人眼的,称为目镜。

在式(5-5)中,视角放大率由两部分构成,第一部分是物镜的横向放大率,第二部分是目镜的视角放大率,由此得到重要结论,显微镜的视角放大率是物镜横向放大率与目镜视角放大率的乘积,这一结论从物理上看,是很自然的。

在显微镜系统中,由于物体经物镜所成的一次实像一般落在目镜的前焦平面上,则目镜前焦平面与物镜后焦平面之间间隔和物镜焦距之比即为物镜的横向放大率。目镜前焦平面与物镜后焦平面之间的距离称为显微镜系统的光学筒长,通常用希腊字母 Δ 表示。根据第 3 章理想光学系统中横向放大率公式的牛顿形式,式(5-5)可改写成如下的形式:

$$\Gamma_m = -\frac{\Delta}{f'_o} \frac{250}{f'_e} \tag{5-6}$$

其中,f'_o 是物镜的焦距,f'_e 是目镜的焦距。又根据第 3 章理想光学系统两透镜合成焦距公式知,式中的 $-\frac{f'_o f'_e}{\Delta}$ 是显微镜系统的合成焦距 f'_m。这样式(5-6)又可写成 $\Gamma_m = \frac{250}{f'_m}$,显然显微镜系统视角放大率的这个表示形式与放大镜视角放大率的表示形式完全一致,意味着显微镜系统在原理上是一块复杂化了的放大镜。

2. 简单显微镜系统的设计

例 5.1 试设计一显微镜系统,要求其视角放大率为 $-50^\times$,并要求物镜的物像共轭距为 180mm。

第一个问题是总的视角放大率如何在物镜和目镜之间合理分配?即物镜承担多少横向放大倍数,目镜承担多少视角放大倍数?对于初学者,可以从两个途径找到答案:一是翻翻有关显微镜物镜、目镜基本参数的书籍,二是可以到实验室去看看现有的各种目镜及显微物镜的倍数。你会发现目镜常有的倍数为 $10^\times$,$15^\times$;而物镜覆盖的倍率范围很广,有 $3^\times$,$5^\times$,$10^\times$,$40^\times$,$60^\times$,$100^\times$ 等。这样,我们可以选择物镜的倍率为 $-5^\times$,目镜的倍率为 $10^\times$。

先求解物镜。如图 5-10 所示是物镜的物像关系。

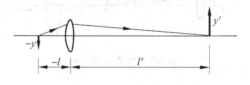

图 5-10 显微物镜的物像关系

根据要求列出两个相关的关系式

$$\beta = \frac{l'}{l} = -5$$

$$-l + l' = 180\text{mm}$$

这里 l,l' 分别是物距和像距。解之有

$$l = -30\text{mm}$$

$$l' = 150\text{mm}$$

利用高斯形式的物像关系式 $\frac{1}{l'}-\frac{1}{l}=\frac{1}{f'_o}$ 求得物镜的焦距 f'_o 为

$$f'_o = 25\text{mm}$$

再求解目镜。已经知道，目镜实质上就是一块放大镜，故利用式(5-4)并将 $\Gamma_e=10^\times$ 代入得目镜的焦距 f'_e 为

$$f'_e = 25\text{mm}$$

做两块焦距皆为 25mm 的透镜，一块作物镜，另一块作目镜，二者间隔为 175mm，并放在同一根旋转对称轴上。这就是我们设计的总视角放大率为 $-50^\times$ 的简单显微镜。

例 5.2 试设计一台显微镜，间距为 0.001mm 的两点经这台显微镜所成的像对人眼的张角为 $2'$。

人眼直接看这间距为 0.001mm 两点时，其对人眼的张角 ω 的正切 $\tan\omega$ 为

$$\tan\omega = \frac{0.001}{-(-250)} = 4\times 10^{-6}$$

所以，要设计的显微镜的视角放大率应为

$$\Gamma_m = \frac{\tan\omega'}{\tan\omega} = \frac{\tan 2'}{4\times 10^{-6}} = 145.45 \approx 150^\times$$

可以有两种倍率分配方案：一种方案取物镜 $\beta=-10^\times$，目镜 $\Gamma_e=15^\times$；另一种方案可取物镜 $\beta=-15^\times$，目镜 $\Gamma_e=10^\times$。

例 5.1 的设计中，对物镜的设计给了一个物像共轭距的限制尺寸。这是有实际意义的。绝大多数的显微镜，其物镜和目镜各有数个，组成一套，以便通过调换获得各种放大倍率。一般物镜有 4～5 个，其放大倍率分别为 $3^\times$ 或 $5^\times$，$10^\times$，$40^\times$，$100^\times$。目镜一般有 3 个，放大倍率分别为 $5^\times$，$10^\times$，$15^\times$。这样整个显微镜就能有从最低的到最高的多种不同的放大率。在使用中为了能使放大率迅速地改变，在显微镜中，几个物镜可以同时装在一个旋转圆盘上，旋转该盘就能方便地选用不同放大率的物镜。为了能做到在调换物镜时，不需要做大的重新调焦（即调整物距以找到清晰像的过程）就能看到物体的像，则应要求不同倍率的物镜应该有相同的物像共轭距。在这种情况下，不同倍率的物镜焦距不同，倍率愈高则焦距愈短。

例 5.2 的设计中，我们要求间距为 0.001mm 的两点经显微镜成像后对人眼的张角要满足 $2'$ 的要求，这是一个根据人眼分辨能力确定显微镜基本参数的例子。已经知道，人眼的分辨率为 $1'$，这是极限数据，工程设计时要放大一些，取 $2'$。这样通过显微镜人眼才能分辨出物方是间距为 0.001mm 的两个点，而不会将它们误认是一个点。

3. 显微镜的视度调节

已经知道，除正常人眼外，人眼常有近视和远视等缺陷。人眼近视或远视的程度称为视度。一般的显微镜除适合于正常人眼使用外，还适用于一定视度范围内的近视眼或远视眼，也就是说他们使用显微镜时也不必戴眼镜。

通过将目镜沿光轴方向移动适当的距离，使显微镜所成的像不再位于无限远，而位于眼睛前方或后方的一定距离上，以适应近视或远视眼的需要，弥补眼睛有近视或远视的缺陷者，就是显微镜的视度调节。

正常人眼观察位于无限远物体时处于完全放松状态，所以要求显微物镜所成的一次像

位于目镜的物方焦点处,如图5-9所示。对于近视眼,显微镜所成的像应位于近视眼的远点上。为达到这个要求,将目镜向前调节,使物镜所成的像位于目镜物方焦点以内,通过目镜以后在前方成一视度为负的虚像,此虚像再通过近视眼正好成像在视网膜上,如图5-11所示。

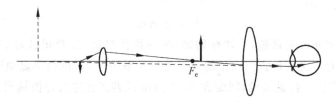

图 5-11 适用于近视眼的视度调节

对于远视眼,将目镜向后调节,物体经显微镜后将像成在整个系统的后方,视度为正,再通过远视眼正好成像在视网膜上,如图5-12所示。

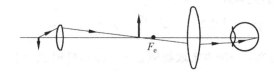

图 5-12 适用于远视眼的视度调节

现在求视度和目镜调节量之间的关系。设人眼位于目镜像方焦面附近,并假定要求显微镜的视度值为SD,则要求远点距为

$$x' = \frac{1000}{SD}$$

根据牛顿公式有

$$x = \frac{-f_e'^2}{x'} = \frac{-SD f_e'^2}{1000}$$

式中 f_e' 为目镜的焦距,x 为目镜的移动量。例设显微镜的目镜为10倍,则其焦距 f_e' 为25mm,戴-200°眼镜的使用者摘掉眼镜后要将目镜前移1.25mm就能看到清晰像。

一般显微镜的视度调节范围为±5屈光度。绝大多数都采用目镜的移动来调节视度,视度的分划直接刻在目镜圈上。

值得指出的是,这里说的显微镜的视度调节原理与计算同样适用于后面要讲的望远镜。

5.4 望远镜的工作原理

望远镜是一种观察远距离物体的目视光学仪器。它能将物方本来很小的物体张角放大,使之在像方空间具有较大的张角。

1. 望远镜的工作原理

望远镜系统一般由两组透镜构成,其中前一个光组的后焦点与后一个光组的前焦点重合,光学间隔为零。它使入射的平行光束仍保持平行地射出光学系统。如图5-13所示。

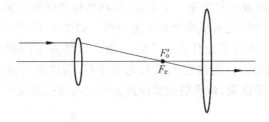

图 5-13　望远镜系统的结构

望远镜系统中,前一组透镜朝向物体,称为物镜;后一组透镜朝向人的眼睛,称为目镜。经物镜所成的一次像落在物镜的焦平面上,由于光学间隔为零,所以一次像也在目镜的前焦平面上。

设一次像高为 y',物镜的焦距为 f'_o,目镜的焦距为 f'_e。不用望远镜时,远处的物体对人眼的张角为 ω;采用望远镜后,物体在像空间的像对人眼的张角为 ω'。据图 5-14 则有

$$\tan\omega = -\frac{y'}{f'_o}$$

$$\tan\omega' = \frac{y'}{f'_e}$$

所以望远镜的视角放大率 Γ_t 为

$$\Gamma_t = \frac{\tan\omega'}{\tan\omega} = -\frac{f'_o}{f'_e} \tag{5-7}$$

这个结果告诉我们,望远镜的视角放大率仅与物镜的焦距和目镜的焦距之比有关,物镜焦距比目镜焦距越长,则望远镜的视角放大率越高。当物镜和目镜都是正光焦度的透镜时,式(5-7)中的负号表示望远镜所成的像是倒像。这一结论从图 5-14 中不难看到,在物镜前轴外点发出的光束是从光轴下方来的,而这个光束出了目镜后是从光轴上方射向光轴下方的。

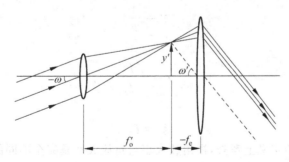

图 5-14　望远镜中的轴外光束走向

2. 望远镜系统的特点

由于光学间隔等于零,给望远镜系统带来了几个很显著的特点。

(1) 望远镜系统是一个无焦系统。它们的主面 (H, H') 在无穷远,它们的合成焦距 f' 无穷大。因为当入射光束平行于光轴入射时,相应的出射光束也是与光轴平行的,即所谓平行光入射,平行光出射。

(2) 整个系统的横向放大倍率是一个定数,与物体位于何处无关,即系统的横向放大率不再是物距的函数。这个结论可从两个角度去说明。如图 5-15 所示,和光轴平行且投射高度为 y 的入射光线,可以看作是由任意一个物平面上物高为 y 的物点上发出的,当然其出射光线一定通过相应的像点。而出射光线与光轴平行,所以无论像平面位于何处,其像高 y' 应该是处处相等的。所以说,该系统的横向放大率与物体位置无关。

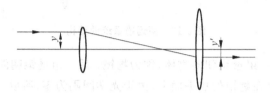

图 5-15 望远镜系统中平行于光轴的光线

从分析角度去考查,设物体距离物镜物方焦点为 x_1,其像距离物镜像方焦点为 x_1'。又设经物镜所成的这个像距离目镜物方焦点为 x_2,根据牛顿形式的横向放大率关系式有

$$\beta_o = -\frac{x_1'}{f_o'}$$

$$\beta_e = -\frac{f_e}{x_2}$$

在理想光学系统部分提到过,整个系统的横向放大率是各光组横向放大率的乘积。并且考虑到望远镜系统光学间隔为零,即 $x_2 = x_1'$。有

$$\beta = \beta_o \beta_e = \frac{x_1'}{f_o'} \frac{f_e}{x_2} = -\frac{f_e'}{f_o'} \tag{5-8}$$

说明望远镜系统的横向放大率只与目镜和物镜的焦距之比有关,而与物体所处的位置无关。

(3) 在望远镜系统中,视角放大率与角放大率相等。根据理想光学系统中横向放大率 β 与角放大率 γ 的关系知

$$\gamma = \frac{1}{\beta}$$

将式(5-8)代入有

$$\gamma = -\frac{f_o'}{f_e'}$$

与式(5-7)相比知

$$\gamma = \Gamma_t$$

值得指出的是,从原始定义上考查,视角放大率与角放大率是完全不同的两个概念。

(4) 在望远镜系统中,轴向放大率也只与物镜和目镜焦距之比有关。利用理想光学系统中轴向放大率与横向放大率的关系有

$$\alpha = \beta^2 = \left(\frac{f_e'}{f_o'}\right)^2$$

综上所述,在望远镜系统中,视角放大率、横向放大率、轴向放大率和角放大率都与物体位置无关,而只与物镜和目镜焦距之比有关,这是与一般光学系统的不同之处。

3. 望远镜系统的两种结构

在望远镜系统中，物镜总是正光焦度的光组，而目镜的光焦度可正可负，从而构成了望远镜系统的两种型式，即正光焦度目镜的开普勒望远镜系统和负光焦度目镜的伽利略望远镜系统，如图 5-16 所示，容易比较出这两种望远镜系统各自的特点。

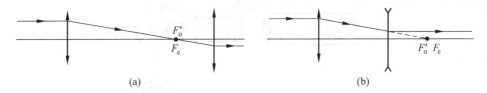

图 5-16　望远镜系统示意图
(a) 开普勒望远镜系统；(b) 伽利略望远镜系统

(1) 若设入射的轴外点光束是从光轴下方射向光轴上方，则经过望远镜系统后，从开普勒望远镜中出射的相应光束是从光轴上方射向光轴下方，所以开普勒望远镜成倒像；而从伽利略望远镜中射出的相应光束仍然是从光轴下方射向光轴上方，所以伽利略望远镜不成倒像，如图 5-17 所示。

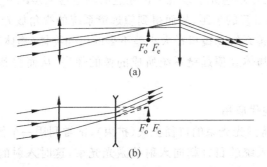

图 5-17　两类望远镜系统中的轴外光束走向
(a) 开普勒望远镜；(b) 伽利略望远镜

由式(5-7)的分析，也可以得出相同的结论，在开普勒望远镜中，$\Gamma_t<0$，所以成倒像；在伽利略望远镜中，由于 $f'_e<0$，所以 $\Gamma_t>0$，故不成倒像。

(2) 由于开普勒望远镜系统有一次实像面，所以可以在这个实像面处安放一把尺子（通常称为分划板）与实像比较，从而得到测量数据；显然伽利略望远镜系统没有这个一次实像面，所以它就不能用于测量。

(3) 望远镜系统中物镜第一面到目镜最后一面间的距离称为望远镜的筒长。由图 5-17 可见，尽管两类望远镜具有相同物镜焦距和相同的视角放大率值，但这两类望远镜系统的筒长是不一样的，伽利略望远镜的筒长一定小于开普勒望远镜的筒长。

4. 望远镜系统视角放大率的测量原理

利用前述望远镜视角放大率的定义，望远镜系统的结构特点以及望远镜系统的特有性质，从原理上讲可有三种测量望远镜系统视角放大率的方法。

(1) 利用两个平行光管按视角放大率的定义进行测量。其原理结构如图 5-18 所示。

图中两个平行光管的分划板上刻有相同的分划刻度,分划刻度经平行光管物镜成像于无穷远,给出了一束与光轴有一定夹角的平行光束。其中从一个平行光管出射的光束通过望远镜系统,而从另一个平行光管射出的光束直接提供人眼进行比较,从而测量出望远镜的视角放大率。

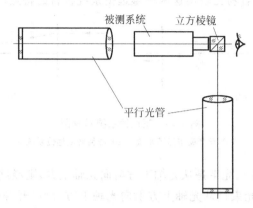

图 5-18　按定义测量望远镜系统视角大放率的装置

(2) 从原理上讲,利用理想光学系统中讲述过的测量透镜焦距的方法,可分别测量出望远镜系统物镜的焦距和目镜的焦距,从而得到望远镜系统的视角放光率。

(3) 将一个与望远镜系统物镜口径大小差不多的已知物体(物体高度已知)放在望远物镜附近,然后测出这个物体经望远镜系统所成的像的像高,从而得到望远镜系统的视角放大率。

5. 望远镜系统的现代应用

在激光光学中,为将激光光束的口径扩大(扩束),常常利用一个倒装的望远镜系统。所谓倒装,就是将望远镜系统的目镜朝向入射的激光光束,这时入射的激光光束的口径比较小,而从物镜出射的激光光束的口径就比较大了,相差的倍数正好是望远镜系统的视角放大率,如图 5-19 所示。

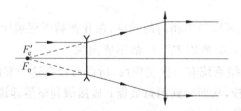

图 5-19　望远镜系统可用于扩大激光光束

激光光束是有一定发散角的,在这里可粗浅地理解为在激光光束中,不仅有平行于光轴的光束成分,也有与光轴有稍许夹角的平行光束,后者与光轴的夹角可粗浅地理解为发散角。值得注意的是,经扩束后这个发散角也以望远镜系统的视角放大倍率成倍地减小,在激光光学中称为准直。

习　题

1. 在第 2 章、第 3 章中定义了横向放大率 β，轴向放大率 α，角放大率 γ，这一章又引出了视角放大率 Γ，针对无焦系统简述它们的区别与联系。

2. 手头有两块焦距 $f'=100\text{mm}$ 的单薄透镜，现想由它们拼搭出视觉放大率 Γ 为 $4^\times$ 的放大镜，试问系统应如何配置？并画出系统结构简图。

3. 有一显微镜，物镜的放大率 $\beta=-40^\times$，目镜的倍率为 $\Gamma_e=15^\times$（均为薄透镜），物镜的共轭距为 195mm，求物镜和目镜的焦距、物镜和目镜间的间距和总倍率。

4. 用一个读数显微镜观察直径为 200mm 的圆形刻度盘，两刻划线之间对应的圆心角为 $6''$，要求通过显微镜以后两刻划线之间对应的视角为 $1'$，应使用多大倍率的显微镜？如果目镜的倍率为 $10^\times$，则物镜的倍率为多大？

5. 一架望远镜由一块焦距为 $f'_o=250\text{mm}$ 的物镜和一块焦距为 $f'_e=25\text{mm}$ 的目镜组成。如果希望对无穷远的物最终成像在无穷远，那么两块透镜间的间距为多少？此系统放大率为多少？

6. 有一架视角放大率为 $\Gamma=-6^\times$ 的开普勒望远镜，物镜和目镜之间有一块转像棱镜，共展开长度为 30mm，材料折射率为 1.5。将物镜和目镜都当成薄透镜的话，这架望远镜拉直后的筒长为 150mm，试求物镜和目镜的焦距。

7. 一个 $5^\times$ 伽利略望远镜，物镜的焦距为 120mm，当一个具有 $-1000°$ 深度近视眼的人用这一望远镜观察远物时，目镜应向哪个方向移动？移动多少距离？而当被 $500°$ 的远视眼的人观察时，目镜应向哪个方向移动？移动多少距离？

8. 一个显微镜系统，物镜的焦距 $f'_o=15\text{mm}$，目镜的焦距 $f'_e=25\text{mm}$（设均为薄透镜），二者相距 190mm，求显微镜的放大率和物体位置。如将此系统看成一个放大镜，其等效焦距和倍率是多少？

9. 一望远镜，长度为 160mm，倍率 $|\Gamma|=7$，求分别为开普勒望远镜和伽利略望远镜时，物镜和目镜的焦距。如果伽利略望远镜的物镜与开普勒望远镜的物镜焦距相同，问伽利略望远镜的长度是开普勒望远镜的多少分之一？

10. 有一双胶合望远镜物镜，其焦距 $f'_o=150\text{mm}$，最后一面到像方焦点的距离为 145mm，其后加入普罗型转向棱镜后，相当于加入了两块厚度各为 48mm 的平行平板，设棱镜材料折射率为 1.5，求此时像方主面和像方焦点离双胶合物镜最后一面的距离。若在此物镜前加上一个伽利略望远镜，问整个系统的焦距是多少？像方基点的位置有无变化？

参 考 文 献

[1] 袁旭沧. 应用光学[M]. 北京：国防工业出版社，1988.
[2] 安连生，李林，李全臣. 应用光学[M]. 北京：北京理工大学出版社，2000.
[3] Smith W J. Modern Optical Engineering[M]. Boston：The McGraw-Hill Companies，Inc.，2001.
[4] Ditteon R. Modern Geometrical Optics[M]. New York：John Wiley & Sons，Inc.，1998.
[5] 王之江. 光学设计理论基础[M]. 北京：科学出版社，1985.
[6] 胡家升. 光学工程导论[M]. 大连：大连理工大学出版社，2002.

[7] 中国大百科全书，物理学[M]. 北京：中国大百科全书出版社，1994.
[8] 王子余. 几何光学与光学设计[M]. 杭州：浙江大学出版社，1989.
[9] 周炳昆，高以智，陈倜嵘，等. 激光原理[M]. 北京：国防工业出版社，2000.
[10] Walker B H. Optical Engineering Fundamentals[M]. Bellingham, Washington：SPIE, 1998.
[11] Walker B H. Optical Design for Visual Systems[M]. Bellingham, Washington：SPIE, 2000.
[12] Smith W J. Practical Optical System Layout[M]. New York：McGraw-Hill, 1997.
[13] 《光学仪器设计手册》编辑组. 光学仪器设计手册(上册)[M]. 北京：国防工业出版社，1971.
[14] 李士贤，安连生，崔桂华. 应用光学 理论概要・例题详解・习题汇编・考研试题[M]. 北京：北京理工大学出版社，1994.

6 光学系统中的光束限制

实际光学系统与理想光学系统不同,其参与成像的光束宽度和成像范围都是有限的,其限制来自于光学零件的尺寸大小。从光学设计的角度看,如何合理地选择成像光束是必须分析的问题。光学系统不同,对参与成像的光束位置和宽度要求也不同。这里先简述光阑的类型、作用和相关的术语,然后以几种典型系统的简化模型为例分析成像光束的选择,并通过对这些具体系统的分析来掌握合理选择成像光束的一般原则。

6.1 光 阑

通常,在光学系统中用一些中心开孔的薄金属片来合理地限制成像光束的宽度、位置和成像范围。这些限制成像光束和成像范围的薄金属片称为光阑。如果光学系统中安放光阑的位置与光学元件的某一面重合,则光学元件的边框就是光阑。光阑主要有两类:孔径光阑和视场光阑。

1. 孔径光阑

(1) 孔径光阑的定义与作用。

进入光学系统参与成像的光束宽度与系统分辨物体细微结构能力的高低以及进入系统的光能多少密切相关,因此在具体的光学系统设计之前,这个系统物方孔径角的大小,或者说像方孔径角的大小应该已经确定。例如要设计一个横向放大率为 $-5^\times$ 的生物显微物镜,大致要求其物方孔径角 $u=-0.024$,即像方孔径角 $u'=0.12$,如图 6-1 所示。

值得指出,因为光路是可逆的,所以讨论正向光路的一切结论与讨论逆向光路的一切结论在本质上是完全相同的。虽然实际使用显微物镜时的光路总是由物到像按 β 放大的方向安排的,但在设计计算显微物镜时,为便于调整 β 并提高计算精度,分析的总是实际使用显微物镜时的逆向光路(即 β 是缩小的光路)。所以设计计算光路中的物、像是与实际使用时的物、像互易的。故通常说 $-5^\times$ 显微物镜,它的正向光路即是实际使用时的光路,横向放大率是放大的,而绘制分析计算这个光路时,绘制的总是实际使用时的逆向光路,即绘制的是 $\beta=-\left(\dfrac{1}{5}\right)^\times$ 的光路。也就是说分析 $\beta=-\left(\dfrac{1}{5}\right)^\times$ 的光路与分析 $\beta=-5^\times$ 的光路是等效的。例如前述的显微物镜,虽然说的是 $-5^\times$ 显微物镜,但以后总是按设计计算光路来表述物方和像方的,即说物方孔径角 $u=-0.024$,像方孔径角 $u'=0.12$。如图 6-1 所示。

上述对孔径角 u 大小的要求就是让这个锥角内的光线进入显微物镜,而将超过这个锥角的光线挡住而不参与成像。为此可以采用一个中间开有圆孔的金属薄片放在光路中起这个作用,如图 6-2 所示。这个限制轴上物点孔径角 u 大小的金属圆片称为孔径光阑。

图 6-1　$-5^\times$ 显微物镜的示意图　　　　图 6-2　限制孔径角的光阑

显然,对于仅限制 u 角大小的作用来说,孔径光阑可以安放在透镜前,如图 6-2 所示;也可以安放在透镜上,甚至可以安放在透镜后面,分别如图 6-3 和图 6-4 所示。而且三者对轴上物点光束宽度的限制作用是一样的,没有区别。

图 6-3　孔径光阑安放在透镜上　　　　图 6-4　孔径光阑安放在透镜后

但是,如果进一步考查轴外物点参与成像的光束,会从图 6-5 中看出:孔径光阑位置不同,轴外物点参与成像的光束位置就不同。因此更严格地说,限制轴上物点孔径角 u 的大小,或者说限制轴上物点成像光束宽度、并有选择轴外物点成像光束位置作用的光阑叫做孔径光阑。

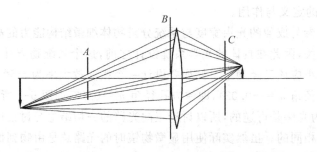

图 6-5　孔径光阑位置对轴外物点成像光束位置的选择

值得注意的是,孔径光阑位置不同,轴外物点发出并参与成像的光束通过透镜的部位就不同。例如孔径光阑在透镜前 A 处时,轴外物点发出并参与成像的光束通过透镜的上部;若孔径光阑位于透镜上 B 处时,轴外物点发出并参与成像的光束通过透镜的中部;若孔径光阑位于透镜后 C 处时,轴外物点发出并参与成像的光束则通过透镜的下部。同样可以看出,孔径光阑的位置将影响放过所有成像光束而需要的透镜口径大小。显然孔径光阑置于透镜上时,为放过所有轴上物点和轴外物点发出并参与成像的光束而需要的透镜口径是最小的。

(2) 入射光瞳和出射光瞳

当两个光学系统组合成一个系统时,除了前一个系统的像即为后一个系统的物这种物像传递关系外,前后两个系统的孔径光阑关系也要匹配,即两个孔径光阑对整个系统应该成另一对物像关系。我们将孔径光阑匹配问题的讨论放在以后进行,这里先定义与这个问题有关的两个术语,即所谓的入射光瞳和出射光瞳。

所谓光瞳,就是孔径光阑的像,孔径光阑经孔径光阑前系统所成的像称为入射光瞳;孔径光阑经孔径光阑后系统所成的像称为出射光瞳。例如图 6-6(a)所示的照相机镜头,中间粗实线所示的俗称光圈,就是这里所讨论的孔径光阑。

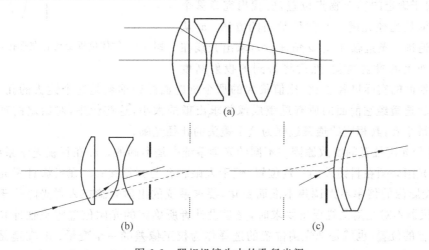

图 6-6 照相机镜头中的孔径光阑
(a) 孔径光阑示意图;(b) 孔径光阑与入射光瞳;(c) 孔径光阑与出射光瞳

孔径光阑经其前面的系统(即第一块正透镜和第二块负透镜合成的部分)成像,其像就是入射光瞳,如图 6-6(b)所示。从照相机镜头前面看到的孔径光阑就是这个入射光瞳。值得指出,图 6-6(b)是将入射光瞳作为物,孔径光阑作为像的画法。在实际求入射光瞳的位置时,总是将图 6-6(b)前后翻转,并从光阑中心追迹一条近轴光线找到入射光瞳,然后再前后翻转恢复成图 6-6(b)的表示。

孔径光阑经其后面的系统(即双胶镜)所成的像即为照相机镜头的出射光瞳,如图 6-6(c)所示。从照相物镜后面看到的孔径光阑就是照相机镜头的出射光瞳。

显然,孔径光阑、入射光瞳和出射光瞳三者是物像关系。在图 6-2 所示的光学系统中,孔径光阑在系统的最前边,系统的入射光瞳与孔径光阑重合,孔径光阑本身也是入射光瞳;在图 6-3 所示的光学系统中,孔径光阑就安放在透镜上,如果透镜可当薄透镜处理,则孔径光阑本身是系统的入射光瞳,也是系统的出射光瞳;在图 6-4 所示的光学系统中,孔径光阑在系统的最后面,因此系统的出射光瞳与孔径光阑重合,孔径光阑本身也是出射光瞳。

(3) 关于孔径光阑需要注意的几个问题。

① 在具体的光学系统中,如果物平面位置有了变动,我们需要仔细分析究竟谁是真正

起限制轴上物点光束宽度作用的孔径光阑？例如在图 6-7 所示的系统中，当物平面位于 A 处时，限制轴上物点光束最大孔径角的是图示的孔径光阑，而当物平面位置不在 A 处而在 B 处时，原先的"孔径光阑"形同虚设，真正起限制轴上物点孔径角 u 大小作用的是透镜的边框，这时透镜的边框是系统的孔径光阑。

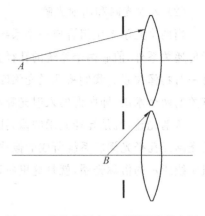

图 6-7 物体位置变动后谁是孔径光阑

② 如果几块口径一定的透镜组合在一起成为一个镜头，对于确定的轴上物点位置，要找出究竟哪个透镜的边框是孔径光阑。有两种常用的方法：a. 从轴上物点追迹一条近轴光线（u 角任意），求出光线在每个折射面上的投射高度，然后将得到的投射高度与相应折射面的实际口径去比，比值最大的那个折射面的边框就是这个镜头的孔径光阑。b. 将每一块透镜经它前面的所有透镜成像并求出像的大小，这些像中，对给定的轴上物点所张的角最小者，其相应的透镜边框为这个镜头的孔径光阑。

③ 孔径光阑位置的安放原则在不同的光学系统中是不同的。a. 在目视光学系统中，系统的出射光瞳必须在目镜外的一定位置，便于人眼瞳孔与其衔接；b. 在投影计量光学系统中，为使投影像的倍率不因调焦不准而变化，要求系统的出射光瞳或入射光瞳位于无限远处；c. 当仪器不对光阑位置提出要求时，光学设计者所确定的光阑位置应是轴外光束像差校正较完善的位置，也就是把光阑位置的选择作为校正像差的一个变量；d. 在遵循了上述原则后，光阑位置若还有选择余地，则应考虑如何合理地匹配光学系统各元件的口径。这些原则将在后面的相关部分中作进一步的具体分析。

2. 视场光阑

(1) 视场光阑的定义和作用。

在实际的光学系统中，不仅物面上每一点发出并进入系统参与成像的光束宽度是有限的，而且能够清晰成像的物面大小也是有限的。把能清晰成像的这个物面范围称为光学系统的视场，相应的像面范围称为像方视场。事实上，这个清晰成像的范围也是由光学设计者根据仪器性能要求主动限定的，限定的办法通常是在物面上或在像面上安放一个中间开孔的光阑。光阑孔的大小就限定了物面或像面的大小，即限定了光学系统的成像范围。这个限定成像范围的光阑称为视场光阑。

(2) 入射窗和出射窗。

视场光阑经它前面的光学系统所成的像称为入射窗，视场光阑被其后面的光学系统所成的像称为出射窗。如果视场光阑安放在像面上，入射窗就和物平面重合，出射窗就是视场光阑本身；如果视场光阑安放在物平面上，则入射窗就是视场光阑本身，而出射窗与像平面重合。因此，入射窗、视场光阑和出射窗三者是互为物像关系的。

(3) 有的系统中，如果在像面处无法安放视场光阑，在物面处安放视场光阑又不现实，成像范围的分析就复杂一些，留待以后进一步分析。

6.2 照相系统和光阑

如上所知,普通照相机光学系统是由三个主要部分组成的,即照相镜头、可变光阑和感光底片,如图 6-8 所示。

照相镜头 L 将外面的景物成像在感光底片 B 上;可变光阑 A 是一个开口(A_1A_2)大小可变的圆孔,由图 6-8 可见,随 A_1A_2 缩小或增大,参与成像的光束宽度就减小(相当于 u' 角小)或加大(相当于 u' 角增大)。从而达到调节光能以适应外界不同的照明条件。显然可变光阑不能放在镜头 L 上,否则 A_1A_2 的大小就不可变了。

至于成像范围则是由照相系统的感光底片框 B_1B_2 的大小确定的。超出底片框的范围,光线被遮栏,底片就不能感光。

如前所述,在光学系统中,不论是限制成像光束的口径,或者是限制成像范围的孔或框,都统称为"光阑"。限制进入光学系统的成像光束口径的光阑称为"孔径光阑",例如照相系统中的可变光阑 A 即为孔径光阑。限制成像范围的光阑称为"视场光阑",例如照相系统中的底片框 B_1B_2 就是视场光阑。

如前所述,就限制轴上点的光束宽度而言,孔径光阑处于 A 或者 A' 的位置,情况并无差别。如图 6-9 所示。

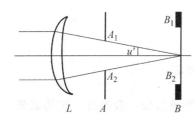

图 6-8 照相机系统简图

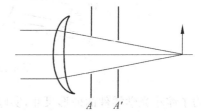

图 6-9 孔径光阑对轴上点光束的限制

但对轴外点的成像光束来说,孔径光阑的位置不同,参与成像的轴外光束、轴外光束通过透镜 L 的部位以及需要放过全部成像光束的透镜口径大小就都不一样,如图 6-10(a)和(b)所示。孔径光阑位于 A 处时,轴外光束 MN 参与成像;孔径光阑位于 A' 位置时,轴外光束 $M'N'$ 参与成像。显然光束 MN 和 $M'N'$ 所处的空间位置是不同的。另外二者相比,MN 光束较 $M'N'$ 光束通过透镜 L 的部位高一些,自然两者经过透镜的折射情况就不一样。光线的折射情况不一样,其成像质量也就不一样,这就隐含着光阑位置的变动可以影响轴外点的像质,从这个意义上来说,孔径光阑的位置是由轴外光束的要求决定的。在照相机镜头中,就是根据轴外点的成像质量选择孔径光阑位置的。另外由两图比较可知,若要放过全部成像光束,光阑处于 A' 位置时所需的透镜口径要大(即 2 倍的 N' 光线投射高度),而光阑处于 A 位置时所需的透镜口径要小(即 2 倍的 N 光线投射高度)。

以上分析是在假定透镜 L 的口径大小可以任意做大的基础上分析孔径光阑位置对轴外光束的选择作用的。现考虑一种实际光学系统中存在的情况,即在图 6-10(b)的情况下,若由于设计或工艺加工的原因,或者结构上的要求,使得透镜 L 的实际口径比 N' 光线投射高度的 2 倍要小,如图 6-11 所示。这样轴外点光束 $M'N'$ 中画阴影的部分就被透镜 L 的边

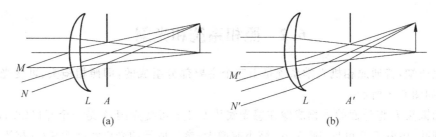

图 6-10 孔径光阑对轴外点光束的限制

框阻挡而不能参与成像,轴外点成像光束宽度较之轴上点成像光束宽度要小,因此像平面边缘部分就比像面中心暗。这种现象称为"渐晕",透镜 L 的边框起了"拦光"作用,通常称为"渐晕光阑"。假定轴向光束的口径为 D,视场角为 ω 的轴外光束在子午截面内的光束宽度为 D_ω,则 D_ω 与 D 之比称为"渐晕系数",用 K_ω 表示,即

$$K_\omega = \frac{D_\omega}{D} \tag{6-1}$$

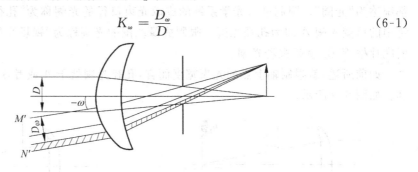

图 6-11 轴外光束的渐晕

为了缩小光学零件的外形尺寸,实际光学系统中视场边缘一般都有一定的渐晕。视场边缘的渐晕系数达到 0.5 也是允许的,即视场边缘成像光束的宽度只有轴上点光束宽度的一半。

仔细分析图 6-10(a)或(b),会看到经过透镜 L 的全部出射光束从孔径光阑这个最小出口中通过。将孔径光阑对其前面的系统(即透镜 L)成像为 A'',孔径光阑与它是共轭关系则入射光束全部从 A'' 这个入口中"通过",而且在 A'' 处入射光束的口径(包括全部轴上、轴外光束的整体口径)是最小的,如图 6-12 所示。

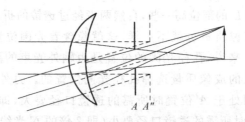

图 6-12 光阑与光阑的像

入射光瞳是入射光束的入口;出射光瞳是出射光束的出口。若孔径光阑位于系统的最前边,则系统的入射光瞳就是孔径光阑;若孔径光阑位于系统的最后边(如图 6-10 的情况),则孔径光阑也是系统的出射光瞳。

根据上面的分析，可以总结成如下几点：

（1）在照相光学系统中，根据轴外光束的像质来选择孔径光阑的位置，其大致位置在照相物镜的某个空气间隔中，如图 6-13 所示。

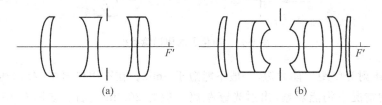

图 6-13　照相物镜中的孔径光阑位置

（2）在有渐晕的情况下，轴外点光束宽度不仅仅由孔径光阑的口径确定，而且还和渐晕光阑的口径有关。

（3）照相光学系统中，感光底片的框子就是视场光阑。

6.3　望远系统中成像光束的选择

如前所知，望远物镜和目镜是望远系统的基本组成部分，再加上为了光路转折和转像而加入的反射棱镜等光学零件，系统中限制光束的情况就比较复杂。如何选择成像光束的问题，直接影响到各个光学零件尺寸和整个仪器的大小。在设计时必须很好地考虑。下面结合双目望远镜加以说明。

双目望远镜系统是由一个物镜，一对转向棱镜，一块分划板和一组目镜构成的，如图 6-14 所示。

有关光学参数如下：

视觉放大率：$\Gamma = 6^\times$

视场角：$2\omega = 8°30'$

出射光瞳直径：$D' = 5 \text{mm}$

出射光瞳距离：$l'_z \geq 11 \text{mm}$

物镜焦距：$f'_o = 108 \text{mm}$

目镜焦距：$f'_e = 18 \text{mm}$

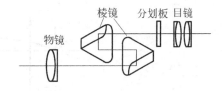

图 6-14　双目望远镜系统

这里视场角 2ω 的含义是远处物体直接对人眼的张角，也是远处的物体对望远镜物镜中心的张角。读者可与图 5-14 对比理解这个含义，只不过图 5-14 中所画出的是远处光轴下方的一半物体对望远镜物镜中心的张角而已。

将图 6-14 的望远镜系统简化，把物镜、目镜当作薄透镜处理，暂不考虑棱镜并拉直光路，如图 6-15 所示。

两个光学系统联用共同工作时，大多遵从光瞳转接原则，即前面系统的出射光瞳与后面系统的入射光瞳重合，否则会产生光束切割，前面系统的成像光束中有一部分将被后面的系统拦截，不再参与成像。双目望远系统是与人眼联用的，人眼的入射光瞳就是瞳孔，这样，满足光瞳转接原则的望远镜系统其出射光瞳应该在目镜后，而且应离目镜最后一面有段距离，这段距离称为出射光瞳距，用 l'_z 表示。为使眼睛睫毛不致和目镜最后一个表面相碰而影响

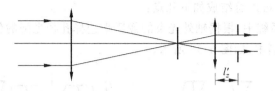

图 6-15 简化了的望远镜系统

观察，系统的出射光瞳距不能太短，一般不能短于 6mm。在军用仪器中，考虑到在加眼罩和戴防毒面具的情况下仍能观察，出射光瞳距离一般为 20mm 左右。如图 6-15 所示。为满足出射光瞳在目镜之外的要求，孔径光阑必须放在分划板以左的地方。假定孔径光阑分别安放在如下三个地方，通过分析比较三组相关数据来确定孔径光阑的位置：

① 物镜左侧 10mm；
② 物镜上；
③ 物镜右侧 10mm。

根据 5.4 节中介绍的望远镜系统性质知，若要求双目望远镜的出射光瞳直径 $D'=5\text{mm}$，则入射光瞳直径为

$$D = \Gamma D' = 30\text{mm}$$

又若该系统的视场角为 $\omega = 4°15'$，则据式(3-26)知分划板上一次实像像高为

$$y' = -f'_o \tan\omega = 8\text{mm}$$

显然，分划板框就起了照相机中底片框的作用，限制了系统视场，它就是系统的"视场光阑"。

（1）若孔径光阑位于物镜左侧 10mm 的地方，其亦为系统的入射光瞳。追迹一条过光阑（入射光瞳）中心的主光线，可分别得到它在物镜、分划板和目镜上的投射高度，如图 6-16 所示。

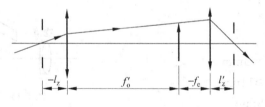

图 6-16 主光线光路(1)

依据式(3-41)和式(3-42)，并代入系统光学性能要求的有关数据有

$$h_{z物} = 0.75\text{mm}$$
$$h_{z分} = 8\text{mm}$$
$$h_{z目} = 9.25\text{mm}$$
$$l'_z = 20.5\text{mm}$$

（2）雷同于(1)的步骤与方法，可求出孔径光阑位于物镜上时主光线在各光学零件上的投射高度及出射光瞳距如下：

$$h_{z物} = 0$$
$$h_{z分} = 8\text{mm}$$

$$h_{z目} = 9.35\text{mm}$$
$$l'_z = 21\text{mm}$$

(3) 当孔径光阑位于物镜右侧 10mm 处时,为追迹主光线,可先根据高斯公式(3-7)求出入射光瞳位置在物镜右侧 11mm 的地方。然后依照(1)的步骤和方法,可求出主光线在各光学零件上的投射高度和出射光瞳距:

$$h_{z物} = 0.82\text{mm}$$
$$h_{z分} = 8\text{mm}$$
$$h_{z目} = 9.51\text{mm}$$
$$l'_z = 21.3\text{mm}$$

根据 $D_{通} = 2(h+h_z)$ 公式可求出各光学零件的通光口径 $D_{通}$,如表 6-1,这里 h 是轴上点边光在光学零件上的投射高度。

表 6-1 通光口径

阑位	$D_{物}$	$D_{棱}$	$D_{分}$	$D_{目}$	l'_z
(1)	31.5	31.5＞$D_{棱}$＞16	16	23.5	20.5
(2)	30	30＞$D_{棱}$＞16	16	23.7	21.0
(3)	31.6	31.6＞$D_{棱}$＞16	16	24.0	21.3

表中棱镜通光口径的值是估算的,当棱镜插入物镜和分划板之间的光路时,为不遮挡成像光束,则其通光口径是物镜通口径和分划板通光口径二者之间的某一值。

由表 6-1 可见,物镜的通光口径无论在何种阑位情况下都是最大的;出射光瞳距 l'_z 相差不大;且能满足预定要求。所以选择使物镜口径最小的光阑位置是适宜的,故取第二种情况将物镜框作为系统孔径光阑。

下面通过图 6-17 所示,看看上述三种情况下光阑位置对于轴外点光束位置的选择。为图示清晰,只画出三种情况时的入射光瞳位置。

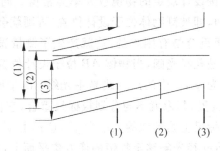

图 6-17 阑位对轴外光束位置的选择

如图 6-17 所示,在轴外点发出的整个光束中,光阑位于情况(1)时,选择了较上部的轴外光束参与成像;光阑位于情况(2)时,选择了中部的轴外光束参与成像;光阑位于情况(3)时,选择了较下部的轴外光束参与成像。光阑位置不同,选择的轴外光束的位置亦不同。

总结上面的分析如下:

(1) 两个光学系统联用时,一般应满足光瞳转接原则;

(2) 目视光学系统的出射光瞳一般在外,且出射光瞳距不能短于 6mm;

(3) 望远系统的孔径光阑大致在物镜左右,具体位置可根据尽量减小光学零件的尺寸和体积的考虑去设定;

(4) 可放分划板的望远系统中,分划板框是望远系统的视场光阑。

6.4 显微镜系统中的光束限制与分析

由前面两节的分析知道,光学系统中的光束选择一定要具体对象具体分析。这里再以显微镜系统为例,介绍一些光束选择的考虑与分析。

1. 简单显微镜系统中的光束限制

一般的显微镜是由物镜和目镜所组成的,系统中成像光束的口径往往由物镜框限制,物镜框是孔径光阑。位于目镜物方焦面上的圆孔光阑或分划板框限制了系统的成像范围,成为系统的视场光阑,如图 6-18 所示。

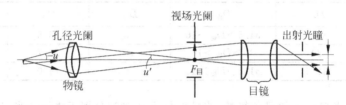

图 6-18 显微镜系统光路

2. 远心光路

有一些显微镜是用于测量长度的,其测量原理是在物镜的实像面上放一刻有标尺的透明分划板,标尺的格值已考虑了物镜的放大率,因此,当被测物体成像于分划板平面上时,按标尺读得的像的长度即为物体的长度。用此方法做物体长度的测量,标尺分划板与物镜之间的距离固定不变,以确保按设计规定的物镜放大率为常值。同时通过调焦使被测物体的像重合于分划板的刻尺平面,即被测物体位于设计位置,否则就会产生测量误差。但要精确调焦到物体的像与分划平面重合是有困难的,这就产生了测量误差。如图 6-19(a)所示,L 是测量显微镜物镜,物镜框是孔径光阑,当物体 AB 位于设计位置时,其像 $A'B'$ 就与分划板标尺重合,此时量出的像高为 y',图中的点划线是主光线;由于调焦不准,物体处于非设计位置时,例如 A_1B_1 所处的位置,其像就不与分划板标尺重合,它位于 $A_1'B_1'$ 的位置,图中的细实线是主光线,在分划板标尺上读到像的大小为 y_1',这样由 y_1' 换算出的物体长度就有误差。解决此问题的办法是将孔径光阑移至物镜的像方焦平面上,如图 6-19(b)所示。

由于孔径光阑与物镜像方焦平面重合,所以无论物体位于 AB 位置还是处于 A_1B_1 位置,它们的主光线是重合的,也就是说轴外点的光束中心是相同的,所以尽管 A_1B_1 成像在 $A_1'B_1'$,它并不与 $A'B'$ 重合,但在分划板标尺上两个弥散圆的中心间距没有变,仍然等于 y'。这样虽然调焦不准,但也不产生测量误差。这个光路的特点是入射光瞳位于无穷远,轴外点主光线平行于光轴,因此把这样的光路称为"物方远心光路"。

3. 场镜的应用

有时,具体的仪器结构需要长光路的显微镜系统,例如系统光学参数全与图 6-18 所示

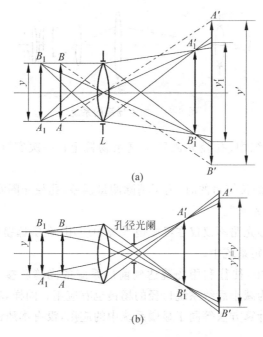

图 6-19 远心光路

的显微镜系统雷同,但要大大加长物镜至目镜之间的光路,一般就加一个 $-1^\times$ 透镜转像系统。$-1^\times$ 的成像系统在原理上是物体位于它的 2 倍焦距处的透镜系统,如图 6-20 所示。

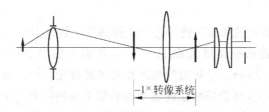

图 6-20 长光路显微镜系统

由图 6-20 可见,若欲经过物镜的成像光束能够通过 $-1^\times$ 转像系统及目镜系统,在上述光路安排中,物镜后面的系统口径将大到不堪设想的地步。其原因是孔径光阑位于物镜上时,主光线在 $-1^\times$ 转像透镜和目镜上的投射高度很高。

解决上述问题的办法是在一次实像面处加一块透镜,以降低主光线在后面系统上的高度。由于它是加在实像面处,所以它的引入对显微系统的光学特性无影响,也不改变轴上点的光束行进走向。这种和像平面重合,或者和像平面很靠近的透镜称为"场镜"。实际设计时,往往使主光线经过场镜后通过 $-1^\times$ 转像透镜的中心,这样物镜后面的系统口径最小,如图 6-21 所示。

从成像观点看,场镜将孔径光阑成像在 $-1^\times$ 转像透镜上。已经知道,就单独的 $-1^\times$ 转像透镜而言,光阑置于其上时其通光口径最小,将它加入显微系统中时,光瞳要转接,场镜就起到了这个作用。

现将这一节的分析总结如下:

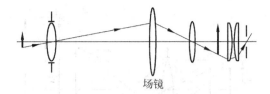

图 6-21 加入场镜的系统

（1）一般显微镜系统中，孔径光阑置于显微物镜上；一次实际面处安放系统的视场光阑。

（2）显微系统用于测长等目的时，为了消除测量误差，孔径光阑安放在显微物镜的像方焦面处，称为"物方远心光路"。

值得指出的是，远心光路不仅仅在显微镜系统中应用，在望远镜系统中也有应用，如应用在大地测量仪器的测距系统中。

（3）在长光路系统中，往往利用场镜达到前后系统的光瞳转接，以减小光学零件的口径。值得指出的是，仅为减小后续系统口径的场镜也有应用。同样，场镜在望远系统中也有应用，其使用的原则与计算方法等同于显微系统中的应用，没有本质的差别。

习　题

1. 设照相物镜的焦距等于 75mm，底片尺寸为 55mm×55mm，求该照相物镜的最大视场角。

2. 为什么大多数望远镜和显微镜的孔径光阑都位于物镜上？

3. 假定显微镜目镜的视角放大率 $\Gamma_e=15\times$，物镜的倍率 $\beta=-2.5\times$，物镜像高 $y'=10$mm，出射光瞳直径为 2mm。求物镜的焦距和要求的通光口径。如该显微镜用于测量，问物镜的通光口径需要多大（显微镜物镜的物平面到像平面的距离为 180mm）？

4. 在 6.3 节中的双目望远镜学系统中，假定物镜的口径为 30，目镜的通光口径为 20，如果系统中没有视场光阑，问该望远镜最大的极限视场角等于多少？渐晕系数 $K_D=0.5$ 的视场角等于多少？

5. 如果要求题 4 中所提系统的出射瞳孔离开目镜像方主面的距离为 15mm，求在物镜焦面上加入的场镜焦距。

6. 利用第 2 章至第 3 章中讨论过的近轴光线追迹公式分别计算 6.3 节中双目望远镜当孔径光阑处于所列的三个不同位置时主光线在各光学元件上的投射高度和出射光瞳距（要求逐步列出计算过程）。

7. 针对望远镜系统，并设孔径光阑位于望远镜物镜前若干距离，画图推导出系统中光学元件的通光口径 $D_{通}$ 的计算公式为

$$D_{通} = 2(h+h_z)$$

其中 h 是轴上点边缘光线在该元件上的投射高度，h_z 是最大视场主光线在该元件上的投射高度。

8. 某一显微物镜，为什么当孔径光阑放置于该物镜上时（即让显微物镜框起孔径光阑

的作用),该显微物镜的通光口径最小?

9. 在开普勒望远镜系统中应用远心光路时,孔径光阑应放在什么地方?

参考文献

[1] 郁道银,谈恒英. 工程光学[M]. 北京:机械工业出版社,1999.
[2] 袁旭沧. 应用光学[M]. 北京:国防工业出版社,1973(及1979,1988等版).
[3] 中国大百科全书.物理学[M]. 北京:中国大百科全书出版社,1994.
[4] 王子余. 几何光学与光学设计[M]. 杭州:浙江大学出版社,1989.
[5] Shannon R R. The Art and Science of Optical Design[M]. Cambridge:Cambridge University Press,1997.
[6] Fischer R E. Optical System Design[M]. New York:McGraw-Hill,2000.
[7] Smith W J. Modern Optical Engineering[M]. Boston:The McGraw-Hill Companies,Inc.,2001.
[8] Ditteon R. Modern Geometrical Optics[M]. New York:John Wiley & Sons,Inc.,1998.
[9] 王之江. 光学设计理论基础[M]. 北京:科学出版社,1985.
[10] 安连生,李林,李全臣. 应用光学[M].北京:北京理工大学出版社,2000.
[11] 李士贤,安连生,崔桂华. 应用光学. 理论概要·例题详解·习题汇编·考研试题[M]. 北京:北京理工大学出版社,1994.

光学系统的分辨率、景深及光能的传递

在第 6 章中,我们讨论了孔径光阑,着重讨论了它的位置对于轴外点光束的选择、光学元件工作口径的大小以及测量精度等方面的影响。光学系统的分辨率、光学系统的景深以及光学系统中的光能及光能的传递本是一些分立的研究内容,但它们都与孔径光阑的口径大小有关,故集中在一章内分别讨论。

7.1 光学系统的分辨率

在成像光学系统中,分辨率是衡量分开相邻两物点的像的能力。按照前述几何光学的结论,理想的无像差光学系统所成的物点像是一个既没有面积也没有体积的几何点。若如此,不管相邻的两个物点靠得多近,它们的像点绝没有重叠或部分重叠的可能。但事实上,任何光学系统的口径总有一定大小,这样点物发出的光波在进入光学系统时,对波面总有部分阻碍作用,衍射总要发生,在像面处接到的是能量有一定分布的光斑而绝不是一个几何亮点,只不过由于点物发出的光波波长比较短、又当光学系统的口径比较大时,这个光斑也不是太大而已。

如果有这样两个像斑(点物的衍射图样)发生了部分重叠,则二者的中心最大强度靠得越近,就越难检查出它们是分别来自于不同的物点。那么这两个物点的像什么时候才能分出来是两个像斑而不是一个像斑呢?这就是光学系统的分辨率问题。它又和什么因素有关呢?各种光学系统的分辨率又是如何表示的呢?这都是本章要交代的主要问题。值得指出的是,在这里要讨论的是由于衍射效应造成的分辨率问题,所以是光学系统的衍射分辨率。

7.2 圆孔的夫琅禾费衍射和艾里斑

1. 圆孔夫琅禾费衍射的实验装置

如图 7-1 所示,在口径较大的平行光管焦平面上放一个点光源,这个点光源发出的球面波经平行光管物镜后变换成了平面波,这个平面波经过一个小圆孔的衍射后在圆孔后面的理想透镜的像方焦平面上形成衍射图样。

7 光学系统的分辨率、景深及光能的传递　149

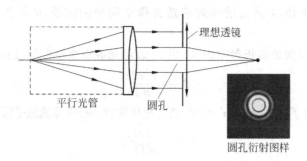

图 7-1　夫琅禾费圆孔衍射

2. 衍射图样及其特征

图 7-1 所示是理想透镜焦平面上的衍射图样,图样中间是一个亮斑,称为艾里斑。其中心位于系统的光轴上,即亮斑中心与理想透镜的像方焦点重合。从中心光斑往外是一系列暗明相间的同心圆环,亮环中所包含的光能量随着其半径的加大而急剧下降,愈往外明环愈暗,通常只有前一二个环足够亮,可被肉眼看见。艾里斑及各亮环中所占衍射图样总能量的百分比如下:

艾里斑	83.9%
第一亮环	7.2%
第二亮环	2.8%
第三亮环	1.4%
第四亮环	0.9%
其余所有亮环	3.9%

以理想透镜像方焦点为原点,光强在焦平面上沿径向的分布如图 7-2 所示。图中,水平坐标轴 r 表示径向,其单位已经约化(详见参考文献 1);垂直坐标轴 I 表示光强,并已经将 $r=0$ 处的光强规划为 1 了。艾里斑的大小,亦即第一暗环的角半径为

$$\theta' = \frac{1.22\lambda}{D} \tag{7-1}$$

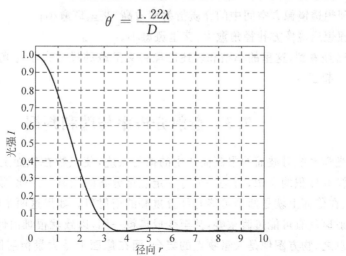

图 7-2　衍射图样中光强沿径向的分布

其中，D 是圆孔的直径，λ 是光波在理想透镜像空间中的波长，θ' 角的几何含义如图 7-3 所示。

设理想透镜像空间处的折射率为 n'，以 λ_0 表示光波在真空中的波长，式(7-1)可改写为

$$\theta' = \frac{1.22\lambda_0}{n'D} \tag{7-2}$$

设理想透镜的焦距为 f'，由关系式 $\sigma' = f'\theta'$，将艾里斑的角半径换算成焦平面上的线量半径 σ'，得

$$\sigma' = \frac{1.22\lambda_0}{n'D}f' \tag{7-3}$$

由几何光学可知，$\dfrac{D}{f'} \approx 2\sin u'$，这里 u' 是理想透镜像方孔径角，如图 7-4 所示。故式(7-3)可化成第 1 章中已罗列出的形式：

$$d_{\text{AIRY}} = \frac{1.22\lambda_0}{n'\sin u'} \tag{7-4}$$

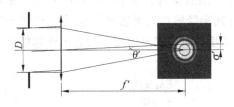

图 7-3 艾里斑的角半径 θ'

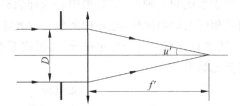

图 7-4 理想透镜的像方孔径角 u'

此处，$d_{\text{AIRY}} = 2\sigma'$ 是艾里斑的直径。

从几何光学的角度，圆孔夫琅禾费衍射实验装置可以看成是，点源加平行光管给出了一个位于无穷远的轴上点物，圆孔是理想透镜的孔径光阑或入射光瞳，理想透镜焦平面上的衍射图样就是无穷远的轴上物点经光阑位于圆孔处的理想透镜所成的真实像。从式(7-4)可以得到三条结论：

(1) 实验系统相同时，所用光波波长愈短，艾里斑愈小；
(2) 理想透镜像方空间中的介质折射率愈高，艾里斑愈小；
(3) 理想透镜像方孔径角愈大，艾里斑愈小。

读者已经看到，这里的小结和表述已经将艾里斑的尺寸大小与光学系统的相关参数密切联系在一起了。

7.3 衍射分辨率与瑞利判据

由于光学系统对波面的限制而产生的衍射效应，使点物在像面上不可能形成一个既没有面积又没有体积的点像，而是一个有一定能量分布的光斑。因此，物面上相距很近的两个物点，反映在像面上就是两个可能有部分重叠的衍射斑。如果这两个物点靠得更近，则相应的两个衍射斑就有可能过渡重叠，甚至变成模糊一团，以致就很难由像来辨认物方是两点还是一点。总之，物方图像是大量物点的集合，而在像面上是大量衍射图样（或简单粗糙一些说是大量艾里斑）的集合，所以像面上不可能准确地反映出物面上的一切细节。那么，像面上能反映出物面上多精细的细节呢？也就是说，从像面上的艾里斑重叠情况能判断出它们

是两个点时,物面上的两个物点靠得有多近?此即光学系统的分辨率问题。由于这里仅考虑了衍射效应,所以称这种分辨率为衍射分辨率。

如图 7-5 所示,一光学系统将物点 A 成像为点 A',将物点 B 成像为点 B'。假定 A,B 两点间的距离 AB 足够大,它们对应的像点间距离 $A'B'$ 较之单个物点的艾里斑的直径还大,如图 7-5 所示。这时,像面上是两个分离的亮斑,显然能够分清这是两个像点。若当两物点逐渐靠近时,像面上的艾里斑也就随之逐渐靠近,当 A',B' 间的

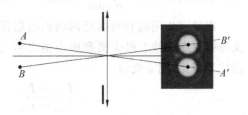

图 7-5 两个点物的衍射像

距离 $A'B'$ 等于或小于艾里斑的直径 d_{AIRY} 时,两个艾里斑就有部分重叠了,如图 7-6 所示,像面上总的光强分布就是二者的叠加,如图 7-6 中实线所示。在光强的两个极大值之间,还存在一个极小值,如果极大值与极小值之间的差足够大,则仍然能够分清这是两个像点。随着两物点继续靠近,极大值和极小值之间的差减小,最后合成的极小光强消失,合成一个亮斑,如图 7-7 所示。此时,显然无法分清这是两个像点。

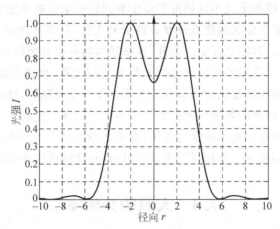

图 7-6 部分重叠的两个艾里斑的光强合成曲线

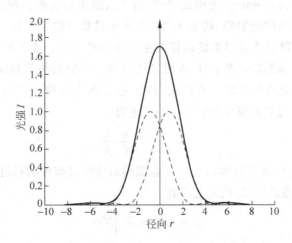

图 7-7 几乎重叠的两个艾里斑的光强合成曲线

通常，采用瑞利判据作为分辨率的定量标准。即两个像点间能够分辨的最短距离约等于艾里斑的半径 $\sigma' = \dfrac{0.61\lambda_0}{n'\sin u'}$，如图 7-8 所示。

现考查采用瑞利判据后两物点衍射像的合成光强分布。定义光强分布曲线上极大值和极小值之差与极大值和极小值之和的比为对比，用 κ 表示：

$$\kappa = \frac{I_{\max} - I_{\min}}{I_{\max} + I_{\min}}$$

式中，I 为光强。在瑞利判据下，相应的对比为 15%。实际上，当对比为 2% 时，人眼就可能分辨出两个像点，这时两个像点中心间距约为 $0.85\sigma'$。

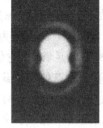

图 7-8　刚能分辨的两个像点

如上所述，实际的光强接收器区分光强差别的能力并不完全一致，而且它们常随照明情况不同而有很大的变化，因此实际得出的分辨率不会和瑞利判据完全相符。另一方面，上面阐述的两物点是光强相同的"点"，而实际的对象不会是"点"，而且两点也很少会有相同的光强，又由于"点"内部的结构形式不同就可能使衍射图样有细微的千变万化的差别。再者，前面阐述的情况中隐含着假定除两物点外没有背景光光强，但实际情况不会如此。当背景有一定光强时，分辨能力也将随之而变。另外，在描述两物点衍射像的光强分布时已经假定是光强叠加，即假定两物点发出的光波在相位上没有任何关联，也就是说在相位上是独立的。而当如果两物点发出的光波在相位上有部分关联甚至完全关联时，结论就要作一定的修正。由此可见，分辨率还会因照明物理性质的相干或不相干而有所变动。

尽管实际的分辨率有如此不确定的性质，但是光学系统在这个问题上所起的作用还是一定的。瑞利判据仍不失为一个相对标准，用以估算和比较成像光学系统的像分辨率。

7.4　人眼的分辨率

人眼是一个相当精妙的光学系统。在良好的照明情况下，人眼瞳孔的直径约为 2mm，最敏感的光波波长约为 550nm。现用式(7-2)估算人眼的分辨率。在式(7-2)中，n' 是人眼视网膜前后室中玻璃液的折射率，约为 1.337。由此式算出的艾里斑的角半径 θ' 应该是视网膜上的艾里斑对眼睛这个光学系统的像方主点张角的一半。而人们关心的是，眼睛前面的物方两物点相距的角距离 θ 多小时，人眼还能分辨？所以要将艾里斑半径对眼睛主点的张角 θ' 转化为物方两物点对眼睛主点的张角 θ。这二者之间的关系是一个角放大率问题。据此及近轴光学中横向放大率与角放大率的关系有

$$\gamma = \frac{\theta'}{\theta} = \frac{n}{n'}\frac{1}{\beta}$$

其中，n 是眼睛前方空气的折射率，$n=1$；n' 是眼睛后室中玻璃液的折射率；β 是主面的横向放大率，这里 $\beta=1$。将式(7-2)代入上式有

$$\theta = n'\theta' = \frac{1.22\lambda_0}{D}$$

将 $\lambda_0 = 550$nm（这是人眼最敏感谱线的波长值），$D = 2$mm 代入上式有

$$\theta = 1.22 \times \frac{550\text{nm}}{2\text{mm}} \approx 3.4 \times 10^{-4} \text{rad} \approx 1'$$

所以通常认为,人眼的分辨率约为 $1'$。这就是依据衍射效应解释的人眼分辨率数据。在第 5 章中综述眼睛的功能时已经提及过这个数据。

下面利用这个数据估算在明视距离处能为正常人眼所分辨的两个点之间的最小距离因为 $250\text{mm} \times \tan 1' \approx 0.08\text{mm}$,所以我们看一幅由打印机输出的照片时,若打印机的分辨率优于 300dot/in(点/英寸),那么图像就会显得比较细腻;而如果打印机的分辨率达不到此要求,图像线条看起来就会显得粗疏。

7.5 望远镜系统的分辨率

就望远镜系统的分辨率而言,人们关心的是望远镜系统能够分辨物方两个相距多近的点。不言而喻,由于望远镜系统的物位于无穷远处,所以最方便的办法是以这两点对望远物镜的物方主点的张角大小来描述。我们仍基于衍射分辨率中的瑞利判据来讨论这个问题。

利用式(7-2),即

$$\theta' = \frac{1.22\lambda_0}{n'D} \tag{7-2}$$

其中,θ' 是望远物镜像方焦平面上艾里斑半径 σ' 对物镜像方主点的张角;λ_0 是人眼最敏感谱线的波长($\lambda_0 = 550\text{nm}$);n' 是望远物镜像方空间中所在介质的折射率,一般是空气($n'=1$);D 是望远物镜入射光瞳的直径。

又根据位于空气中光学系统的主点与节点重合的结论可知,物镜像方焦平面上相距艾里斑半径的两像点对应的两物点对望远物镜物方主点的张角 θ 为

$$\theta = \theta' = \frac{1.22\lambda_0}{D}$$

将 $\lambda_0 = 550\text{nm}$ 代入并将 θ 的单位由弧度化为角秒有

$$\theta = \frac{1.22 \times 0.00055}{D} \times 206000'' = \left[\frac{140}{D}\right]'' \tag{7-5}$$

这里,望远物镜入射光瞳直径 D 以 mm 为单位,θ 的单位为 $''$。

式(7-5)即是望远物镜的衍射分辨率公式。从中可以看出,要想提高望远物镜的分辨率,必须增大望远物镜入射光瞳直径。前面已知,望远镜系统的孔径光阑一般安放在物镜上,所以提高望远物镜的分辨率必须增大物镜口径。

望远镜系统是目视系统,必然受到人眼生理特性的限制。当通过望远镜观察物方的两个发光点时,这两个点通过望远镜所成的像对人眼的张角应该等于或大于人眼分辨角,人们才能断定物方是两个物点而不是一个点。所以,$\tan \omega' \geq \tan 1'$,这里 ω' 是两个物点通过望远镜所成的像对人眼的张角。又因为物方这两个物点经望远物镜成像后,不仅考虑存在衍射效应的影响,还要求它们是可分辨的两个点,所以 $\tan \omega \geq \tan\left[\frac{140}{D}\right]''$,这里 ω 是两物点对望远物镜的张角。

已经知道,$\frac{\tan \omega'}{\tan \omega} = \Gamma_t$ 是望远镜的视角放大率。所以在物镜分辨率一定的情况下,考虑

到人眼的分辨率,必须使望远镜的视角放大率取合适的值才能使两个分辨率匹配。将 $\tan\omega'=\tan 1'$ 和 $\tan\omega=\tan\left[\dfrac{140}{D}\right]''$ 代入望远镜的视角放大率公式有

$$\Gamma_t = \frac{D}{2.3} \tag{7-6}$$

这个视角放大率称为望远镜的有效放大率,用 Γ'_t 表示。从上述讨论可知,提高望远镜的分辨能力除了增大物镜口径以提高衍射分辨率外,还要增大系统的视角放大率,使其与人眼分辨率相匹配。当然在望远物镜口径一定时,其系统的衍射分辨率一定,无限度地增大视角放大率也不会看到更多的物体细节。

值得指出的是,这里仅仅是从望远系统的分辨率与眼睛的分辨率匹配的角度讨论问题的。实际上,当考虑望远镜的瞄准精度等问题时,其视角放大率往往大于有效放大率;而对于手持的望远镜,为了得到大的出射光瞳直径,减少由于手的抖动造成目标像的晃动,望远镜系统的视角放大率又比式(7-6)给出的有效放大率低。

7.6 显微镜系统的分辨率

显微镜的观察对象是近处细小的物体或样品细节。它先以一个短焦距的物镜将物体成一横向放大的实像,再以一块放大镜作目镜视角放大这个实像供眼睛观察。对于显微镜,人们关心的是物方相邻多近的两个点可以被显微镜系统分辨,参见图 7-9。其中 σ 为两个物点间的距离,σ' 是两物点经显微物镜成像后两艾里斑中心间的距离。由前面的讨论可知,二者之比即为显微物镜的横向放大率 β,即

$$\frac{\sigma'}{\sigma} = \beta \tag{7-7}$$

设图 7-9 中所示的 u 和 u' 分别是显微物镜物方和像方的最大孔径角,并设显微物镜物方和像方的折射率分别为 n 和 n'。在近轴光学中,显微物镜的横向放大率为

$$\beta = \frac{nu}{n'u'} \tag{7-8}$$

图 7-9 显微物镜的分辨率

对于设计完善的显微物镜,无论孔径角 u 或 u' 多大,光学上(非数学上的)的正弦条件关系式总是成立的,即

$$\frac{u}{u'} = \frac{\sin u}{\sin u'} \tag{7-9}$$

采用瑞利判据,若 σ' 等于艾里斑的半径,则相应于两物点的两像斑是可分辨的,此时物方可分辨的两点间距为

$$\sigma = \frac{\sigma'}{\beta} = \frac{0.61\lambda_0}{n\sin u} \qquad (7\text{-}10)$$

式(7-10)是显微物镜的衍射分辨率公式,其中 $n\sin u$ 称为显微物镜的数值孔径,常用简写 NA 表示。显微物镜的数值孔径连同它的横向放大倍数一起被刻印在物镜镜筒上。需要指出的是,在得出式(7-10)时,已利用了式(7-7)~式(7-9)和式(7-4),现作几点讨论。

(1) 增大显微物镜的数值孔径 NA 是提高显微物镜分辨率的主要途径之一。这里有两个措施,一是增大孔径角 u,二是增大物方空间介质折射率 n,如油浸镜头。可以预计,数值孔径的最大值约为 1.5,所以显微物镜的极限分辨率约为波长的一半,即 $\sigma \approx \lambda_0/2$。

(2) 选择短波长光源照明,是提高显微物镜分辨率的另外一个途径。比如,若选择红光,$\lambda_0=700\text{nm}$,则显微物镜的极限分辨率约为 350nm;若选择紫光,$\lambda_0=400\text{nm}$,则显微物镜的极限分辨率约为 200nm。但需要指出的是,在具体要求的显微镜设计中,这一点受限于接收器的光谱响应性质,以及材料的光谱透过率性能等因素。例如目视用显微镜,照明主波长应该在 550nm 附近,没有太多的选择余地。

在目视用显微镜中,也有一个显微物镜的分辨率、显微镜系统的放大率以及与人眼分辨率匹配的问题。我们知道,正常眼的极限分辨率是 $1'$。但以这个极限分辨率为基本数据设计的显微镜,观察时人眼容易感觉疲劳。为了使人眼在观察时感到舒适,且观察时间长一些也不感到疲劳,在设计仪器时取人眼的分辨角为 $2'\sim 4'$,即取 $2'$ 为分辨率的上限,取 $4'$ 为分辨率的下限。设显微镜物镜的数值孔径为 $\text{NA}=n\sin u$,物镜的横向放大率为 β,目镜的焦距为 f'_e。根据式(7-4),显微镜系统一次实像面上艾里斑的半径 σ' 为

$$\sigma' = \frac{0.61\lambda_0}{n'\sin u'} = \beta\frac{0.61\lambda_0}{\text{NA}} \qquad (7\text{-}11)$$

这里已经利用了关系式 $\beta = \dfrac{nu}{n'u'} = \dfrac{n\sin u}{n'\sin u'}$。由于一次实像面位于目镜的物方焦平面处,这个艾里斑 σ' 对目镜的张角 ω' 为

$$\omega' = \frac{\sigma'}{f'_e}\times 3438' = \beta\frac{250}{f'_e}\cdot\frac{0.61\lambda_0}{250\text{NA}}\times 3438' = \varGamma_m\frac{0.61\lambda_0}{250\text{NA}}\times 3438' \qquad (7\text{-}12)$$

显然这个张角 ω' 也是被显微物镜刚刚能够分辨的物方两点经显微镜系统成像后对人眼的张角。若 $\omega'<2'$,说明显微镜能够分辨的物体细节成像后因为太小而致使人眼不能分辨;若 $\omega'>4'$,虽然人眼能够分辨显微物镜已经分辨开了的物体细节并且已经被显微镜放大到了足够的程度,但显微物镜没有分辨开的物体细节人眼仍然是无法窥测到的。也就是说,一味提高显微镜的视角放大率于分辨率是无补的。所以,ω' 应满足 $2'\leqslant\omega'\leqslant 4'$。故依据人眼分辨率来匹配显微镜视角放大率 $\varGamma_m$ 与显微物镜数值孔径 NA 的关系式为

$$500\text{NA}\leqslant\varGamma_m\leqslant 1000\text{NA} \qquad (7\text{-}13)$$

这里波长 λ_0 近似取为 0.00055mm。满足式(7-13)的放大率称为显微镜的有效放大率。由于显微物镜的数值孔径最高可达 1.5,所以光学显微镜最高的有效放大率为 $1500^\times$。

7.7 照相物镜的理论分辨率

照相物镜的分辨率是以像面上每 mm 内能分辨开的黑白相间的线对数来表征的。现根据瑞利判据导出照相物镜理论分辨率的关系式。事实上,对于照相物镜可以近似地认为

其物在无穷远处,如图 7-4 所示,有

$$\sin u' \approx \frac{D}{2f'} \tag{7-14}$$

其中,D 是照相物镜入射光瞳的直径,也可以看成是无穷远轴上物点满孔径光线在照相物镜主平面上投射高度的 2 倍。将式(7-14)代入艾里斑直径表示式(7-4),并考虑到一般照相物镜像空间的介质是空气,即 $n'=1$,故

$$\sigma = \frac{1.22\lambda_0}{D/f'}$$

这是照相物镜理论上刚能分辨的一对黑白线对中黑线中心与白线中心间的距离。则每 mm 内能分辨开的黑白线对数 N 为

$$N = \frac{1}{\sigma} \approx 1500 \frac{D}{f'} (\text{lp/mm}) \tag{7-15}$$

式(7-15)中,lp/mm 为每毫米中的线对数。

这里,已将 $\lambda_0 = 0.00055\text{mm}$ 代入。如前已述,$\frac{D}{f'}$ 称为照相物镜的相对孔径,它是照相镜的一个重要指标,其倒数就是照相物镜的光圈数。由式(7-15)可知,照相物镜的分辨率随其相对孔径的增大而增大。

如前面所述,照相物镜不仅是较大孔径或大孔径系统,而且也是较大视场或大视场系统,所以它的轴外点的像方最大孔径角的大小与轴上点的像方最大孔径角的大小是不一致的,故而轴外点的分辨率一般小于轴上点的分辨率。

值得指出的是,这里讨论的分辨率是将照相物镜当作无任何像质缺陷的理想镜头来表述。所以将 N 称作照相物镜的理论分辨率。事实上,普通照相物镜是一个像差较大的系统。例如有一个相对孔径 $\frac{D}{f'}=\frac{1}{2}$ 的普通照相物镜,如果一物点成像为直径 $0.01 \sim 0.03\text{mm}$ 的弥散斑,就认为像质是较好的,然而对这样的相对孔径理论上艾里斑的大小仅为 0.0013mm。所以照相物镜的实际分辨率远低于它的理论分辨率。

在照相系统中,多用感光胶片或 CCD(电荷耦合器件)作接收器。胶片的感光乳胶由卤化银晶粒组成,普通感光胶片的分辨率为 $60 \sim 80\text{lp/mm}$,CCD 的像素大小一般约为 $7\mu\text{m}$。这是远低于照相物镜的理论分辨率的,因此为了与接收器的分辨率匹配,照相物镜的像差可以用几何弥散圆来衡量。而保证较大相对孔径的原因主要是考虑光能方面的要求。

7.8 光学系统的景深

1. 光学系统的空间像

以前讨论的只是垂直于光轴的物平面上的点的成像问题。属于这一类的光学系统有照相制版物镜和电影放映物镜。实际上,许多光学系统是把空间中的物点成像在一个像平面上,称为平面上的空间像,如望远镜、照相物镜等属于这一类。空间中的物点分布在离开光学系统入射光瞳的不同距离上,这些点的成像原则上与平面物体的成像不同。

如图 7-10 所示,B_1, B_2, B_3, B_4 为空间中任意点,点 P 为入射光瞳中心,点 P' 为出射光瞳中心,$A'B'$ 为像平面,称为景象平面。在物空间与景象平面相共轭的平面 AB 称为对准

平面。

点 B_1,B_2,B_3,B_4 与入射光瞳中心点 P 的连线分别为这些点的主光线。这些点在像空间的共轭点分别为 B_1'',B_2'',B_3'' 和 B_4''。通过这些点的主光线和景象平面 $A'B'$ 交于点 B_1',B_2',B_3' 和 B_4'。显然,位于同一主光线 B_2P 上的两点 B_2 和 B_3 在景象平面上的对应点 B_2' 和 B_3' 重合在一起。因此,点 B_2' 和 B_3' 与点 B_2 和 B_3 在对准平面上沿主光线方向的投影相共轭。则空间点在平面上的像可以这样来得到:以入射光瞳中心点 P 为透视中心,即以点 P 为投影中心,将空间点 B_1,B_2,B_3 和 B_4 沿主光线方向向对准平面上投影,则投影点在景象平面上的共轭点 B_1',B_2',B_3' 和 B_4' 便是空间点的平面像。

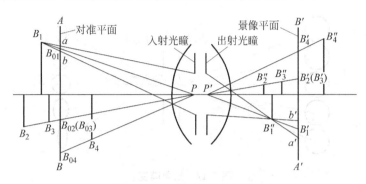

图 7-10　光学系统的空间像

当光瞳有一定大小时,由点 B_1 发出的充满入射光瞳的光束和对准平面交为弥散斑 ab,在景象平面上的共轭像也是一个弥散斑 $a'b'$,为空间像点 B_1'' 在景象平面上的投影。同理,所有位于景象平面以外的空间点都可以在对准平面上产生一个弥散斑,同样在景象平面 $A'B'$ 也可以得到其共轭像。由图 7-10 可知,ab 或 $a'b'$ 的大小和入射光瞳的直径有关,入射光瞳的直径减小,这些弥散斑也随之减小。当入射光瞳直径小到一定程度时,弥散斑 ab 可看作一个点,其共轭像 $a'b'$ 也可看作一个点。同样 B_2,B_3,B_4 在景象平面上得到的弥散斑也由于入射光瞳减小,而可认为是点像 B_2',B_3',B_4'。因而可以在景象平面 $A'B'$ 上得到对准平面以外空间点的清晰像。

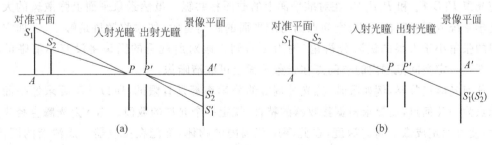

图 7-11　透视失真示意图

如上所述,物方空间点成像相当于以入射光瞳中心为投影中心,以主光线为投影线,使空间点投影在对准平面上,再成像在景象平面上。或者在像空间以出射光瞳中心为投影中心,各空间像点沿主光线投影在景象平面上,也可形成空间物点的平面像。如果入射光瞳位置相对于物方空间点(即景物)位置发生变化,则景象也随之变化。如图 7-11 所示,同样的景物在图 7-11(a)中 S_1' 和 S_2' 是分开的;而在图 7-11(b)中由于入射光瞳位置的变化, S_1' 和 S_2' 重合在一起。显然,投影中心前后移动,投影像的变化和景物是不协调的,这种现象叫作透视失真。

用广角物镜拍摄物体时,若物体为一系列球状体,如图 7-12 所示,那么它们对入射光瞳中心均张以相同的圆锥状立体角,顶点为入射光瞳中心,这些圆锥状光束的共轭光束也为圆锥状。每个圆锥状光束的中心轴线以不同的角 ω' 交于像平面, ω' 的最大值为物镜像方全视场角的一半。由图 7-12 可知,锥状光束在像平面上的截面将随 ω' 的不同而不同,即圆形会变成椭圆形,越在视场边缘这种现象越严重,该现象称为景象畸变。

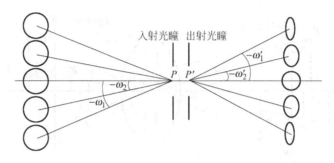

图 7-12 景象畸变

2. 光学系统的景深

按理想光学系统的特性,物空间一个平面,在像空间只有一个平面与之相共轭。上述景象平面上的空间像,严格来讲除对准平面上的点能成点像外,其他空间点在景象平面上只能成为一个弥散斑。但当其小于一定限度时,仍可认为是一个点。下面讨论当入射光瞳一定时,在物空间有多大深度范围内的物体在景象平面上能成清晰像。

如图 7-13 所示,空间点 B_1 和 B_2 位于景象平面的共轭面(对准平面)以外,它们的像点 B_1' 和 B_2' 也不在景象平面上,在该平面上得到的是光束 $P_1'B_1'P_2'$ 和 $P_1'B_2'P_2'$ 在景象平面上所截的弥散斑,它们是像点 B_1' 和 B_2' 在景象平面上的投影像。这些投影像分别与物空间相应光束 $P_1B_1P_2$ 和 $P_1B_2P_2$ 在对准平面上的截面相共轭。虽然景象平面上弥散斑的大小与光学系统入射光瞳的大小、空间点离对准平面的距离有关,如果弥散斑足够小,例如它对人眼的张角小于人眼的极限分辨角(约为 $1'$),则人眼对所观看的图像将没有不清晰的感觉。即在一定空间范围内的空间点在景象平面上可成清晰像。

任何光能接收器,例如眼睛、感光乳剂等的分辨率都是有限的,所以并不要求像平面上的像点为一几何点,而要求根据接收器的特性,规定一个允许的数值。当入射光瞳直径为定值时,便可确定成像空间的深度,在此深度范围内的物体,都能在接收器上成清晰的图像。能在景象平面上获得清晰像的物方空间深度范围称为景深。能成清晰像的最远的物平面称为远景;能成清晰像的最近的物平面称为近景。它们离对准平面的距离称为远景深度和近景深度。显然,景深 Δ 是远景深度 Δ_1 和近景深度 Δ_2 之和,即 $\Delta=\Delta_1+\Delta_2$。远景平面、对准平面和近景平面到入射光瞳的距离分别以 p_1,p 和 p_2 表示,并以入射光瞳中心点 P 为坐标原点,则上述各值均为负值。在像空间对应的共轭面到出射光瞳的距离分别以 p_1',p' 和 p_2' 表示,并以出射光瞳中心点 P' 为坐标原点,所有这些值均为正值。设入射光瞳直径和出射

7 光学系统的分辨率、景深及光能的传递 159

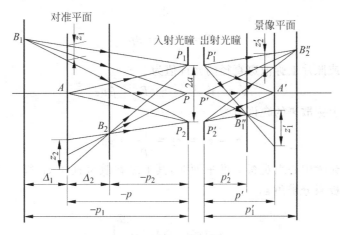

图 7-13 各量的几何表示

光瞳直径分别以 $2a$ 和 $2a'$ 表示,如图 7-13 所示,并设景象平面和对准平面上的弥散斑直径分别为 z_1,z_2 和 z_1',z_2',由于两个平面共轭,故有

$$z_1' = \beta z_1, \quad z_2' = \beta z_2$$

式中,β 为景象平面和对准平面之间的垂轴放大率。由图 7-13 中的相似三角形关系可得

$$\frac{z_1}{2a} = \frac{p_1 - p}{p_1}, \quad \frac{z_2}{2a} = \frac{p - p_2}{p_2}$$

由此得

$$z_1 = 2a \frac{p_1 - p}{p_1}, \quad z_2 = 2a \frac{p - p_2}{p_2} \tag{7-16}$$

所以

$$z_1' = 2\beta a \frac{p_1 - p}{p_1}, \quad z_2' = 2\beta a \frac{p - p_2}{p_2} \tag{7-17}$$

可见,景象平面上的弥散斑大小除与入射光瞳直径有关外,还与距离 p,p_1 和 p_2 有关。

弥散斑直径的允许值取决于光学系统的用途。例如一个普通的照相物镜,若照片上各点的弥散斑对人眼的张角小于人眼极限分辨角($1' \sim 2'$),则感觉特别像点像,可认为图像是清晰的。通常用 ε 表示弥散斑对人眼的极限分辨角。

极限分辨角值确定后,允许的弥散斑大小还与眼睛到照片的距离有关,因此,还需要确定这一观测距离。日常经验表明,当用一只眼睛观察空间的平面像(例如照片)时,观察者会把像面上自己所熟悉的物体的像投射到空间去而产生空间感(立体感觉)。但获得空间感觉时,各物点间相对位置的正确性与眼睛观察照片的距离有关,为了获得正确的空间感觉,而不发生景象的歪曲,必须要以适当的距离观察照片,即应使照片上图像的各点对眼睛的张角与直接观察空间时各对应点对眼睛的张角相等,符合这一条件的距离叫做正确透视距离,用 T 表示。为方便起见,以下公式推导不考虑正负号。如图 7-14 所示,眼睛在 E 处,为得到正确的透视,景象平面上像 y' 对点 E 的张角应等于物空间的共轭物 y 对入射光瞳中心 P 的张角,都用 ω 表示,即

$$\tan \omega = \frac{y}{p} = \frac{y'}{T}$$

则得

$$T = \frac{y'}{y}p = \beta p$$

所以景象平面上或照片上弥散斑直径的允许值为

$$z' = z'_1 = z'_2 = T\varepsilon = \beta p\varepsilon$$

对应于对准平面上弥散斑的允许值为

$$z = z_1 = z_2 = \frac{z'}{\beta} = p\varepsilon$$

即相当于从入射光瞳中心来观察对准平面时,其上之弥散斑直径 z_1 和 z_2 对眼睛的张角也不应超过眼睛的极限分辨角 ε。

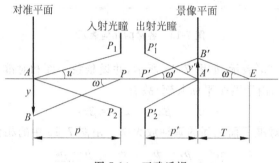

图 7-14　正确透视

确定对准平面上弥散斑的允许直径以后,由式(7-16)可求得远景和近景到入射光瞳的距离 p_1 和 p_2,即

$$p_1 = \frac{2ap}{2a - z_1}, \quad p_2 = \frac{2ap}{2a + z_2} \tag{7-18}$$

由此可得远景和近景到对准平面的距离,即远景深度 Δ_1 和近景深度 Δ_2 分别为

$$\Delta_1 = p_1 - p = \frac{pz_1}{2a - z_1}, \quad \Delta_2 = p - p_2 = \frac{pz_2}{2a + z_2} \tag{7-19a}$$

将 $z_1 = z_2 = p\varepsilon$ 代入上式,得

$$\Delta_1 = \frac{p^2\varepsilon}{2a - p\varepsilon}, \quad \Delta_2 = \frac{p^2\varepsilon}{2a + p\varepsilon} \tag{7-19b}$$

由上可知,当光学系统的入射光瞳直径 $2a$ 和对准平面的位置以及极限分辨角确定后,远景深度 Δ_1 比近景深度 Δ_2 要大。

总的成像深度,即景深 Δ 为

$$\Delta = \Delta_1 + \Delta_2 = \frac{4ap^2\varepsilon}{4a^2 - p^2\varepsilon^2} \tag{7-20}$$

若用孔径角 u 取代入射光瞳直径,由图 7-14 可知它们之间有如下关系:

$$2a = 2p\tan u$$

代入式(7-20),得

$$\Delta = \frac{4p\varepsilon\tan u}{4\tan^2 u - \varepsilon^2} \tag{7-21}$$

由上式可知,入射光瞳的直径越小,即孔径角越小,景深越大。在拍照片时,把光圈缩小可以

获得大的空间深度的清晰像,其原因就在于此。

若要使对准平面以后的整个空间都能在景象平面上成清晰像,即远景深度 $\Delta_1 = \infty$,由式(7-19)可知,当 $\Delta_1 = \infty$ 时,分母 $2a - p\varepsilon$ 应为零,故有

$$p = \frac{2a}{\varepsilon} \tag{7-22}$$

即从对准平面中心看入射光瞳时,其对眼睛的张角应等于极限分辨角 ε。此时近景位置 p_2 为

$$p_2 = p - \Delta_2 = p - \frac{p^2\varepsilon}{2a + p\varepsilon} = \frac{p}{2} = \frac{a}{\varepsilon} \tag{7-23}$$

因此,把照相物镜调焦于 $p = \frac{2a}{\varepsilon}$ 处,在景象平面上可以得到自入射光瞳前距离为 $\frac{a}{\varepsilon}$ 处的平面起至无限远的整个空间内物体的清晰像。

如果把照相物镜调焦到无限远,即 $p = \infty$,以 $z_2 = p\varepsilon$ 代入式(7-18)的第二式内,并对 $p = \infty$ 求极限,则可求得近景位置为

$$p_2 = \frac{2a}{\varepsilon} \tag{7-24}$$

此式表明,这时的景深等于自物镜前距离为 $\frac{2a}{\varepsilon}$ 的平面开始到无限远。这种情况的近景距离为 $\frac{2a}{\varepsilon}$,前面分析把对准平面放在 $p = \frac{2a}{\varepsilon}$ 时的近景距离为 $\frac{a}{\varepsilon}$,后者比前者小 1 倍,因此把对准平面放在无限远时的景深要小一些。

例 7.1 设 $\varepsilon = 1' = 0.00029 \mathrm{rad}$,入射光瞳直径 $2a = 10\mathrm{mm}$,当把对准平面调焦在无限远时,其近景位置为

$$p_2 = \frac{2a}{\varepsilon} = \frac{10\mathrm{mm}}{0.00029} = 34500\mathrm{mm} = 34.5\mathrm{m}$$

若使远景平面在无限远,对准平面位于

$$p = \frac{2a}{\varepsilon} = \frac{10\mathrm{mm}}{0.00029} = 34500\mathrm{mm}$$

则近景位置为

$$p_2 = \frac{p}{2} = \frac{34500\mathrm{mm}}{2} = 17250\mathrm{mm} = 17.25\mathrm{m}$$

例 7.2 仍设 $\varepsilon = 1' = 0.00029 \mathrm{rad}$,入射光瞳直径 $2a = 10\mathrm{mm}$,若使物镜调焦在 10m 处,即 $p = 10000\mathrm{mm}$,按式(7-19b)可求出远景、近景的深度和位置分别为

$$\Delta_2 = \frac{p^2\varepsilon}{2a + p\varepsilon} = \frac{10000^2\mathrm{mm}^2 \times 0.00029}{10\mathrm{mm} + 10000\mathrm{mm} \times 0.00029}$$

$$= 2250\mathrm{mm} = 2.25\mathrm{m}$$

$$p_2 = p - \Delta_2 = 10\mathrm{m} - 2.25\mathrm{m} = 7.75\mathrm{m}$$

$$\Delta_1 = \frac{10000^2\mathrm{mm}^2 \times 0.00029}{10\mathrm{mm} - 10000\mathrm{mm} \times 0.00029} = 4080\mathrm{mm} = 4.08\mathrm{m}$$

$$p_1 = p + \Delta_1 = 10\mathrm{m} + 4.08\mathrm{m} = 14.08\mathrm{m}$$

可得景深

$$\Delta = \Delta_1 + \Delta_2 = 4.08\mathrm{m} + 2.25\mathrm{m} = 6.33\mathrm{m}$$

即自物镜前 7.75m 开始到 14.08m 为止均为成像清晰的范围。

7.9 数码照相机镜头的景深

这里的讨论基于一款 VGA 数码相机,它的 CCD 芯片长为 1/3in,镜头的相对孔径为 $f'/2$,详细参数如表 7-1 所列。

表 7-1 数码相机有关参数

接收元件	CCD
接收元件尺寸	1/3in(3.6×4.8mm,对角线长 6mm)
像素数	640×480
像素尺寸	7.5μm
镜头相对孔径	$f'/2$
镜头焦距	4.8mm
注明的景深	533mm 至无穷远

相机的说明书上说,相机前方 533mm(21in)到无穷远处都在相机的景深范围内。许多用过 35mm 焦距照相机的人都知道,在相对孔径为 $f'/2$(光圈数为 2)的情况下,当镜头调焦到前方一个人的鼻子上时,这个人的耳环都不在景深范围内。那么数码相机镜头的景深为什么这么大呢?

由式(7-4)可知,这款数码相机镜头对点物所成的艾里斑直径约为 2.8μm,大致为像素大小的 1/3。设接收器 CCD 安放在数码相机镜头的像方焦平面上,即 CCD 位于无穷远物体的理想像平面处。这时位于不同物距处的物平面将成像于不同像距的像平面上,这些像平面上的点像在接收面上将形成直径不同的弥散斑。由第 3 章中的牛顿公式 $xx'=ff'$(见式(3-3))可以计算出当物距 x 分别为 0.5m,1m,2m,3m 及 ∞ 时对应的像距,这个像距乘以数码相机镜头的相对孔径就得出了相应的弥散斑直径。具体数据结果如表 7-2 所列。

表 7-2 物距、像距及弥散斑直径

物距 x/m	像距 x'/μm	弥散斑直径/μm(调焦至∞)
∞	0	0
3	7.68	3.84
2	11.5	5.75
1	23.0	11.54
0.5	46.1	23

如果将接收器 CCD 放在物体位于 1m 处的理想像平面处,则不同物距相应的像平面离开 CCD 的距离以及像点在接收器上的弥散斑直径如表 7-3 所列。

表 7-3 调焦至 1m 时不同物距对应的弥散斑直径

物距 x/m	距 CCD/μm	弥散斑直径/μm(调焦至 1m)
∞	-23	11.5
3	-15.3	7.7
2	-11.5	5.75
1	0	0
0.5	23	11.5

从表 7-3 中的结果可以看出,当调焦至 1m 时,从 0.5m 至无穷远处的物点成像在 CCD 上,最大的弥散斑直径仅为 11.5μm,只有像素的 1.5 倍,都在景深范围内,说明数码相机镜头的景深确实很大。

为什么普通的 35mm 照相物镜没有这么大的景深呢?现对数码相机镜头与普通的 35mm 照相物镜的景深作一比较。假定数码相机镜头和 35mm 照相物镜的相对孔径都是 1/2,都调焦至无穷远处,两个镜头的视场角都相同,并在两个镜头具有相同的角弥散斑的情况下比较二者的景深。角弥散斑是弥散斑大小的线度与镜头焦距的比值,具体的几何图像就是弥散斑对镜头出射光瞳中心的张角。

设 x' 是镜头调焦至无穷远后远景或近景象平面离开景象平面的距离,对应的远景或近景深度为 x,则胶片或 CCD 上的弥散斑直径 δ 为

$$\delta = x' \cdot \frac{D}{f'} = -\frac{f'^2}{x} \cdot \frac{D}{f'} \tag{7-25}$$

故角弥散斑 ζ 为

$$\zeta = \frac{\delta}{f'} = -\frac{f'^2}{x} \cdot \frac{D}{f'} \cdot \frac{1}{f'} \tag{7-26}$$

用 ζ_1 和 ζ_2 分别表示数码相机镜头的角弥散斑和照相物镜的角弥散斑,并在二者相等的情况下比较它们的景深,有

$$\left.\begin{array}{l}\zeta_1 = -\dfrac{f_1'^2}{x_1} \cdot \dfrac{1}{2} \cdot \dfrac{1}{f_1'} \\[2mm] \zeta_2 = -\dfrac{f_2'^2}{x_2} \cdot \dfrac{1}{2} \cdot \dfrac{1}{f_2'}\end{array}\right\} \tag{7-27}$$

因为要求

$$\zeta_1 = \zeta_2 \tag{7-28}$$

所以

$$x_2 = x_1 \cdot \frac{f_2'}{f_1'} \tag{7-29}$$

由此可知,当数码相机镜头的景深范围为 1.5m 至 ∞ 时,35mm 照相物镜的景深范围则是从 $1.5\text{m} \times \dfrac{35}{4.8} \approx 11\text{m}$ 到 ∞。所以数码相机镜头较照相物镜有更大的景深范围,而景深与镜头的焦距是成反比的。

7.10 显微镜系统的景深

在显微镜系统中,理论上存在三种景深,即几何景深、物理景深和调节景深。

1. 几何景深

图 7-15 所示是一个显微镜光学系统,当显微镜调焦于物面(即对准平面)时,通过物镜所成的一次像在分划板上,位于对准平面前或后的物平面则经物镜成像后其位置在分划板的前面或后面,相应物平面上的点物在分划板上的像就不再是一个点像而是一个弥散斑 δ。

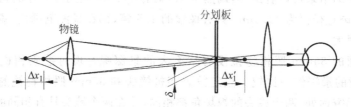

图 7-15 显微镜的几何景深

显然弥散斑的大小与显微物镜的数值孔径有关,同时与相应的物平面离开对准平面的距离 Δx_1 有关。若这个弥散斑通过目镜后所成的像对观察者眼睛的张角小于或等于人眼的分辨角,则感觉到这个像是清晰的,其相应的物平面离开对准平面的距离即为景深。这个物平面可以在对准平面之前,也可以在对准平面之后,二者间的距离为显微镜的景深,为与后面所述的其他类型的景深区别,这个景深称为几何景深。

如图 7-15 所示,设显微物镜的物方数值孔径为 $\mathrm{NA}=nu$,像方孔径角为 u',物镜的横向放大率为 β,并设物方前景深为 Δx,相应的物镜像方深度为 $\Delta x'$,前景物平面上的点物经物镜成像后在分划板上的弥散斑直径为 δ,则弥散斑 δ 的大小为

$$\delta \approx 2\Delta x' \cdot u' \tag{7-30}$$

设目镜焦距为 f'_e,这个弥散斑经目镜成像后对人眼的张角为

$$\theta = \frac{\delta}{f'_e} \tag{7-31}$$

如前所述,它要小于或等于人眼的分辨角 ε。由上两式有

$$2\Delta x' \cdot u' \leqslant \varepsilon f'_e \tag{7-32}$$

又利用轴向放大率和横向放大率间的关系式(2-28)或式(3-19),有 $\dfrac{\Delta x'}{\Delta x}=\dfrac{n'}{n}\beta^2$,这里 n 和 n' 分别是显微物镜物空间和像空间的折射率,一般 $n'=1$。由此可得

$$\Delta x = \frac{n\Delta x'}{\beta^2} = \frac{1}{2}n\frac{\varepsilon f'_e}{\beta^2 u'} \tag{7-33}$$

由式(2-40)有 $\beta=\dfrac{nu}{n'u'}$,故

$$\Delta x = \frac{1}{2}n\frac{\varepsilon \times 250}{\mathrm{NA} \cdot \beta \dfrac{250}{f'_e}} = \frac{1}{2} \cdot \frac{250n\varepsilon}{\mathrm{NA} \cdot \varGamma_m} \tag{7-34}$$

这里已经利用了目镜的视角放大率 $\varGamma_e$ 的公式(5-4)及显微镜的视角放大率 $\varGamma_m$ 的公

式(5-5)。同样可得到类似于此的后景深，因而总的几何景深 Δ_g 为

$$\Delta_g = 2\Delta x = \frac{250n\varepsilon}{\text{NA} \cdot \Gamma_m} \tag{7-35}$$

由此可得到以下结论：显微物镜数值孔径愈大，显微镜的视角放大率愈高，则显微镜的几何景深愈短。

例如有两台显微镜，第一台显微镜的视角放大率 Γ_{m1} 为 $100^\times$，其物镜的数值孔径 NA_1 为 0.2；第二台显微镜的视角放大率 Γ_{m2} 为 $250^\times$，其物镜的数值孔径为 0.4。显然两个显微物镜都是干镜头，所以利用式(7-35)计算它们的几何景深时物空间折射率 n 取 1。另设人眼的分辨角 ε 为 $1' = 0.000291\text{rad}$，据此这两台显微镜的几何景深分别为

$$\Delta_{g1} = 0.0073\text{mm}$$
$$\Delta_{g2} = 0.0015\text{mm}$$

2. 物理景深

我们已经知道，一个点光源经透镜成像后不再是一个点像，即使透镜是完全理想的，没有任何像差，情况也是如此。物理上由于衍射效应的存在，一个点光源像的光能分布是三维的，在垂直于光轴的像平面上光能分布是一个贝塞耳函数，其中心亮斑称为艾里斑，它的大小与镜头的分辨率有关。沿光轴方向的光能分布是一个 sinc 函数，具体表达式为

$$I(\xi, 0) = \left(\frac{\sin \xi/4}{\xi/4}\right)^2 I_0 \tag{7-36}$$

其中，I_0 是理想像点处的光强；$\xi = \frac{2\pi}{\lambda} u'^2 z'$，这里 λ 是显微镜所用光源的波长，u' 是显微物镜的像方孔径角，z' 是沿光轴方向的坐标，其原点在理想像点处。

显然，接收这个点像的屏沿光轴方向移动时，屏上的光强是不同的。但是当屏的移动不是太大时，光强的变化也不大，自然也就难以区分，究竟移动前屏所在的位置是理想像所在的位置，还是移动后屏所在的位置是理想像所在的位置。也就是说，存在这样一个沿光轴的深度范围，在这个范围内屏无论放在哪儿像都是清晰的。但光强变动到底小于多少时不好区分呢？一般认为光强的变化在 20% 以内时是难以区分的。由此令

$$\left(\frac{\sin \xi/4}{\xi/4}\right)^2 = 0.8$$

可解得 $\xi = 3.2$，由此可得当像平面沿光轴的移动小于

$$\Delta z' = 3.2 \frac{\lambda}{2\pi u'^2} \approx \frac{\lambda}{2u'^2} \tag{7-37}$$

时，像平面上的像在这个范围里处处都是清晰的。将这个像方深度范围利用轴向放大率换算到物方就得到这种情况下的景深，称为物理景深。换算结果为

$$\Delta z = \frac{1}{\alpha} \Delta z' = \frac{n}{n'} \cdot \left(\frac{n'u'}{nu}\right)^2 \cdot \frac{\lambda}{2u'^2}$$
$$= n \frac{\lambda}{2\text{NA}^2} \tag{7-38}$$

其中已经利用了式(2-40)和式(2-44)，并假定显微镜像方的折射率为 1，显微镜物方的折射率为 n，物镜的数值孔径为 NA。当然，对准平面的前边有这样一段景深，对准平面的后边也有这样一段景深，所以总的物理景深 Δ_p 是式(7-38)的 2 倍，即

$$\Delta_p = \frac{n\lambda}{\mathrm{NA}^2} \tag{7-39}$$

3. 调节景深

显微镜通常与人眼联用,是一个典型的目视光学仪器。已经知道眼睛有调节功能,因而能看清一定范围内远近不同的物体。设人眼通过调节能看清的最远距离为 x_1'',能看清的最近距离为 x_2'',又因为显微镜的出射光瞳可以近似看成与目镜的像方焦平面重合,所以在目镜的物方分别有

$$x_1' = -\frac{f_e'^2}{x_1''} \tag{7-40}$$

和

$$x_2' = -\frac{f_e'^2}{x_2''} \tag{7-41}$$

这里已经利用了牛顿形式的物像关系式,故上述二式中的起算原点是目镜的物方焦点。已经知道,当正常人眼使用显微镜时,显微镜的一次实像面即安放分划板的标定像平面与目镜物方焦平面重合,所以上述二式中的 x_1' 和 x_2' 分别表示离开显微物镜标定像平面的距离。将二者的差按轴向放大率的关系换算到显微物镜物方,即显微镜物方,就得到了由于眼睛的调节而能看清的显微镜物方范围,即调节景深 Δ_a。将此过程列式如下:

$$\Delta_a = x_1 - x_2 = \frac{n}{n'} \cdot \frac{1}{\beta_0^2}(x_1' - x_2') \tag{7-42}$$

将式(7-40)和式(7-41)代入上式,并假定显微镜一次实像面所在的空间介质为空气,即取 $n'=1$,有

$$\Delta_a = \frac{250^2 n}{\Gamma_m^2}\left(\frac{1}{x_2''} - \frac{1}{x_1''}\right) \tag{7-43}$$

式(7-43)中右端括号中表示的就是人眼的调节范围。若 x_2'' 与 x_1'' 的单位为 m,则括号中的值的单位是屈光度。对于 30 岁左右的中年人来说,若其视力正常,则调节范围约为 7 个屈光度,代入上式可得调节景深 Δ_a 为

$$\Delta_a = 0.001 \times 7 \times 250^2 \frac{n}{\Gamma_m^2} = 437.5 \frac{n}{\Gamma_m^2}$$

综上所述,显微镜的景深是上述三项之和,即

$$\Delta_m = \Delta_g + \Delta_p + \Delta_a \tag{7-44}$$

7.11 光度学中的物理量

光学系统是一个光能量的传递系统,随着物面上的光能传到像面上,光能携带的物面信息也就传到了像面。这一节讨论光度学中的各物理量在光学系统中是如何传递的。众所周知,光能是电磁辐射能中的一部分,所以先介绍辐射度学中的物理量,然后介绍光度学中的物理量,最后讨论光度学中各物理量在光学系统中的传递。

1. 辐射度学中的物理量

在辐射度学中考虑的往往是从一个电磁辐射源面 S 的一部分射出去的辐射能。这个

面可能就是真实辐射面,或者是一个受照面,它能作为二次辐射源对电磁辐射作二次反射或者透射。

如图 7-16 所示,设 $P(\mathbf{r})$ 是面 S 上的一个点,其中 $\mathbf{r}$ 是点 P 的位置坐标,δS 是点 P 处的一个微面积元。

设在单位时间内,从 δS 上沿方向 $\mathbf{i}$ 向微小立体角元 $\delta\Omega$ 辐射的电磁能通量为 δF,它可以表达为下面的形式:

$$\delta F = B\cos\theta\,\delta S\,\delta\Omega \qquad (7\text{-}45)$$

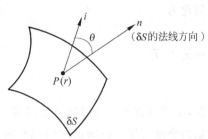

图 7-16 电磁辐射源面元 δS

这里结合图 7-16 作几点说明:δF 是单位时间内辐射出来的电磁能,所以它是一个功率类的物理量。θ 是微面积元 δS 的法矢量方向与方向 $\mathbf{i}$ 之间的夹角。一般由 δS 向 $\mathbf{i}$ 方向辐射的能通量不仅与 δS 的大小有关,而且与方向有关。例如,一个平面型辐射源向它的侧面周边的辐射极为有限,所以物理上有意义的量是 δS 在垂直于 $\mathbf{i}$ 方向的平面上的投影,而不是 δS 本身,故引入因子 $\cos\theta$。B 是一个常随位置 $\mathbf{r}$ 和方向 $\mathbf{i}$ 而定的因子,称 B 为在点 $\mathbf{r}$ 处沿方向 $\mathbf{i}$ 的辐亮度,若写出它们的宗量即

$$B = B(\mathbf{r};\mathbf{i}) \qquad (7\text{-}46)$$

换句话说,辐亮度 B 是垂直于辐射方向 $\mathbf{i}$ 的单位面积在单位时间内向沿 $\mathbf{i}$ 方向的单位立体角辐射的电磁能,即

$$B(\mathbf{r};\mathbf{i}) = \frac{\delta F}{\cos\theta\,\delta S\,\delta\Omega} \qquad (7\text{-}47)$$

它以电磁辐射源本身的性质随位置和辐射方向的不同而作空间变化。

依据式(7-45),通常用两种不同的方法分别引入因子 δI 和 δE,可以将辐射能通量 δF 分解为两个量的乘积,以表示对立体角元 $\delta\Omega$ 和微面积元 δS 的显式关系,即

$$\delta F = \delta I\,\delta\Omega = \delta E\,\delta S \qquad (7\text{-}48)$$

由上式和式(7-45)得出

$$\delta I = \frac{\delta F}{\delta\Omega} = B\cos\theta\,\delta S \qquad (7\text{-}49)$$

$$\delta E = \frac{\delta F}{\delta S} = B\cos\theta\,\delta\Omega \qquad (7\text{-}50)$$

将式(7-49)两边对一个面作积分有

$$I(\mathbf{i}) = \int B\cos\theta\,\mathrm{d}S \qquad (7\text{-}51)$$

称 I 为沿方向 $\mathbf{i}$ 的辐射强度。而将式(7-50)两边对立体角作积分有

$$E(\mathbf{r}) = \int B\cos\theta\,\mathrm{d}\Omega \qquad (7\text{-}52)$$

称 E 为 $\mathbf{r}$ 处的辐照度,它表示在整个面积上辐射出或接收了多少辐射通量,这一点由式(7-50)看得更直观一些。

辐亮度 B 随方向的变化取决于这个辐射面或二次辐射面的性质,特别是取决于它是粗糙的还是光滑的,它是自发光的还是透射或反射别的光。通常在很好的近似下,B 与方向无关,这时辐射称为各向同性的。如果辐射是各向同性的,并且辐射面是平面,那么式(7-51)可简化为

$$I(i) = I_0 \cos\theta \tag{7-53}$$

式中的 I_0 为

$$I_0 = \int B(r) dS \tag{7-54}$$

这时,在任何方向上的辐射强度随该方向与面法线间夹角的余弦而变化。式(7-53)通常称为朗伯余弦定律。当满足式(7-53)时,如果是发射面,则称为漫发射;如果是二次反射面,则称为漫反射。

在计算辐照度时,当辐射源的线度约小于它与受照面距离的 1/20 时,通常可忽略这个辐射源的有限大小,将它作为一个点源对待。而一个点辐射源的辐射强度,就用式(7-49)的左端定义。如图 7-17 所示,以点源 P 作顶点,以方向 i 为轴线作一个很细小的圆锥构成立体角元 $\delta\Omega$。若点源 P 向这个立体角元 $\delta\Omega$ 发射的辐射通量为 δF,则点源沿方向 i 的辐射强度 I 为

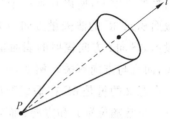

图 7-17 以点源为顶点的立体角元

$$I = \frac{\delta F}{\delta \Omega} \tag{7-55}$$

设在相距点源 r 处有一个平面在这个立体角元上截得的面积为 δS,这个平面的法线方向与点源的辐射方向 i 之间的夹角为 θ,利用基础几何学中对立体角的定义有

$$\cos\theta \, dS = r^2 d\Omega \tag{7-56}$$

则 δS 面上的辐照度 E 由式(7-50)的左端定义为

$$E = \frac{\delta F}{\delta S} = \frac{I\cos\theta}{r^2} \tag{7-57}$$

上式中已经利用了式(7-55)和式(7-56)。式(7-57)就是实用辐射度学的基本方程,它表达了辐照度余弦定律(E 与 $\cos\theta$ 成正比)以及平方反比定律(E 与 r^2 成反比)。

2. 光度学中的物理量

电磁辐射源中辐射出来的辐射通量只有用探测器去探测,才能得知它的强弱。在可见光范围内,人眼是一个用得最广泛的探测器。但人眼对辐射通量的响应不仅取决于辐射通量本身的强弱,还取决于携带辐射通量的电磁波波长。例如,波长小于 $0.38\mu m$ 或大于 $0.77\mu m$ 的辐射,人眼就没有响应。即使在可见光波段范围内,人眼对分摊于各波长上的各等辐射通量的响应也是因波长不同而不同的。实验测定,在同样功率的辐射通量情况下,对于波长为 $0.555\mu m$ 的黄光,人眼的响应程度最强,将这个响应程度规划为 1,其他波段的响应程度如表 7-4 所列。

表 7-4 各波段人眼的响应程度

$\lambda/\mu m$	$V(\lambda)$	$\lambda/\mu m$	$V(\lambda)$
400	0.0004	590	0.757
410	0.0012	600	0.631
420	0.0040	610	0.503
430	0.0116	620	0.381
440	0.023	630	0.265
450	0.038	640	0.175
460	0.060	650	0.107
470	0.091	660	0.061
480	0.139	670	0.032
490	0.208	680	0.017
500	0.323	690	0.0082
510	0.503	700	0.0041
520	0.710	710	0.0021
530	0.862	720	0.00105
540	0.954	730	0.00052
550	0.995	740	0.00025
560	0.995	750	0.00012
570	0.952	760	0.00006
580	0.870		

人眼对各波长的响应程度称为人眼的视见函数,常用 $V(\lambda)$ 表示。视见函数曲线如图 7-18 所示。

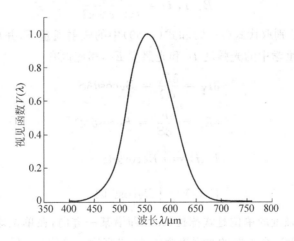

图 7-18 人眼的视见函数

将视见函数 $V(\lambda)$ 引入,对辐射通量去作折算,得到的是与人眼响应成正比的通量。这个通量称为光通量,用 F_V 表示。通常光通量采用另一个单位"流明(lm)",而不用"瓦特(W)"。二者的换算关系是:对于波长为 $0.555\mu m$ 的单色辐射,1W 的辐射通量等于 685lm 的光通量,常用 K 表示。这个辐射通量与光通量的转换常数 K 有时称为光功当量。

例如在某一电磁辐射源中,它在某一波长 λ 处的辐射通量为 $dF(\lambda)$,则这一波长处的光

通量 $dF_V(\lambda)$ 为

$$dF_V(\lambda) = V(\lambda)dF(\lambda) \tag{7-58}$$

这里光通量的单位还是 W，若换算成 lm，则上式成为

$$dF_V(\lambda) = KV(\lambda)dF(\lambda) \tag{7-59}$$

式(7-59)两边作积分 $\int dF_V(\lambda) = \int KV(\lambda)dF(\lambda)$，得到的是全部辐射通量折算出来的总光通量。但这个积分不好操作，其原因是右边积分的上下限不是波长值，故将式(7-59)先改为下式再作积分，即

$$dF_V(\lambda) = KV(\lambda)\frac{dF(\lambda)}{d\lambda}d\lambda \tag{7-60}$$

这里，$\frac{dF(\lambda)}{d\lambda}$ 是单位波长间隔上分摊的辐射通量，它是波长的函数，称为光谱密集度函数。

将上式两边积分得

$$F_V = K\int_0^\infty V(\lambda)\frac{dF(\lambda)}{d\lambda}d\lambda \tag{7-61}$$

这里光通量 F_V 的单位是 lm。根据视见函数 $V(\lambda)$ 的性质，式(7-61)的上下限可以分别改写为 $0.77\mu m$ 和 $0.38\mu m$，即

$$F_V = K\int_{0.38}^{0.77} V(\lambda)\frac{dF(\lambda)}{d\lambda}d\lambda \tag{7-62}$$

光通量 F_V 是光度学中的第一个物理量。用光通量 F_V 取代式(7-47)中的辐射通量 F，就得到光度学中的光亮度 B_V，即

$$B_V(\boldsymbol{r};\boldsymbol{i}) = \frac{\delta F_V}{\cos\theta\,\delta S\,\delta\Omega} \tag{7-63}$$

同样，用光通量 F_V 分别取代式(7-49)和式(7-50)中的辐射通量 F，并用光亮度 B_V 取代辐亮度 B，就得到了光度学中的光强度 I_V 和光照度 E_V，相应地有

$$\delta I_V = \frac{\delta F_V}{\delta\Omega} = B_V\cos\theta\,\delta S \tag{7-64}$$

$$\delta E_V = \frac{\delta F_V}{\delta S} = B_V\cos\theta\,\delta\Omega \tag{7-65}$$

$$I_V(\boldsymbol{i}) = \int B_V\cos\theta\,dS \tag{7-66}$$

$$E_V(\boldsymbol{r}) = \int B_V\cos\theta\,d\Omega \tag{7-67}$$

在光度学中，光强度的单位是坎德拉(cd)，即沿某一方向，在单位球面度的立体角中有 1lm 的光通量的话，沿这个方向的光强度为 1cd；光亮度的单位是 cd/cm^2；光照度的单位是 lm/m^2，简称勒克斯(lx)。事实上，在光度学中 cd 是一个基本单位，lm，cd/cm^2，lx 是导出单位。

与光通量一样，光强度、光亮度和光照度是光度学中经常应用的物理量。

3. 像的光亮度和光照度

现在简单讨论表征像空间和物空间中辐射情况的基本光度学量之间的关系。

假定物是面积为 δS 的小面积元，垂直于光轴放置，其辐射遵守朗伯余弦定律。这时光

亮度 B_V 与方向无关。单位时间内射到入射光瞳中以光轴为中心的一个环元上的光通量 δF_V 为

$$\delta F_V = B_V \cos u \, \delta S \delta \Omega \tag{7-68}$$

式中,

$$\delta \Omega = 2\pi \sin u \, \delta u \tag{7-69}$$

这里 u 是环元上一条典型光线与光轴的夹角,即某一孔径的孔径角,如图 7-19 所示。

以 u_M 表示物方的最大孔径角,则在单位时间内辐射到入射光瞳上的总光通量为

$$F_V = 2\pi B_V \delta S \int_0^{u_M} \sin u \cos u \, du = \pi B_V \delta S \sin^2 u_M \tag{7-70}$$

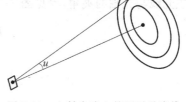

图 7-19 入射光瞳上的环元及光线

从出射光瞳射出的光通量 F'_V 可表示为类似的形式:

$$F'_V = \pi B'_V \delta S' \sin^2 u'_M \tag{7-71}$$

其中,B'_V 是像的光亮度,$\delta S'$ 是像的面积,u'_M 是像方最大的孔径角。

根据能量守恒定律,F'_V 不能大于 F_V,只有在光学系统内部没有额外的反射、吸收等引起的损失时,F'_V 才能等于 F_V。因此,

$$B'_V \delta S' \sin^2 u'_M \leqslant B_V \delta S \sin^2 u_M \tag{7-72}$$

因为 δS 与 $\delta S'$ 是物像共轭关系,所以比值 $\delta S'/\delta S$ 就是光学系统横向放大率 β 的平方,即

$$\frac{\delta S'}{\delta S} = \beta^2 \tag{7-73}$$

由式(7-8)和式(7-9)可知,像质良好的光学系统的横向放大率 β 为

$$\frac{n \sin u_M}{n' \sin u'_M} = \beta \tag{7-74}$$

将式(7-73)和式(7-74)代入式(7-72)有

$$\frac{B'_V}{n'^2} \leqslant \frac{B_V}{n^2} \tag{7-75}$$

上式说明,如果物空间的折射率和像空间的折射率相等,则像的光亮度不能超过物的光亮度,只有当光在光学系统内部的损失可以忽略时,二者才能相等,即 $B_V = B'_V$。如果物空间的折射率与像空间的折射率不相等,光在光学系统内部没有损失,那么成像前后 $\frac{B_V}{n^2}$ 是个不变量,即 $\frac{B_V}{n^2} = \frac{B'_V}{n'^2}$。

假定光在光学系统内的损失可以忽略,由式(7-71)和式(7-75)可以得出

$$F'_V = \pi \left(\frac{n'}{n}\right)^2 B_V \delta S' \sin^2 u'_M \tag{7-76}$$

因此,轴上像点 P'_0 的光照度 E'_0 是

$$E'_0 = \frac{F'_V}{\delta S'} = \pi \left(\frac{n'}{n}\right)^2 B_V \sin^2 u'_M \tag{7-77}$$

如果光学系统的像方孔径角 u'_M 很小,则出射光瞳对 P'_0 所张的立体角 Ω'_0 近似等于

$\pi\sin^2 u'_M$，因此式(7-77)可以写成

$$E'_0 = \left(\frac{n'}{n}\right)^2 B_V \Omega'_0 \tag{7-78}$$

式(7-78)适用于轴上点的像 P'_0，对于轴外物点的像 P'_1 也可用类似的方法处理。设 ω 是主光线与光轴的夹角，参见图 7-20，则可以得出下式以代替式(7-78)：

$$E'_1 = \left(\frac{n'}{n}\right)^2 B_V \Omega'_1 \cos\omega \tag{7-79}$$

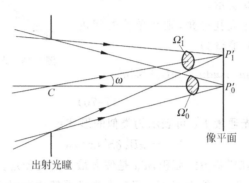

图 7-20　轴外像点的光照度

其中，Ω'_1 是出射光瞳对轴外像点 P'_1 所张的立体角。假定物的辐射服从朗伯余弦定律，利用式(7-56)可得出

$$\frac{\Omega'_1}{\Omega'_0} = \cos\omega\left(\frac{CP'_1}{CP'_0}\right)^2 = \cos^3\omega \tag{7-80}$$

将其代入式(7-79)可得

$$E'_1 = \left(\frac{n'}{n}\right)^2 B_V \Omega'_0 \cos^4\omega = E'_0 \cos^4\omega \tag{7-81}$$

式(7-81)表明，假定物的辐射服从朗伯余弦定律，光在光学系统内部没有损失，并且像方孔径角 u'_M 很小，则像的照度随视场角余弦的 4 次方即 $\cos^4\omega$ 递减。应该说，在广角物镜中轴外点与轴上点的照度不均匀是个很严重的问题。

习　题

1. 如欲分辨清楚相邻 0.00075mm 的两个点，请确定显微镜的视角放大率，并提出满足此显微镜视角放大率的几种物镜和目镜的组合。

2. 要求分辨相距 0.000375mm 的两点，用 λ＝0.00055mm 的可见光照明。试求：
(1) 此显微镜的数值孔径 NA。
(2) 若要求这两点放大后对人眼的张角为 $2'$，则显微镜的视角放大率为多少？
(3) 显微物镜和目镜各为多少倍？

3. 欲测量一个照相物镜的分辨率，它的相对孔径 $\frac{D}{f'} = \frac{1}{2}$，试求采用的观察显微镜物镜的数值孔径 NA 及显微镜的总放大倍率？

4. 假定用人眼直接观察位于 l＝－400m 距离处的某一目标时，其上所写的编号刚好能

够看清,现将此目标移至2000m处,若要看清它上面的编号,问要用几倍的望远镜?

5. 根据使用部门现场试验结果,对某一称为"激光导向仪"的仪器提出了以下几点技术要求:

(1) 在望远镜前100m处的光斑直径为4mm;
(2) 同时具有激光工作和目视观察对准的功能;
(3) 仪器工作范围为5～100m。

据此,初步总体设计布局如图7-21所示。并已知:

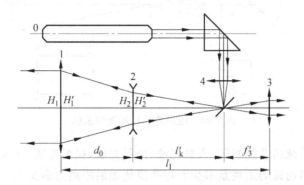

图 7-21 某仪器的初步总体设计布局图
0—激光器;1—物镜;2—调焦镜;3—观察目镜;4—小目镜

(1) 激光器端面处光斑直径 $\phi=1.5$mm,发散角 $2\omega'=0.002$rad;
(2) 小目镜和观察目镜焦距相同,$f'_3=f'_4=10$mm;
(3) $l'_k=150$mm,望远镜总长 $l_1=335$mm。

试求:

(1) 望远镜的视角放大率。
(2) 物镜和调焦镜的焦距 f'_1 和 f'_2。
(3) 物镜的通光口径 D_1。
(4) 目镜的视度调节范围为 ±5 屈光度,求目镜的移动量。
(5) 当光斑分别在物镜前5m和100m时,调焦镜相对于光斑成在无穷远时的移动量。
(6) 当孔径光阑与物镜框重合时,求目视观察时其出射光瞳的位置和大小。
(7) 物镜的理论最小分辨角为多少?
(8) 直接照射100m处时的光斑尺寸。

6. 现有一架照相机,其物镜焦距 $f'=75$mm,当以常摄距离 $p=3$m 进行拍摄时,相对孔径分别采用 $\frac{1}{3.5}$ 和 $\frac{1}{22}$,试分别求其景深。

7. 现要求照相物镜的对准平面以后的整个空间都能在景象平面上成清晰像。物镜的焦距 $f'=75$mm,所用光圈数为16,求对准平面位置和景深。又如果调焦于无限远,即 $p=\infty$,求近景位置 p_2 和景深。二者比较说明了什么?

8. 10cd 的点光源发出的光通量是多少?离开光源2m处的光照度是多少?在该处通过 0.5m² 面积(与光的照射方向垂直)的光通量是多少?

9. 太阳灶的直径为1m,焦距为0.8m,求太阳灶焦点处的照度。(设太阳灶的反射率为

50%，太阳的光亮度为 $150000×10^4 cd/m^2$，太阳直径对太阳灶焦点而言其平面角为 $32.6'$。）

10. 如图 7-22 所示为一个电影放映机的光学系统，物镜焦距为 $f'=120mm$，相对孔径为 $\dfrac{D}{f'}=\dfrac{1}{1.8}$，底片的窗口尺寸为 $20.9mm×15.2mm$，光通量在屏幕上只能达到 400lm，底片窗口宽度尺寸经物镜放大后要充满屏幕宽度 3360mm。试求：

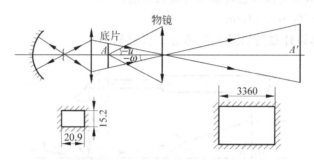

图 7-22 电影放映机的光学系统

(1) 这个放映系统的孔径光阑、入射光瞳、出射光瞳，视场光阑、入窗、出窗。
(2) 底片窗口离物镜的距离是多少？屏幕离物镜的距离为多少？
(3) 物方孔径角、像方孔径角、物方视场角、像方视场角各为多少？
(4) 物镜的拉赫不变量是多少？
(5) 能够达到的屏幕上的光照度为多少？
(6) 屏幕上最边缘点处光照度是中心光照度的多少倍？
(7) 这个放映机所用的光源是 400W 的白炽灯泡，其发光效率为 15lm/W，试计算这台放映机的光能利用率（即屏幕上所得到的光通量与光源所发出的光通量之比）。

参 考 文 献

[1] Hecht E. Optics Reading[M]. Massachusetts：Addison-Wesley，1987.
[2] 钟锡华. 现代光学基础[M]. 北京：北京大学出版社，2003.
[3] 张以谟. 应用光学（上册）[M]. 北京：机械工业出版社，1982.
[4] 王子余. 几何光学与光学设计[M]. 杭州：浙江大学出版社，1989.
[5] 袁旭沧. 应用光学[M]. 北京：国防工业出版社，1988.
[6] Fischer R E. Optical System Design[M]. New York：The McGraw-Hill Companies，Inc.，2000.
[7] 马科斯·玻恩，埃米尔·沃耳夫. 光学原理（上册）[M]. 杨葭荪，等，译. 北京：科学出版社，1978.
[8] 王之江. 光学设计理论基础[M]. 北京：科学出版社，1985.
[9] 中国大百科全书. 物理学[M]. 北京：中国大百科全书出版社，1994.
[10] Smith W J. Modern Optical Engineering[M]. Boston：The McGraw-Hill Companies，Inc.，2001.
[11] 顾培森. 应用光学例题与习题集[M]. 北京：机械工业出版社，1985.

8 梯度折射率光线光学

8.1 引 言

在前面讲述的光学工程内容中,经常使用的光学材料都是均匀介质,同一种材料中各处的单色折射率都是一样的,也就是说没有折射率的变化梯度问题。在构造光学系统时,除材料的类型选择外,往往依靠变化界面的曲率、改变透镜的厚度等来达到系统光焦度的要求和对成像质量的要求。

对一个简单的单正透镜,由于光在两个分界面上的折射,使得光线方向发生偏折,出现如图 8-1(a)所示的情况。

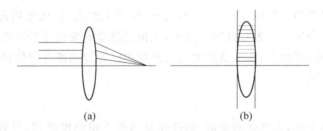

图 8-1 单透镜与单透镜的等效

这种情况也可作如下的等效解释:过单透镜两分界面的顶点作两个切平面,两个切平面之间形成了一块平行平板。将子午面内的单透镜以平行于光轴的平面切成许多厚度相等的薄层,如图 8-1(b)所示。在这个平行平板中各个薄层的平均折射率是不相等的,靠近光轴的薄层平均折射率大,因为这个薄层几乎是由透镜材料填充的;远离光轴的薄层平均折射率小,因为填充薄层的材料除透镜材料外还有空气。当将每一薄层的厚度取得足够薄时,平均折射率就由轴上向轴外连续变小。这块平行平板就可以看成是一块变折射率平板。当光线在折射率变化的介质中行走时,就不会再沿直线前进了,从一点到另一点,光线要沿满足费马原理的路径行走,即要走一条弯曲的路,而且要弯向折射率大的空间。这个定性的结论可由图 8-2 看出。如此,这块变折射率平行平板对光线也有了偏折作用,所以它就具有了光焦度。

设介质折射率是沿垂直于光轴的方向变化的,且离光轴愈远折射率愈小。将此介质任意分成许多"等"折射率薄层,且 $n_1<n_2<n_3<n_4<\cdots<n_i$。又设光线自左向右沿着分界面

入射，入射光线位于 n_1 介质中，这第一步可看成是掠入射，它在折射时由 n_1 介质折向 n_2 介质，其折射角小于 90°。在第二步折射时，由于 $n_2 < n_3$，所以折射角又小于入射角，光线更向光轴方向弯曲。往下都是类似性质的折射。最终光线弯向折射率大的介质，使得这块变折射率平板具有了正的光焦度。这样可用一个新的模型等效地解释正透镜对光线的作用。

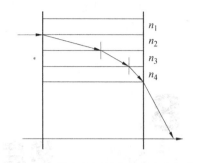

图 8-2 光线在变折射率介质中的行走

这就使我们认识到，一块平行平板玻璃，若材料的折射率有一定的空间分布或随空间有一定变化，它对光线一样有汇聚或发散作用。

折射率仅沿某一个方向变化的介质称为梯度折射率（变化）介质，因为这个方向就是折射率变化的梯度方向。研究讨论几何光线在梯度折射率介质中传播规律的光学称为梯度折射率光线光学。

8.2 自然界的梯度折射率介质

在海平面上的大气中，在沙漠地表上的大气中，在机场跑道上空的大气中，由于存在明显的温度梯度，进而使大气的密度从下至上是不均匀的。温度梯度的存在，使得大气折射率随海拔高度的不同而不同，温度愈高，大气折射率愈小。大气密度不同，大气折射率也不同，大气密度低则折射率小。所以，海平面上的大气、沙漠上的大气、机场跑道上空的大气都是自然界的变折射率介质。一般在这些大气中，无论是温度的变化还是密度的变化，其变化的梯度方向都与海（地）平面垂直，故这些大气的折射率沿海拔高度方向作梯度变化，所以称它们为梯度折射率介质。

1. 海市蜃楼

在寒冷的海面上空，大气强烈逆温，即往往是越往上空温度越高，导致越往上空大气密度就越小，因此大气折射率越往上越小。大气折射率 $n(y)$ 随海面上空海拔高度 y 的变化函数可被表示为

$$n^2(y) = n_0^2 + n_p^2 e^{-\alpha y} \tag{8-1}$$

其中，n_0，n_p 和 α 的典型数据分别为 $n_0 = 1.000233$，$n_p = 0.45836$，$\alpha = 2.303/\text{m}$。

由于这时的大气折射率是连续变化的，所以在其间行进的光线是弯曲的，而且是向下弯曲的。如图 8-3 所示，远处景物点 A、点 B 等处发出的光线经过大气的折射弯曲后进入观察者 O 的眼睛，从而看到了这个景物。

从视觉效果看，相当于观察者 O 看到了景物 AB 被大气所成的像 $A'B'$。然而由于此时的大气密度、温度还有不时的涨落，这个像也就时隐时现。加上观察者身处海边，明知海面上没有这个景物，现在却看到了它，更有一种虚幻缥缈的感觉，更显海市蜃楼的奇异景象。

2. 沙洲神泉

烈日阳光普照下的沙漠上空，存在明显的温度梯度。沙漠地表温度很高，随着高度的增加，温度逐渐降低，随之大气折射率随高度的增加而逐渐增加，于是在其中传播的光线向上

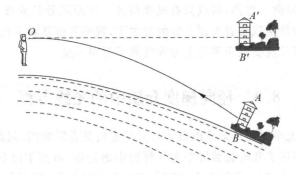

图 8-3 海市蜃楼原理图

弯曲。

如图 8-4 所示,当景物(例如树)上"发出"的光线经过向上弯曲的路径后进入眼睛,在沙漠上行走的人们就看到了这个景物,从视觉效果上说,人们看到的是这个景物(树)经梯度折射率大气所成的像,而且这个像是倒置的。

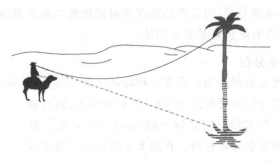

图 8-4 沙洲神泉原理图

一方面,人们从生活经验中知道,泉水的水面、湖水的水面犹如一面平面反射镜,它能将泉边或湖边的小树、小草倒映在泉水或湖水中。另一方面,在烈日炎炎的天气里行走在沙漠中的人们,谁不希望遇到甘泉啊?现在居然看到了倒置的草木,那不明明是有泉水在那里吗?这就是看到沙洲神泉的光学原因和心理学缘由。

3. 机场跑道的可见距离问题

与沙漠地表上空的大气类似,机场跑道上空也存在较大的温度梯度,尤其在夏天情况更为突出,故大气折射率有明显的梯度变化方向,越往上走大气温度越低,大气折射率越高,其间传播的光线总是向上弯曲的,如图 8-5 所示。

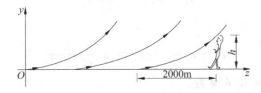

图 8-5 可见的机场跑道长度

由图 8-5 可见,机场跑道上反射过来的光线即使沿水平方向,因大气具有梯度折射率性质,光线在其间传播时向上弯曲,所以只有离观察者一定距离处的光线才能进入眼睛,再远一些地方的反射光线就从观察者头顶上方射过去了,观察者也就看不到那儿的跑道,所以说观察者能看到的跑道长度受限于跑道上方大气的折射率梯度。

8.3 径向梯度介质中的光线方程

如引言中所述,光学材料折射率的分布对光线走向是有影响的,因此也是控制光线走向的一种途径。前面简述了几种自然界中大气折射率的分布,看到了由它们引起的自然现象和令人神往的效果。事实上,研制具有空间分布折射率的材料,以简化光学系统的结构,提高光学系统的性能,一直是光学工程领域中的一个研究课题。本节讨论光线在一些特殊分布的梯度折射率材料中的走向,所需要的基础是光线方程及其在这些材料中的简化。

在第1章中我们已经知道,在非均匀介质中,光线服从光线方程,这是一个普遍适用的微分方程,对于极为一般的折射率分布,求解这个方程是一件很困难的事情。另外,在使用具有梯度折射率的介质进行设计和制作光学器件时,这种介质内的折射率梯度总是按照某种特有的规律变化的,也就是说,折射率的梯度是可以用简单函数表述的。在这些常用的简单介质中,寻找光线方程的解析解是有可能的。

1. 径向梯度折射率分布

最简单的光学元件是轴对称的。设有一种棒状材料,它的中心轴线取为 z 轴,这个棒状材料的折射率分布是以 z 轴为对称的,轴线处折射率最大,离开轴线越远折射率就越低。但它沿轴向是均匀的,如图 8-6 所示。称这种材料为径向梯度折射率分布材料。在图 8-6 所示的直角坐标系中,其折射率的分布函数为

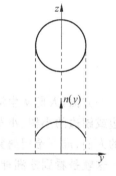

图 8-6 径向梯度折射率棒

$$n = n(\sqrt{x^2+y^2}) = n_0 - n_1(\sqrt{x^2+y^2}) \tag{8-2}$$

这里,n_0 是 z 轴处的折射率,即 $n(0,0)=n_0$;$n_1(\sqrt{x^2+y^2})$ 是与离开轴的距离有关的折射率的减少量。由于它是以 z 轴为对称的,所以可以在一含轴面里讨论问题,我们将这个含轴面取为 y-z 坐标面,称为子午面。如此,式(8-2)可以写成

$$n = n_0 - n_1(y) \tag{8-3}$$

在折射率的径向梯度分布中,有两种分布很值得讨论:一种是抛物线型分布,第二种是双曲正割型分布,它们的折射率分布函数分别是

$$n_p = n_0\left(1 - \frac{1}{2}\alpha^2 y^2\right) \tag{8-4}$$

和

$$n_h = n_0 \operatorname{sech}(\alpha y) = n_0 \frac{2}{e^{\alpha y}+e^{-\alpha y}} \tag{8-5}$$

其中,α 是一个材料折射率分布常数。

有意思的是,若将式(8-5)所示的双曲正割型分布函数展开成无穷级数,就有

$$n_h = n_0 \operatorname{sech}(\alpha y)$$

$$= n_0 \left[1 + \sum (-1)^k E_{2k} (\alpha y)^{2k} / (2k)! \right]$$
$$= n_0 \left(1 - \frac{1}{2} \alpha^2 y^2 + \frac{5}{24} \alpha^4 y^4 - \frac{61}{720} \alpha^6 y^6 + \cdots \right) \tag{8-6}$$

这里系数 E_{2k} 为欧拉数，k 为正整数。当 $\alpha y \ll 1$ 时，可取前两项，即得抛物线型分布函数，见式(8-4)。

2. 径向梯度介质中的光线方程

我们研究子午面内的光线，因此将光线方程在直角坐标系中展开。在第 1 章中已经得出光线微分方程(见式(1-34))，将其在直角坐标系中展开即得到式(1-35)。在材料分布满足式(8-3)的条件下，由式(1-35)有

$$\left. \begin{array}{l} \dfrac{\mathrm{d}}{\mathrm{d}l}\left(n\dfrac{\mathrm{d}x}{\mathrm{d}l}\right)=0 \\[6pt] \dfrac{\mathrm{d}}{\mathrm{d}l}\left(n\dfrac{\mathrm{d}y}{\mathrm{d}l}\right)=\dfrac{\mathrm{d}n}{\mathrm{d}y} \\[6pt] \dfrac{\mathrm{d}}{\mathrm{d}l}\left(n\dfrac{\mathrm{d}z}{\mathrm{d}l}\right)=0 \end{array} \right\} \tag{8-7}$$

这是因为由式(8-3)可知，介质的折射率只是 y 的函数。式(8-7)说明，$n\dfrac{\mathrm{d}x}{\mathrm{d}l}$ 和 $n\dfrac{\mathrm{d}z}{\mathrm{d}l}$ 均为常数。已经知道，$\dfrac{\mathrm{d}x}{\mathrm{d}l}$ 和 $\dfrac{\mathrm{d}z}{\mathrm{d}l}$ 分别是光线与 x 轴和 z 轴夹角的余弦。设光线入射点的坐标为 (x_0, y_0, z_0)，入射光线与 x 轴和 z 轴的夹角分别为 θ_{0x}, θ_{0z}。所以

$$\left. \begin{array}{l} n(y)\cos\theta_x = n(y_0)\cos\theta_{0x} \\ n(y)\cos\theta_z = n(y_0)\cos\theta_{0z} \end{array} \right\} \tag{8-8}$$

对在子午面内的光线有 $x_0=0, \theta_{0x}=\dfrac{\pi}{2}$，进而有 $\theta_x=\dfrac{\pi}{2}$。此时 $\cos\theta_{0z}$ 就是入射光线与 y 轴夹角 θ_0 的正弦 $\sin\theta_0$，即对子午光线而言，θ_0 是入射光线的入射角。结合图 8-2 可知，在式(8-3)所述的介质中，$n\dfrac{\mathrm{d}z}{\mathrm{d}l}$ 为常数正是折射定律或费马原理的反映。按图 8-7 取坐标系 Oyz，并设光线的入射角为 θ_0，则有常数 $n(y_0)\sin\theta_0$，即

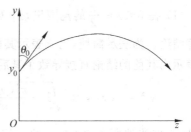

图 8-7 折射率的分布与解题用的坐标系

$$n(y)\sin\theta_y = n(y_0)\sin\theta_0 = n\dfrac{\mathrm{d}z}{\mathrm{d}l} \tag{8-9}$$

所以

$$\dfrac{\mathrm{d}z}{\mathrm{d}l} = \dfrac{n(y_0)}{n(y)}\sin\theta_0 \tag{8-10}$$

又因为对于子午面内的光线有

$$(\mathrm{d}l)^2 = (\mathrm{d}y)^2 + (\mathrm{d}z)^2$$

即有

$$\frac{dy}{dl} = \pm \sqrt{1 - \left(\frac{dz}{dl}\right)^2}$$

和

$$\frac{dy}{dz} = \sqrt{\left(\frac{dl}{dz}\right)^2 - 1}$$

将式(8-10)代入得

$$\frac{dy}{dz} = \sqrt{\frac{n^2(y) - n^2(y_0)\sin^2\theta_0}{n^2(y_0)\sin^2\theta_0}} \tag{8-11}$$

$$\frac{dy}{dl} = \pm \sqrt{n^2(y) - n^2(y_0)\sin^2\theta_0} \cdot \frac{1}{n(y)} \tag{8-12}$$

式(8-11)便是子午面内的光线方程。也可以将这个一阶非线性微分方程对 z 再求导一次，将它转化为二阶微分方程，即

$$\frac{d^2y}{dz^2} = \frac{1}{2n^2(y_0)\sin^2\theta_0} \cdot \frac{d(n^2)}{dy} \tag{8-13}$$

原则上，可根据梯度折射率函数 $n(y)$ 求解以上微分方程，加上边界条件 (y_0, z_0, θ_0)，最终获得特定的光线径迹(曲线)，或者从微分方程分析中得到相应光线的某些特性。这里，(y_0, z_0) 是光线入射点的坐标。

假定折射率函数为 $n(y) = n_0\left(1 - \frac{1}{2}\alpha^2 y^2\right)$，或 $n(y) = n_0 - n_1(y)$，其中 $n_0 = n(y=0) = n(0)$。由式(8-12)来定性地分析光线走向。首先可以判断出，在式(8-12)中，当 $0 < \theta_0 \leq \frac{\pi}{2}$ 时，根号前取正值；当 $\frac{\pi}{2} < \theta_0 \leq \pi$ 时，根号前取负值。

(1) 在 $0 < \theta_0 \leq \frac{\pi}{2}$ 的范围里，当 θ_0 一定时，光线开始沿 y 增加的方向走，这样就可得到下述结论。为表示简捷，用 ↑ 表示其前的项目是增加的，用 ↓ 表示其前的项目是减小的，用 ⇒ 表示由其前的结论直接导致了其后的结果。则

$$y\uparrow \Rightarrow n(y)\downarrow \Rightarrow \sqrt{1 - \frac{n^2(y_0)\sin^2\theta_0}{n^2(y)}}\downarrow \Rightarrow \frac{dy}{dl}\downarrow \Rightarrow \cos\theta_y\downarrow \Rightarrow \theta_y\uparrow \Rightarrow \theta_y = \frac{\pi}{2}$$

将 $\theta = \frac{\pi}{2}$ 时光线所在地点的 y 坐标记为 Y，即有

$$n^2(Y) = n^2(y_0)\sin^2\theta_0 \tag{8-14}$$

所以当光线从 $(y_0, z_0 = 0)$ 走到 (Y, z) 时，光线凸的一边朝向折射率减小的一边，换句话说，光线凹的一边朝向折射率增加的一边。在点 (Y, z) 处光线的方向与 z 轴平行。如图 8-8(a) 所示。当光线到达点 (Y, z) 时，光线方向与 z 轴平行。其后光线向何处走呢？是弯向 z 轴还是背离 z 轴呢？首先假定它向背离轴的方向前进，此时光线要向上走，所以 $n(y) < n(Y)$，进而有 $\frac{n^2(y_0)\sin^2\theta_0}{n^2(y)} > 1$，故 $\sqrt{1 - \frac{n^2(y_0)\sin^2\theta_0}{n^2(y)}}$ 为虚数，而我们是在实空间中讨论问题，所以这种情况物理上并不存在。由此可知，在点 (Y, z) 以后光线要弯向 z 轴，如图 8-8(b) 中的光线 1。这就是我们说的光线是向折射率增大的方向弯曲的。这种情况我们在图 8-2 中已经看到了。

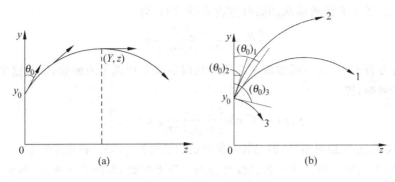

图 8-8 光线走向的分析

(2) 设另有一条光线 2,在点 $(y_0, z_0 = 0)$ 入射,其入射角 $(\theta_0)_2$ 比光线 1 的入射角 $(\theta_0)_1$ 小,看它的走向如何。

因为 $(\theta_0)_2 < (\theta_0)_1$,在相同的高度 y 处,光线 2 的 $\sqrt{1 - \dfrac{n^2(y_0)\sin^2(\theta_0)_2}{n^2(y)}}$ 比光线 1 的 $\sqrt{1 - \dfrac{n^2(y_0)\sin^2(\theta_0)_1}{n^2(y)}}$ 大,所以

$$\left(\frac{\mathrm{d}y}{\mathrm{d}l}\right)_2 > \left(\frac{\mathrm{d}y}{\mathrm{d}l}\right)_1 \Rightarrow \cos(\theta_y)_2 > \cos(\theta_y)_1 \Rightarrow (\theta_y)_2 < (\theta_y)_1$$

又因为 $n(Y) = n(y_0)\sin(\theta_0)_2$ 及 $\theta_Y = \dfrac{\pi}{2}$,所以有

$$(\theta_0)_2 \downarrow \Rightarrow n(Y) \downarrow \Rightarrow Y \uparrow$$

据此两方面的考虑,光线 2 的走向应如图 8-8(b) 所示。

(3) 在 $\dfrac{\pi}{2} < \theta_0 < \pi$ 的范围里(见图 8-8(b) 中光线 3),有

$$\frac{\mathrm{d}y}{\mathrm{d}l} = -\sqrt{n^2(y) - n^2(y_0)\sin^2(\theta_0)_3} \cdot \frac{1}{n(y)}$$

所以

$$z \uparrow \Rightarrow y \downarrow \Rightarrow n(y) \uparrow \Rightarrow \sqrt{1 - \frac{n^2(y_0)\sin^2(\theta_0)_3}{n^2(y)}} \uparrow \Rightarrow -\sqrt{1 - \frac{n^2(y_0)\sin^2(\theta_0)_3}{n^2(y)}} \downarrow \Rightarrow$$
$$\Rightarrow \cos(\theta_y)_3 \downarrow \Rightarrow (\theta_y)_3 \uparrow$$

由此可得光线 3 的走向如图 8-8(b) 所示。

3. 抛物线型介质中子午光线方程的解

假定介质的折射率服从式(8-4),则有

$$n_\mathrm{p}^2 = n_0^2 \left(1 - \frac{1}{2}\alpha^2 y^2\right)^2$$

一般情况下,式(8-4)所示的折射率函数为缓变函数,即 $\alpha^2 y^2 \ll 1$,所以上式可以近似为

$$n_\mathrm{p}^2 \approx n_0^2(1 - \alpha^2 y^2) \tag{8-15}$$

对其求关于 y 的导数,有

$$\frac{\mathrm{d}(n_\mathrm{p}^2)}{\mathrm{d}y} = -2\alpha^2 n_0^2 y \tag{8-16}$$

将式(8-16)代入子午光线所服从的微分方程式(8-13),得

$$\frac{d^2 y}{dz^2} = \frac{-\alpha^2 n_0^2}{n^2(y_0)\sin^2\theta_0} y \tag{8-17}$$

这个微分方程表明,某一函数求了二阶导数以后又复现成了原函数,所以这个方程的通解一般为简谐函数,即

$$y(z) = C\cos\left[\frac{\alpha n_0}{n(y_0)\sin\theta_0} z + \varphi_0\right] \tag{8-18}$$

其中,待定常数 C, φ_0 由边界条件,即光线出发点的位置坐标(y_0, z_0)和光线斜率$(dy/dz)_{z_0}$来确定。可见,光轴上点发出的光束中各光线径迹均系简谐曲线,如图 8-9 所示,其空间周期为

$$T = \frac{2\pi n(y_0)\sin\theta_0}{\alpha n_0} \tag{8-19}$$

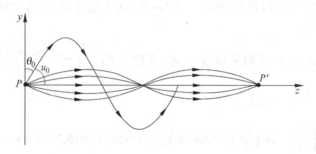

图 8-9 抛物线型介质中轴上点发出的光线径迹

式(8-19)表明,空间周期与光线的入射角 θ_0 有关。若以光线的孔径角 u_0 表示,则有 $\sin\theta_0 = \cos u_0$,于是周期公式可表示为

$$T = \frac{2\pi n(y_0)\cos u_0}{\alpha n_0} \tag{8-20}$$

可见,大孔径入射的光线,其周期小;小孔径入射的光线,其周期大。所以,从一点出发而孔径不同的子午光线经抛物线型介质的折射后不再完全汇聚于一点。但在近轴区,因为有 $n(y_0) \approx n_0$ 及 $\cos u_0 \approx 1$,则简谐曲线的周期为一常数,即

$$T_0 = \frac{2\pi}{\alpha} \tag{8-21}$$

这表明,轴上点发出的近轴光线经同一周期 T_0 后重又聚交于一点。

4. 双曲正割型介质中的光线聚焦特性

如上所述,在抛物线型介质中,轴上物点发出的近轴光线经过半个周期的整数倍后重又聚焦于一点,即近轴成像是清晰的。而大孔径光线的周期与近轴光线的周期是不一致的,所以大孔径成像或宽光束成像不会是完善的。那么在什么梯度折射率介质中,即使是大孔径成像,所成像也是完善的呢?有没有这种梯度折射率介质呢?下面将会证明在双曲正割型介质中,无论光线的孔径是大是小,从一点发出的子午光线的周期都是相同的,也就是说,子午光线的周期与光线的孔径无关。

前面已经介绍过双曲正割型梯度折射率的分布函数,见式(8-5)。另外,从图 8-9 中已经看到,轴上点发出的所有近轴光线经过半个周期后又聚焦于光轴上一点,这一点可以说是原轴上物点的一个像点。也就是说,对于所有的近轴光线来说,从物点到像点之间的光程是

相等的。又由于从物点到像点无论哪一条近轴光线走的都是正弦曲线，所以每条近轴光线在 1/4 周期内所走过的光程是相等的。而沿正弦曲线行进的近轴光线前进了 1/4 周期后，就到达了离开光轴最远的位置，设这一点的坐标为 $\left(Y, \dfrac{T_0}{4}\right)$。由此启示我们，只要证明了在双曲正割型介质中，从物点出发的光线无论它的孔径角如何，当走过 1/4 周期后其光程相互间是相同的，这就证明了子午光线的周期与光线的孔径无关。下面给出具体的证明过程。

由前可知，对于子午光线有 $(\mathrm{d}l)^2 = (\mathrm{d}y)^2 + (\mathrm{d}z)^2$，所以

$$\mathrm{d}l = \sqrt{1 + \left(\frac{\mathrm{d}z}{\mathrm{d}y}\right)^2}\, \mathrm{d}y \tag{8-22}$$

将式(8-11)代入有

$$\mathrm{d}l = \sqrt{1 + \frac{n^2(y_0)\sin^2\theta_0}{n^2(y) - n^2(y_0)\sin^2\theta_0}}\, \mathrm{d}y \tag{8-23}$$

所以

$$\int_{T_0} n(y)\,\mathrm{d}l = 4\int_0^Y n(y)\sqrt{1 + \frac{n^2(y_0)\sin^2\theta_0}{n^2(y) - n^2(y_0)\sin^2\theta_0}}\, \mathrm{d}y$$

$$= 4\int_0^Y \frac{n^2(y)}{\{n^2(y) - n^2(y_0)\sin^2\theta_0\}^{\frac{1}{2}}}\, \mathrm{d}y \tag{8-24}$$

将式(8-5)代入有

$$\int_{T_0} n(y)\,\mathrm{d}l = 4\int_0^Y \frac{n_0 \operatorname{sech}^2(\alpha y)}{\left\{\operatorname{sech}^2(\alpha y) - \dfrac{n^2(y_0)}{n_0^2}\sin^2\theta_0\right\}^{\frac{1}{2}}}\, \mathrm{d}y \tag{8-25}$$

引入新的变量 g，令其为

$$g = \tanh(\alpha y) = \frac{\mathrm{e}^{\alpha y} - \mathrm{e}^{-\alpha y}}{\mathrm{e}^{\alpha y} + \mathrm{e}^{-\alpha y}} \tag{8-26}$$

上式两端取微分有

$$\mathrm{d}g = \alpha \operatorname{sech}^2(\alpha y)\, \mathrm{d}y \tag{8-27}$$

将式(8-27)代入式(8-25)，并利用关系式 $\operatorname{sech}^2(\alpha y) = 1 - \tanh^2(\alpha y)$，有

$$\int_{T_0} n(y)\,\mathrm{d}l = \frac{4n_0}{\alpha}\int_0^{\tanh(\alpha y)} \frac{\mathrm{d}g}{\left\{\left[1 - \dfrac{n^2(y_0)}{n_0^2}\sin^2\theta_0\right] - g^2\right\}^{\frac{1}{2}}}$$

$$= \frac{4n_0}{\alpha}\sin^{-1}\left\{\frac{\tanh(\alpha Y)}{\left[1 - \dfrac{n^2(y_0)}{n_0^2}\sin^2\theta_0\right]^{\frac{1}{2}}}\right\} \tag{8-28}$$

因为

$$\tanh(\alpha Y) = [1 - \operatorname{sech}^2(\alpha Y)]^{\frac{1}{2}}$$

$$= \left[1 - \frac{n^2(Y)}{n_0^2}\right]^{\frac{1}{2}}$$

$$= \left[1 - \frac{n^2(y_0)}{n_0^2}\sin^2\theta_0\right]^{\frac{1}{2}}$$

其间利用了式(8-5)和式(8-14)。故由式(8-28)得

$$\int_{T_0} n(y) dl = \frac{2\pi n_0}{\alpha} \tag{8-29}$$

所以,在双曲正割型介质中,从一点发出的子午光线无论其孔径角是大还是小,它们走完半个周期的整数倍后光程是相等的,即它们的周期是相同的,所以在这种介质中一轴上点发出的子午光线又可以聚焦于一点。又由于折射率分布是以光轴旋转对称的,所以轴上物点是可以点物成点像的。

5. 梯度折射率介质中的斜光线

前面讨论了在梯度折射率介质中轴外物点子午光线的径迹与走向,现讨论轴外物点发出的斜光线。由于一般情况较为复杂,我们只讨论一类特殊的斜光线,即沿光轴等距离处传播的螺旋形斜光线,如图 8-10 所示。为表示简洁起见,用 r 表示离开光轴的距离,即 $r = \sqrt{x^2+y^2}$。

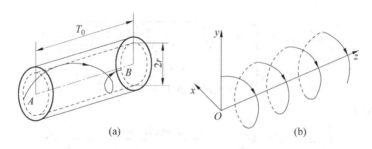

图 8-10 螺旋光线径迹

讨论的重点放在螺旋光线的周期上,即螺旋光线的周期是否也为 T_0?讨论的思路是如果假设螺旋光线的周期是 T_0,那么它在什么样分布的梯度折射率介质中才能得到满足,它的分布是否与双曲正割型函数分布一致。

由于螺旋光线是在等 r 处传播的,对应的折射率 $n(r)$ 在整个光线路径上是恒量,所以传播了一个周期 T_0 后的光程为

$$\int_{T_0} n dl = n(r) \int_{T_0} dl \tag{8-30}$$

由图 8-11 可知,展开的螺旋光线的几何长度为

$$\int_{T_0} dl = \sqrt{4\pi^2 r^2 + T_0^2} \tag{8-31}$$

将式(8-31)代入式(8-30)有

$$\int_{T_0} n dl = n(r) \sqrt{4\pi^2 r^2 + T_0^2} \tag{8-32}$$

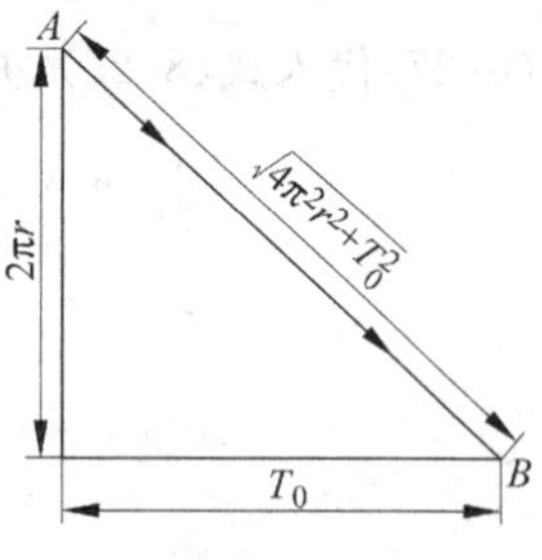

图 8-11 展开的螺旋光线几何长度

由式(8-29)可知,在双曲正割型介质中,轴外某点发出的子午光线走过一个周期后的光程为

$$\int_{T_0} n(y) dl = \frac{2\pi n_0}{\alpha} \tag{8-29}$$

若想从这一点发出的螺旋光线经过一个周期的传播后与子午等光线聚焦于一点,由费马原理可知,上述两个式子所表示的光程应该相等,即

$$n(r)\sqrt{4\pi^2 r^2 + T_0^2} = \frac{2\pi n_0}{\alpha} \tag{8-33}$$

将式(8-21)代入,得到所要求的折射率分布为

$$n(r) = n_0(1+\alpha^2 r^2)^{-1/2} \tag{8-34}$$

式(8-34)和式(8-5)是不一致的。可见对于子午光线的自聚焦为理想分布的双曲正割型介质,对于螺旋光线的自聚焦便不是理想分布的,反之亦然。

如果只讨论近轴区,那么将式(8-34)用级数展开便可得到抛物线型分布,即

$$n(r) = n_0(1+\alpha^2 r^2)^{-1/2} = n_0\left(1 - \frac{1}{2}\alpha^2 r^2\right) \tag{8-35}$$

也就是说,对于近轴区域,式(8-34)、式(8-5)和式(8-4)三种分布都是一致的,且都是抛物线型分布。

8.4 自聚焦透镜及其成像

如前所述,梯度折射率介质对光线有偏折作用,即使将梯度折射率棒切成与对称轴垂直的平行平板,也有这个作用。另外还说明了,如果材料分布合适,在一定程度上就能将一点发出的光线聚焦于另外一点,即有自聚焦和成像作用。所以将由梯度折射率介质做成的透镜称为自聚焦透镜。我们已经分析了这些材料的分布以及各种光线在其中的走向,为了达到自聚焦或近似自聚焦,其折射率应该在与光轴垂直的横截面内沿半径方向呈抛物线状连续变小,即满足式(8-35)。根据轴对称性,将式(8-35)简化为二维表示式

$$n(y) = n(0)\left(1 - \frac{1}{2}\alpha^2 y^2\right) \tag{8-36}$$

当近轴光线在其中传播时,光线的路径为正弦或余弦曲线,可表示为

$$y(z) = C\cos(\alpha z + \varphi_0) \tag{8-37}$$

其中,C, φ_0 由具体问题的边界条件确定,$\alpha = \frac{2\pi}{T_0}$,$T_0$ 是路径的周期长度。

下面根据以上规律和几何光学理论,研究自聚焦透镜对近轴光线的成像。

1. 近轴光学

如图 8-12 所示,一般的正光焦度的球面透镜可以汇聚光线并能成像。它可以将一点发出的近轴光线很好地汇聚于另外一点,成为一个理想的像点。这种透镜的折射率在透镜内部处处相等,光线主要是在各个球面上发生折射。

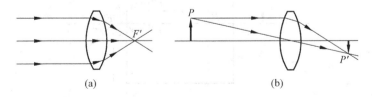

图 8-12 均匀折射率球面透镜成像

如图 8-13 所示,自聚焦透镜的折射率是按一定规律变化的,光线在其中自动地沿曲折的路径传播,可以预计出近轴光的情形。图 8-13(a)中的平行于光轴的光线可由自聚焦透

镜良好地聚焦于一点 F'；图 8-13(b) 中由轴外物点 P 发出的近轴光线也可以很好地汇聚于另一点 P'，成一个理想的点像。在图 8-13(b) 中，OO' 为自聚焦透镜的光轴，作图时取了两根特殊的光线，一根平行于光轴，即 PA；另一根为 PO，它的出射光线平行于光轴。这两根光线在自聚焦透镜内部都按余弦曲线传播，在自聚焦透镜之外沿直线传播。一般说来，由 P 点发出的光线依次经过第一面即 OA 面的折射、透镜内部的折射和第二面即 $O'B$ 面的折射后射出自聚焦透镜。自然，对光线的偏折主要在于透镜内部，如果没有这种偏折，则图 8-13 中的光学元件便成了一块普通的平行平板了。

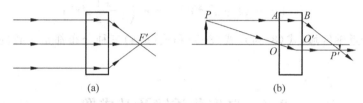

图 8-13 自聚焦透镜的成像

可见，自聚焦透镜不同于普通的球面透镜，前者主要依靠折射率的恰当变化（由式(8-35)或式(8-36)决定）来对近轴光成像。与普通的球面透镜相比，自聚焦透镜有其独特的优点，比如可以做得很小、可以获得超短焦距、可以弯曲传像（如做成自聚焦光纤）等。这些都是一般透镜很难做到甚至根本做不到的。

2. 自聚焦透镜的焦点、焦距和主点、主平面

现利用几何光学中理想光学系统的概念，分析自聚焦透镜的焦点和主平面位置，并导出焦距公式。在讨论中，假定透镜置于空气之中。

如图 8-14 所示，作 PA 光线平行于光轴 OO'，其投射高度为 h，它在透镜内部的路径是余弦曲线 AB，射出透镜后的路径是直线 BF'，F' 即为自聚焦透镜的像方焦点。将直线 BF' 反方向延长，交 PA 的延长线 AA' 于 Q' 点，过 Q' 点作平面 $Q'H'$ 垂直于光轴 OO'，此平面即为像方主平面。而 $H'F' = f'$ 即为此自聚焦透镜的像方焦距，$H'O' = l'_H$ 表示像方主平面离最后一面的距离。

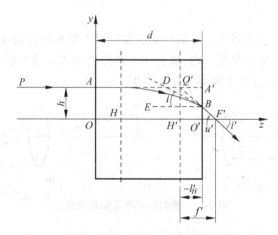

图 8-14 自聚焦透镜的主点、焦点和焦距

为了求出像方焦距 f' 和像方主平面位置 l'_H 的解析式,选坐标系 yOz 如图 8-14 所示,作直线 DB 表示余弦曲线在 B 点的切线,此即透镜内部的光线在 B 点处的方向。再作直线 EB 平行于光轴 OO'。自聚焦透镜的厚度为 d。余弦曲线服从式(8-37)。

已知入射点 A 的坐标为 $(h,0)$,又由于入射光线平行于光轴 OO',所以在 A 点处有 $\dfrac{\mathrm{d}y}{\mathrm{d}z} = 0$,据此,由式(8-37)有

$$y(z=0) = C\cos(\alpha z + \varphi_0) = C\cos\varphi_0 = h \tag{8-38}$$

和

$$\frac{\mathrm{d}y}{\mathrm{d}z}(z=0) = -C\alpha\sin(\alpha z + \varphi_0) = -C\alpha\sin\varphi_0 = 0 \tag{8-39}$$

根据这两个式子,可由边界条件确定出自聚焦透镜内部光线路径所服从的余弦曲线的两个待定常数为

$$\left.\begin{array}{c} C = h \\ \varphi_0 = 0 \end{array}\right\} \tag{8-40}$$

所以,余弦曲线 AB 的函数表示为

$$y(z) = h\cos(\alpha z) \tag{8-41}$$

B 点处自聚焦透镜内部光线的斜率为

$$\frac{\mathrm{d}y}{\mathrm{d}z}(z=d) = -\alpha h\sin(\alpha d) \tag{8-42}$$

在近轴情况下,此即为用弧度值表示的光线在自聚焦透镜的最后一面上的入射角 $i = \angle DBE$。值得指出的是,这里入射角的光线转向法线是沿逆时针方向旋转的,所以是负值;从数学上考虑光线的斜率也是负值,所以二者的符号是相同的。故

$$i = -\alpha h\sin(\alpha d) \tag{8-43}$$

B 点处的出射光线即沿 BF' 传播的光线的折射角 i',可由折射定律得出:

$$i' = n(B)i \tag{8-44}$$

将式(8-36)代入有

$$i' = n(0)\left(1 - \frac{1}{2}\alpha^2 y_B^2\right)i \approx n(0)i = -n(0)\alpha h\sin(\alpha d) \tag{8-45}$$

由于图 8-14 中像方孔径角 u' 为

$$u' = -i' = n(0)\alpha h\sin(\alpha d) \tag{8-46}$$

所以自聚焦透镜的焦距 f' 为

$$f' = \frac{h}{u'} = \frac{1}{n(0)\alpha\sin(\alpha d)} \tag{8-47}$$

下面求主平面位置 l'_H。如图 8-14 所示,有

$$-l'_H = f' - O'F' = f' - \frac{O'B}{\tan u'}$$

由于

$$O'B = y(z=d) = h\cos(\alpha d)$$

这里已经利用了式(8-41),再利用式(8-46)和式(8-47),有

$$l'_H = -\left[f' - \frac{h\cos(\alpha d)}{n(0)\alpha h\sin(\alpha d)}\right]$$

$$= -\left[\frac{1}{n(0)\alpha\sin(\alpha d)} - \frac{\cos(\alpha d)}{n(0)\alpha\sin(\alpha d)}\right]$$

$$= -\frac{1-\cos(\alpha d)}{n(0)\alpha\sin(\alpha d)}$$

$$= -\frac{\tan\dfrac{\alpha d}{2}}{n(0)\alpha} \tag{8-48}$$

这样,像方焦点和像方主平面的位置便都可以确定了。至于物方焦点和物方主平面的位置可以用同样的方法确定。自聚焦透镜对于任意远近的物体以近轴光成像的问题原则上也就解决了,即可用理想光学系统中讨论过的高斯公式 $\dfrac{1}{l'} - \dfrac{1}{l} = \dfrac{1}{f'}$ 或牛顿公式 $xx' = ff'$ 来求。

需要指出的是,由自聚焦透镜的焦距公式(8-47)可以看出,焦距除与梯度折射率介质的折射率分布密切有关外,还与自聚焦透镜的厚度 d 密切相关。图 8-15 中画出了 f' 随自聚焦透镜厚度 d 的变化,虚线表示 l'_H 的变化。值得指出,这个焦距的变化是有周期性的,并存在着极小值,这一点可以从式(8-47)看出。

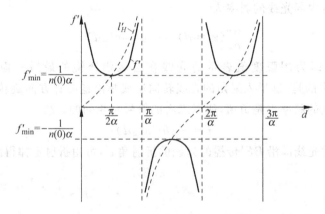

图 8-15 自聚焦透镜的焦距 f'、主平面位置 l'_H 与透镜厚度 d 之间的函数关系

3. 自聚焦透镜成像的各种情况

下面用图解法描述自聚焦透镜所成的像随其厚度变化的情况。

(1) 当 $0 < d < \dfrac{\pi}{2\alpha}$ 时。①物离透镜较远时,成倒立的实像(见图 8-16(a));②物位于物方焦点之内,成正立的虚像(见图 8-16(b))。

(2) 当 $d = \dfrac{\pi}{2\alpha}$ 时。物总是位于物方焦点之外时,成倒立的实像(见图 8-17)。利用这一情形,可制成超短焦距透镜,其 $f' = \dfrac{1}{n(0)\alpha}$,参见图 8-15。

(3) 当 $\dfrac{\pi}{2\alpha} < d < \dfrac{\pi}{\alpha}$ 时。①点 P 发出的光线在透镜内部相交,在透镜外面向透镜里面看,

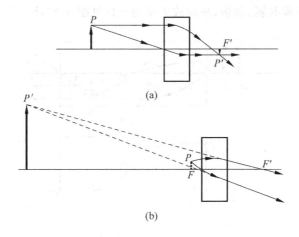

图 8-16 $0 < d < \frac{\pi}{2\alpha}$ 时的自聚焦透镜成像

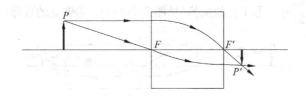

图 8-17 $d = \frac{\pi}{2\alpha}$ 时的自聚焦透镜成像

会看见倒立的虚像(见图 8-18(a));②在端面上成倒像(见图 8-18(b));③在透镜外面成倒立的实像(见图 8-18(c))。

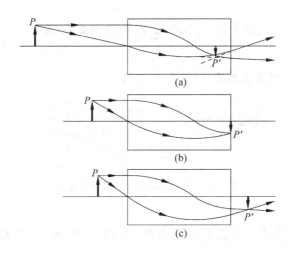

图 8-18 $\frac{\pi}{2\alpha} < d < \frac{\pi}{\alpha}$ 时的自聚焦透镜成像

(4) 当 $d = \frac{\pi}{\alpha}$ 时。①倒立的虚像,横向放大率为 -1,主平面在无穷远,焦距为 ∞(见

图8-19(a));②两端面共轭,倒像,横向放大率为－1(见图8-19(b))。

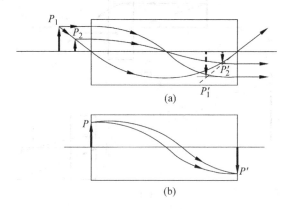

图8-19 $d=\dfrac{\pi}{\alpha}$ 时的自聚焦透镜成像

(5) 当 $\dfrac{\pi}{\alpha}<d<\dfrac{3\pi}{2\alpha}$ 时。①正立的实像(见图8-20(a));②倒立的虚像(见图8-20(b))。

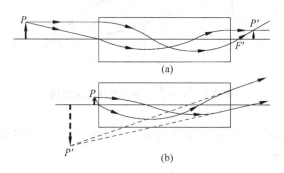

图8-20 $\dfrac{\pi}{\alpha}<d<\dfrac{3\pi}{2\alpha}$ 时的自聚焦透镜成像

(6) 当 $d=\dfrac{3\pi}{2\alpha}$ 时。成正立的实像(见图8-21)。

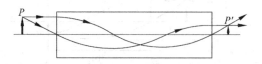

图8-21 $d=\dfrac{3\pi}{2\alpha}$ 时的自聚焦透镜成像

(7) 当 $\dfrac{3\pi}{2\alpha}<d<\dfrac{2\pi}{\alpha}$ 时。①成正立的虚像(见图8-22(a));②成端面上的正像(见图8-22(b));③成正立的实像(见图8-22(c))。

(8) 当 $d=\dfrac{2\pi}{\alpha}$ 时。①成正立的虚像,横向放大率为1(见图8-23(a));②两端面共轭,成正像,横向放大率为1(见图8-23(b))。

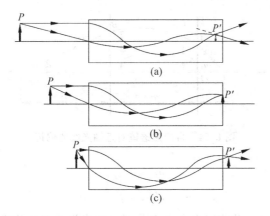

图 8-22 $\frac{3\pi}{2\alpha}<d<\frac{2\pi}{\alpha}$ 时的自聚焦透镜成像

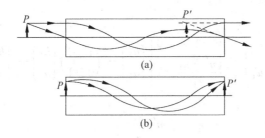

图 8-23 $d=\frac{2\pi}{\alpha}$ 时的自聚焦透镜成像

通过以上讨论可以看出，自聚焦透镜的成像确实具有一些特点，即可以在透镜端面上形成实像，容易获得与物体同样大小的直立实像。因此，在成像功能上可用一块自聚焦透镜取代几个普通的球面透镜。

8.5 自聚焦透镜成像的矩阵表述

在第 2 章的近轴光学部分，利用矩阵代数得到了一些简明的表述和一些便于使用的结果。同样在自聚焦透镜的近轴光学中使用矩阵代数也能得出一些简明而又便于应用的表述和结果。

首先需要指出，在自聚焦透镜中进行光路计算时，同样遵从第 2 章中所述的符号规则。另外，此处仅考虑前后两个分界面都是平面而透镜介质是径向梯度折射率介质的自聚焦透镜，即平板型自聚焦透镜。例如图 8-16～图 8-23 中所示的都是平板型自聚焦透镜。

图 8-24 所示为一块厚度为 d 的平板自聚焦透镜，它位于空气中，即它的前后都是空气。一孔径角为 u_1 的近轴光线以 h_1 的投射高度入射其上 A 点，在透镜内部走过余弦曲线 AB 后由 B 点射出镜外。

对于平板型自聚焦透镜，第一面的入射角 i_1 和物方孔径角 u_1，第二面的折射角 i'_2 和像方孔径角 u'_2 分别有如下关系：

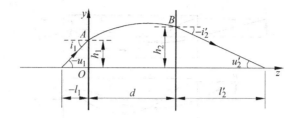

图 8-24 自聚焦透镜对近轴光线的偏折

$$\left.\begin{array}{l}u_1 = -i_1 \\ u'_2 = -i'_2\end{array}\right\} \quad (8\text{-}49)$$

根据第 2 章中的约定，若将两个参考面分别与自聚焦透镜的前后端面重合，则入射光线的列矩阵为 $\begin{pmatrix} h_1 \\ n_1 u_1 \end{pmatrix} = \begin{pmatrix} h_1 \\ u_1 \end{pmatrix}$，经透镜第一面（即前端面）折射后折射光线的列矩阵 $\begin{pmatrix} h'_1 \\ n'_1 u'_1 \end{pmatrix}$ 可以根据式(2-54)求出：

$$\begin{pmatrix} h'_1 \\ n'_1 u'_1 \end{pmatrix} = \begin{pmatrix} 1 & 0 \\ \dfrac{n'_1 - n_1}{r_1} & 1 \end{pmatrix}\begin{pmatrix} h_1 \\ u_1 \end{pmatrix} = \begin{pmatrix} 1 & 0 \\ 0 & 1 \end{pmatrix}\begin{pmatrix} h_1 \\ u_1 \end{pmatrix} = \begin{pmatrix} h_1 \\ u_1 \end{pmatrix} \quad (8\text{-}50)$$

所以

$$n'_1 u'_1 = u_1 \quad (8\text{-}51)$$

根据式(8-49)，在点 A 处的折射角 i'_1 为

$$i'_1 = -u'_1 = -\frac{u_1}{n(y=h_1)} \quad (8\text{-}52)$$

其中，$n(y=h_1)$ 是点 A 处的梯度介质折射率。又因为讨论的是近轴光线，所以近似取 $n(0) \approx n(y=h_1)$ 后有

$$i'_1 = -u'_1 \approx -\frac{u_1}{n(0)} \quad (8\text{-}53)$$

设在自聚焦透镜内部光线所走的余弦曲线为

$$y(z) = C\cos(\alpha z + \varphi_0) \quad (8\text{-}54)$$

将 $y(z=0) = h_1 = h'_1$ 及 $i'_1 = \dfrac{\mathrm{d}y}{\mathrm{d}z}(z=0)$ 代入有

$$\left.\begin{array}{l} h'_1 = h_1 = C\cos\varphi_0 \\ i'_1 = -\alpha C\sin\varphi_0 \end{array}\right\} \quad (8\text{-}55)$$

设在 B 点光线的投射高度为 h_2，则有

$$h_2 = y(z=d) = C\cos(\alpha d + \varphi_0)$$
$$= C\cos\varphi_0\cos\alpha d - C\sin\varphi_0\sin\alpha d \quad (8\text{-}56)$$

将式(8-53)及式(8-55)代入得

$$h_2 = h'_1\cos\alpha d - n(0)u'_1\frac{\sin\alpha d}{n(0)\alpha} \quad (8\text{-}57)$$

同样，在 B 点光线的入射角 i_2 为

$$i_2 = \frac{\mathrm{d}y}{\mathrm{d}z}(z=d)$$
$$= -C\alpha\sin(\alpha d + \varphi_0)$$
$$= -C\alpha\cos\varphi_0\sin\alpha d - C\alpha\sin\varphi_0\cos\alpha d$$
$$= -\alpha h_1'\sin\alpha d + i_1'\cos\alpha d$$
$$= -\alpha h_1'\sin\alpha d - n(0)u_1'\frac{\cos\alpha d}{n(0)}$$

故
$$n(0)i_2 = -h_1'\alpha n(0)\sin\alpha d - n(0)u_1'\cos\alpha d = -n(0)u_2 \tag{8-58}$$

所以
$$\begin{bmatrix} h_2 \\ n(0)u_2 \end{bmatrix} = \begin{bmatrix} \cos\alpha d & -\dfrac{\sin\alpha d}{n(0)\alpha} \\ \alpha n(0)\sin\alpha d & \cos\alpha d \end{bmatrix} \begin{bmatrix} h_1' \\ n(0)u_1' \end{bmatrix} \tag{8-59}$$

与得到式(8-50)的理由和过程完全类似,透镜内部的光线到达 B 点后,再经出射端面的折射,其出射光线 $\begin{bmatrix} h_2' \\ u_2' \end{bmatrix}$ 为

$$\begin{bmatrix} h_2' \\ u_2' \end{bmatrix} = \begin{bmatrix} h_2 \\ n(0)u_2 \end{bmatrix} \tag{8-60}$$

将式(8-59)和式(8-50)代入上式,就得出了经自聚焦透镜作用后,出射光线与入射光线的关系,即

$$\begin{bmatrix} h_2' \\ u_2' \end{bmatrix} = \begin{bmatrix} \cos\alpha d & -\dfrac{\sin\alpha d}{n(0)\alpha} \\ \alpha n(0)\sin\alpha d & \cos\alpha d \end{bmatrix} \begin{bmatrix} h_1 \\ u_1 \end{bmatrix} \tag{8-61}$$

上式中的方阵就是自聚焦透镜的近轴作用矩阵 $\boldsymbol{M}$,即

$$\boldsymbol{M} = \begin{bmatrix} \cos\alpha d & -\dfrac{\sin\alpha d}{n(0)\alpha} \\ \alpha n(0)\sin\alpha d & \cos\alpha d \end{bmatrix} \tag{8-62}$$

由式(8-61)可以看出,从一点发出的近轴光线经自聚焦透镜偏折后又完全相交于一点,所以是点物成点像的。在图 8-24 中,l_1 和 l_2' 分别代表物点和像点各自离开第一面和第二面的距离,对近轴光线有 $l_2' = \dfrac{h_2'}{u_2'}$ 和 $l_1 = \dfrac{h_1}{u_1}$,今设 l_1 保持一定,h_1 和 u_1 可以变化,但比值 $\dfrac{h_1}{u_1}$ 不变。由式(8-61)可见,h_1 和 u_1 成比例变化时,由于式(8-61)是线性关系,所以 h_2' 和 u_2' 也以同样的比例变化,即比值 $l_2' = \dfrac{h_2'}{u_2'}$ 不变,说明自聚焦透镜对近轴光的成像是完善的。

在式(8-61)中,令 $u_1 \to 0$,则有

$$u_2' = h_1\alpha n(0)\sin\alpha d \tag{8-63}$$

所以平板自聚焦透镜的焦距为

$$f' = \frac{h_1}{u_2'} = \frac{1}{\alpha n(0)\sin\alpha d} = \frac{1}{m_{21}} \tag{8-64}$$

其中,m_{21} 是平板自聚焦透镜作用矩阵 $\boldsymbol{M}$ 的一个元素。焦点离开第二面的距离为

$$l'_F = \frac{h'_2}{u'_2} = \frac{1}{\alpha n(0)} \cot \alpha d \tag{8-65}$$

其间已利用了当 $u_1 \to 0$ 时，由式(8-61)所得的 $h'_2 = h_1 \cos \alpha d$。由式(8-64)和式(8-65)可以得出，平板自聚焦透镜像方主平面的位置为

$$l'_H = l'_F - f' = -\frac{\tan \frac{\alpha d}{2}}{\alpha n(0)} \tag{8-66}$$

与式(8-48)一致。

显然，平板自聚焦透镜对光线的作用与板厚 d 密切相关，在这里考查几个特殊情况。

(1) 当 $d = \frac{\pi}{2\alpha}$ 时，平板自聚焦透镜的作用矩阵 $M_{d=\frac{\pi}{2\alpha}}$ 为

$$M_{d=\frac{\pi}{2\alpha}} = \begin{pmatrix} 0 & -\frac{1}{\alpha n(0)} \\ \alpha n(0) & 0 \end{pmatrix} \tag{8-67}$$

此时平板自聚焦透镜的焦距为

$$f'_{d=\frac{\pi}{2\alpha}} = \frac{1}{m_{21}} = \frac{1}{\alpha n(0)} \tag{8-68}$$

这就是超短焦距的情形。例如，某一种梯度折射率介质的折射率分布近似为 $n = 1.5 - 0.20056 r^2$，相当于它的 $n(0)$ 和 α 分别是 $n(0) = 1.5, \alpha = 0.5171$。用这种材料做成平板自聚焦透镜，当板厚 d 为 $\frac{\pi}{2\alpha} = 3.038 \text{mm}$ 时，它的焦距只有 $f' = 1.29 \text{mm}$，可见其焦距是很短的。

(2) 当 $d = \frac{\pi}{\alpha}$ 时，有

$$M_{d=\frac{\pi}{\alpha}} = \begin{pmatrix} -1 & 0 \\ 0 & -1 \end{pmatrix} \tag{8-69}$$

此时，平板自聚焦透镜是一个无焦系统，即

$$\left. \begin{array}{l} f' = \infty \\ l'_H = \infty \end{array} \right\} \tag{8-70}$$

这就是图 8-19 中所示的情形。

在静电复印机中，往往需要光学系统成 $1^\times$ 倍的实像，由于普通光学镜头（即均匀介质的球面或非球面镜头）的主平面大多在镜头内部，所以无法实现 $+1^\times$ 实像，故往往以 $-1^\times$ 倍成实像，这样物像共轭距大致是光学系统焦距的 4 倍。同时为了照顾到视场问题，光学系统的焦距又不能太短，要求共轭距大致为 $600 \sim 1200 \text{mm}$。利用自聚焦透镜，这个问题可迎刃而解。因为自聚焦透镜的主平面可以做到在透镜外，因此可以实现成 $+1^\times$ 倍实像。事实上，让式(8-66)大于零，求出自聚焦透镜的合适厚度 d 即可。即令

$$l'_H = l'_F - f' = -\frac{\tan \frac{\alpha d}{2}}{\alpha n(0)} > 0 \tag{8-71}$$

因为 α 和 $n(0)$ 总是大于零的正数，所以取 $\tan \frac{\alpha d}{2} < 0$ 即可满足上式的要求，所以

$$\frac{\pi}{2} < \frac{\alpha d}{2} < \pi$$

即
$$\pi < \alpha d < 2\pi \tag{8-72}$$
考虑到正切函数的周期性,一般解为
$$(2k-1)\pi < \alpha d < 2k\pi \tag{8-73}$$
其中,k 是正整数。若取 $\alpha=0.5$,可估算出自聚焦透镜的最小厚度约为 10mm 左右,$+1^\times$ 倍实像的共轭距也大致在这个范围内,可见在复印机中利用自聚焦透镜在缩小整个系统的空间上有很大的优势。二者的比较见图 8-25。

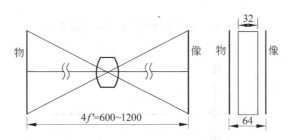

图 8-25　普通均匀介质球面光学透镜(左)与自聚焦透镜(右)1∶1 成像时共轭距的比较(单位是 mm)

习　题

1. 简要回答下列问题:
   (1) 海市蜃楼的光学成因是什么?
   (2) 沙洲神泉的光学成因是什么?
   (3) 在海市蜃楼和沙洲神泉光学成因的解释方面有什么异同?

2. 如图 8-26 所示,宽度为 d 的一块变折射率介质,其折射率随高度 y 而变化,函数关系为 $n(y) = \dfrac{n_0}{1 - \dfrac{y}{r_0}}$,其中 $n_0 = 1.2, r_0 = 130$mm,一光线沿 z 轴射向原点而进入这块介质,最终从 A 点射出,其折射角为 $i' = 30°$。试求:
   (1) 这条光线在这块介质中的径迹;
   (2) 变折射率介质在 A 点处的折射率 n_A;
   (3) 变折射率块的宽度 d。

3. 如图 8-27 所示,由变折射率材料制成的微透镜被用以聚焦平行光束,其折射率 $n(r)$ 关于 z 轴对称。现要求其焦距为 f',且 f' 值远大于微透镜之孔径 $2a$,而 $2a$ 又远大于微透镜之厚度 d。
   (1) 试定性分析此折射率变化函数 $n(r)$ 随 r 是降低还是增加?
   (2) 试定量导出函数 $n(r)$,设轴上折射率为 $n(0) = n_0$。

4. 以矢量形式的折射定律为依据,导出光线在一般介质中所服从的光线微分方程 $\dfrac{\mathrm{d}(n\boldsymbol{a})}{\mathrm{d}l} = \nabla n$。其中 $\mathrm{d}l$ 是沿光线计算的弧微分,n 是光线所在的介质折射率,$\boldsymbol{a}$ 是沿光线方向

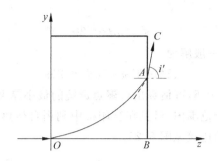

图 8-26　光线通过变折射率介质示意图

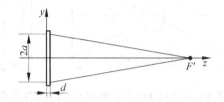

图 8-27　变折射率微透镜聚焦平行光束示意图

的单位矢量，∇是倒三角算子。

5. 自学本章参考文献 2 中的 1.8 节，导出径向梯度折射率介质中的光线方程，导出子午光线径迹。

6. 某文献中给出的一个梯度折射率分布函数为 $n(y)=1.5-0.20056y^2$。试问：

(1) 在这个梯度折射率介质中，折射率分布常数 a 为多少？

(2) 用这种材料制作自聚焦透镜，当透镜厚度为多少时透镜有最短焦距？最短焦距为多少？

参考文献

[1] 徐大雄. 纤维光学的物理基础[M]. 北京：高等教育出版社，1982.
[2] 钟锡华. 现代光学基础[M]. 北京：北京大学出版社，2003.
[3] 乔亚天. 梯度折射率光学[M]. 北京：科学出版社，1991.
[4] Duncan M T. Handbook of Optics, Vol. 2. New York：The McGraw-Hill Companies, Inc. ,1997.
[5] 乔亚天. "第 5 章　梯度折射率光学". 见：王之江. 光学技术手册[M]. 北京：机械工业出版社，1994.
[6] Petykiewicz J. Wave Optics. Pordrecht：Kluwer Academic Publishers，1990.
[7] 中国大百科全书. 物理学[M]. 北京：中国大百科全书出版社，1987.
[8] http://wuli.3322.net/pag/flash/guangxue.

9 变焦距镜头的理想光学分析

9.1 变焦距镜头概述

变焦距镜头是一种其焦距可在一定范围内连续变化而其像面位置保持稳定不动或基本稳定不动的成像镜头。它广泛应用于照相光学系统或数码相机光学系统,以及电影电视摄像光学系统中。利用它可在物面保持不动的情况下,在画面上连续得到不同倍率的像,因此可产生不同的艺术感受效果。

在几何光学中我们已经知道,光学系统的横向放大倍率 β 可表示为

$$\beta = -\frac{f}{x} \tag{9-1}$$

式(9-1)是牛顿公式形式的横向放大倍率表示式。其中 x 是光学系统物方焦点到物平面的距离,f 是光学系统的物方焦距。一般情况下,照相、摄影等镜头的物方和像方介质都是空气,即光学镜头的像方焦距和物方焦距相等,其关系为 $f' = -f$。所以式(9-1)在这种情况下可改写为

$$\beta = \frac{f'}{x} \tag{9-2}$$

由此可知,当光学镜头的焦距固定不变时,要想在画面上得到不同倍率的像,只有改变物距,这就是平常使用定焦镜头时的作法。

由式(9-2)同时可知,倘若镜头的焦距可变,同样可以实现变倍。同时,在活动映像的情况下,若使用焦距连续可变的镜头,则可在画面上可快可慢地呈现某一被摄物体不同尺寸的映像,增加观众的感受,强化艺术效果。

1. 定焦镜头依靠改变物距变倍的初步分析

如上所述,对于定焦镜头可以通过改变物距的途径达到变倍的目的,然而此时像面位置也会跟着发生改变。其遵循的变化规律就是高斯公式形式或牛顿公式形式的物像关系式。如图 9-1 所示,焦距为 f' 的光学镜头将位于其前方 $|l|$ mm 远的物体成像在其后 l' 的地方,设此时镜头的横向放大率为 β。这时,物像之间的共轭距为 $G = l' - l$,其他参数如图 9-1 中所标示。

据此有

$$G = l' - l = (x' + f') - (x + f) = 2f' + (x' - x) \tag{9-3}$$

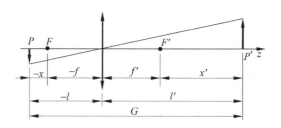

图 9-1 光学镜头成一般像时各参量的标注

上式中已假定物像空间的介质是相同的,即默认 $f'=-f$。将牛顿公式形式的横向放大率公式 $\beta=\dfrac{f'}{x}=-\dfrac{x'}{f}$ 代入,并用 β 取代分别以物方焦点和像方焦点为原点的物距 x 和像距 x',有

$$G = f'\left(2 - \beta - \dfrac{1}{\beta}\right) \tag{9-4}$$

由上式,我们可以得出两点有意义的结论:①变倍过程中,一般来说像面不稳定,也就是说像面位置要发生变化。一般情况下,若 β 不同,则物像共轭距 G 也不同。假定物平面不动,移动镜头以改变物距从而达到变倍的目的,由于此时物像共轭距是随 β 的变化而变化的,所以像面位置将随 β 的不同而不同。由此,依靠物距变化而变倍的方式在实际使用中很不方便。相应的像面移动情况如图 9-2 所示。②满足物像交换原则时,像面是稳定的。这里暂且不解释何为"物像交换原则",先考查图 9-3 所示的情况。图 9-3 中,镜头位于位置 1 时,其物距为 l,像距为 l',横向放大率为 β。当镜头右移至位置 2 时,其物距为 l^*,且假定有 $l^*=-l'$,则对应的像距一定有 $l'^*=-l$,此时的横向放大率必为 $\beta^*=\dfrac{1}{\beta}$。又由于 $G^*=l'^*-l^*=l'-l=G$,所以镜头在位置 2 时的共轭距与位置 1 时的共轭距相等,故像面仍在原来的位置,这一点从式(9-4)看得很清楚。事实上,由于光路可逆,将物、镜头、像作为一个刚体沿垂直于光轴的某轴翻转 180° 并使翻转后的 P' 占据翻转前的位置 P 时,则翻转后的 P 一定占据翻转前的位置 P'。所以镜头从位置 1 移动到位置 2 时,若 $l^*=-l'$,必定有 $l'^*=-l$,如图 9-3 所示。也就是说,这种情况表明物像是可以交换的,而且交换后共轭距是不变的,故称镜头在位置 1 和位置 2 时是满足物像交换原则的。定焦镜头处于满足物像交换原则的位置时,像面位置是稳定不变的。

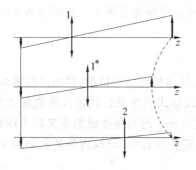

图 9-2 改变物距而变倍时像面的位移

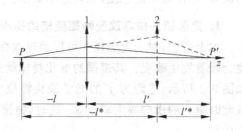

图 9-3 物像交换原则

由式(9-4)知,对于定焦镜头,其物像共轭距是随横向放大率的改变而改变的。其实质就是物距不同,像面位置、横向放大率和物像共轭距也就不一样。现针对照相机、数码相机,以及电影电视摄影等镜头,即针对 $f'>0$ 的镜头在 $\beta<0$ 的成像情况下作一些较为仔细的分析。显然,共轭距 G 由三部分组成:第一部分是常数项 $G_1=2f'$;第二部分是线性项 $G_2=-f'\beta$;第三部分是双曲线函数项 $G_3=-f'\dfrac{1}{\beta}$。若取 β 为横轴,G 为纵轴作图,G_1 是一条平行于横轴的直线,G_2 为过坐标原点的倾斜直线,而 G_3 则是一条双曲线。共轭距 G 就是这三部分之和,如图 9-4 所示。

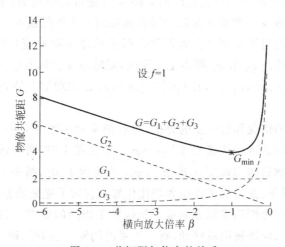

图 9-4 共轭距与倍率的关系

由图 9-4 可以看出,共轭距 G 随 β 的变化曲线有一个极值点,即当 $\beta=-1$ 时,共轭距是最短的,这个最短的共轭距 G_{min} 为 $4f'$,即

$$G_{min}=4f' \tag{9-5}$$

这个结果告诉我们,想让一个镜头的物像共轭距小于 $4f'$ 几乎是不可能的事。由图 9-4 还可以看出,对一个定焦镜头来说,它所能提供的共轭距范围还是相当广泛的,从 $4f'$ 到无穷大范围内的共轭距在物理上都是真实存在的。无穷大的共轭距发生在两个位置上,一个是在 β 为零的位置上,相当于物在无穷远处,像在镜头的像方焦平面上;另一个在 β 为无穷大的位置上,相当于物在镜头的物方焦平面上,而像位于无穷远处。另外从图 9-4 中还可以看出,给定一个可能的共轭距($\geqslant 4f'$),总是同时有两个横向放大率 β_1 和 β_2 满足式(9-4),而且这两个横向放大率之间是互成倒数关系的,即 $\beta_1=\dfrac{1}{\beta_2}$,它们对应的物像位置完全是满足物像交换原则的。

2. 变焦镜头变倍的初步分析

如上所述,定焦镜头依靠改变物距而变倍是有很大局限性的,一是像面位置不稳定,使用上不方便;二是有些自然环境也不允许物距作大的调整。例如在野外拍摄,想要拍摄的对象位于大河对岸时,就无法依靠改变物距来达到变倍的目的。这样就自然转向了依靠改变镜头的焦距来达到变倍目的这样一条途径。

(1) 变焦镜头变倍的初步分析

由几何光学知,若一个镜头是由若干个组元(一个组元可以是一块单片透镜,也可以是几块透镜构成的一个单元,这个单元在原理上也相当于一块透镜)构成的,则镜头的合成光焦度不仅与每个组元的光焦度有关,而且与组元间的间隔有关。例如由两块薄透镜组成的一个镜头,其光焦度 φ 为

$$\varphi = \varphi_1 + \varphi_2 - d\varphi_1\varphi_2 \tag{9-6}$$

其中 φ_1 和 φ_2 分别是两块透镜的光焦度,d 是两块透镜之间的间隔。实际使用时,单块透镜的光焦度是不能改变的,但两块透镜之间的间隔 d 却是可以调整的,由此,镜头的光焦度 φ 可以随着 d 的变化而改变。改变 d 是改变镜头焦距的一个可行途径。

若我们暂时不讨论间隔 d 变化很大以致引起了总光焦度 φ 变号(即 φ 由正变为负,或由负变为正)的情况,并设 φ_1 和 φ_2 都为正光焦度,则增加 d 意味着总光焦度 φ 在减小,即合成焦距在增长;而若 $\varphi_1 > 0, \varphi_2 < 0$,且 $|\varphi_1| > |\varphi_2|$,则 d 的增加会使总的正光焦度 φ 增加,从而使合成焦距变短。

针对图 9-2 所示的情况作进一步的分析,分析结果示于图 9-5 中。假定这里的成像物镜是由两块光焦度相同的透镜构成的,即 $\varphi_1 = \varphi_2$。在位置 1 时,两块透镜贴在一起,合成光焦度就是图中的成像物镜的光焦度 φ,即 $\varphi = 2\varphi_1$;在位置 1^* 时,图 9-2 中的共轭距比位置 1 短,在物面不动的情况下,此时的像面位置相比位置 1 就有了逆光轴方向的移动。这种情况下,要想增大共轭距,将像面沿光轴方向推至与位置 1 相同的地方,只要增大物镜的焦距就可以。因此可以将第二块透镜向后移动,将二透镜的间隔 d 拉开到适当程度;在位置 2 时,由于与位置 1 满足物像交换原则,像面位置与位置 1 时相同,因此再让两块透镜紧贴在一起就可以了,这样两块透镜的构成又回到了图 9-2 中位置 2 的情况。这个分析如图 9-5 所示,在依靠变更成像物镜的焦距以达到变倍的过程中,即当横向放大率由 β 变为 $\frac{1}{\beta}$ 的过程中,只要第一块透镜沿一条特定的路径沿光轴移动,而第二块透镜沿另一条特定的路径沿光轴移动,像面就可以保持不动。这样就达到了既变倍又稳定了像面位置的目的。

(2) 机械补偿法

一般在上述变倍过程中,一块透镜主要起变动倍率的作用,称为变倍组;另一块透镜主要起补偿像面位置的作用,称为补偿组。如上所述的情况,两组透镜都是光焦度大于零的正透镜,因此可以进一步说它们是正组变倍、正组补偿的系统。

一般来说变倍组和补偿组沿光轴的移动并不平行同步,甚至移动方向在有些区间还是相反的。因此为了匹配变倍组和补偿组的运动,通常采用精密凸轮机构帮助完成,因此称这种系统为机械补偿法变倍系统。

与上述分析雷同,也可以将图 9-2 中的成像物镜考虑成由两块透镜组成,但其中一块为正光焦度的透镜($\varphi_1 > 0$),而另一块为负光焦度的透镜($\varphi_2 < 0$)。由式(9-6)知,与这两块镜紧贴在一起时的情况相比,两透镜之间的间隔 d 增大时,合成的光焦度是增大的,也就是说整个成像物镜的焦距变短了。因此两块透镜分别按图 9-6 所示的路径运动时,有可能在横行放大率由 β 变为 $\frac{1}{\beta}$ 的过程中,像面位置保持不动。一般来说,在这种情况中,第一块正光焦度的透镜主要起变倍作用,第二块负光焦度的透镜主要起补偿像面位置的作用,所以称

这个系统是机械补偿法、正组变倍、负组补偿系统。

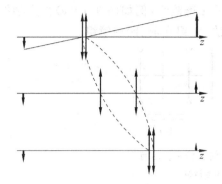

图 9-5 稳定像面位置的变倍系统

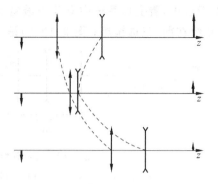

图 9-6 正组变倍负组补偿系统

类似,在机械补偿法中还有负组变倍、正组补偿的系统,即变倍组由负光焦度的透镜构成,补偿组由正光焦度的透镜构成,如图 9-7 所示。在机械补偿法中也有负组变倍、负组补偿的系统,如图 9-8 所示。

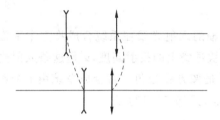

图 9-7 负组变倍正组补偿系统

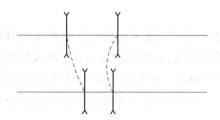

图 9-8 负组变倍负组补偿系统

在实际使用的机械补偿法变倍系统中,它们的物平面和像平面的位置是由具体的使用要求决定的。一般来说,整个变倍系统的物平面和像平面与它们并不相同,这个时候,往往用一个透镜或透镜组把指定的物平面成像到变倍系统的物平面位置上,这个透镜或透镜组称为变倍系统的前固定组。如果变倍系统所成像的位置和大小不符合使用要求,也经常用另一个透镜或透镜组将变倍系统的像经它而成到所要求的地方去,同时满足成像大小的要求,这个透镜或透镜组称为变倍系统的后固定组。所以一个变焦镜头往往可以划分成四部分,即前固定组、变倍组、补偿组和后固定组。其中变倍组和补偿组合称变倍系统或变焦核。如图 9-9 所示,这里 0 号为前固定组,1 号为变倍组,2 号为补偿,0′号为后固定组。

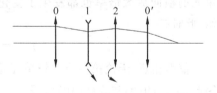

图 9-9 机械补偿法变倍系统基本构成

(3) 光学补偿法

为在变倍过程中保持像面稳定或近似稳定,还有一种补偿方法,称为光学补偿法。其作法是将镜头中的若干透镜或组元用机械方法连在一起同步移动,既起到了变倍的作用,又起到了补偿或近似补偿像面位置的作用。它与机械补偿法的区别在于所有可移动光学元件或组件都是同步同向移动的。如图 9-10 所示就是光学补偿法的一个示意图。光学补偿法通常可分为正组在前和负组在前两种,这是以变倍系统中的第一组透镜是正光焦度还是负光焦度来区分的。如图 9-10 所示的就是光学补偿法、正组在前的变倍系统。同时光学补偿法中,看变倍系统中有几个透镜组就说它是几透镜组,例如图 9-10(a)是光学补偿法、正组在前、三透镜组;图 9-10(b)是光学补偿法、正组在前、四透镜组。

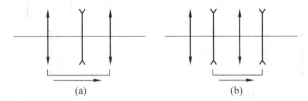

图 9-10　光学补偿法、正组在前变倍系统示意图
(a) 三透镜组;(b) 四透镜组

3. 物在无穷远处时,变焦系统中变焦比与变倍比的关系

对于照相光学系统以及电视电影摄影系统来说,其物可以看作或近似看作位于无穷远。整个系统的合成焦距 f' 应为

$$f' = \frac{h}{u'} \tag{9-7}$$

这里,h 是位于无穷远的轴上物点发出的平行于光轴的入射光线在系统合成物方主平面上的投射高度,它也是这条入射光线入射到系统第一块透镜上的投射高度,u' 是这条入射光线被整个系统折射后的出射光线与光轴的夹角,即 u' 是像方孔径角。若合成系统由 i 个透镜单元组成,据第 2 章近轴光学中的转面公式 $u'_{i-1} = u_i$,式(9-7)可写成

$$f' = \frac{h}{u'_1} \cdot \frac{u_2}{u'_2} \cdot \cdots \cdot \frac{u_i}{u'} \tag{9-8}$$

式(9-8)中的第一项就是系统中第一个透镜单元的焦距 f'_1,从第二项开始每一项依次为第二个透镜单元至最后一个透镜单元的横向放大倍率,即式(9-8)可写成

$$f' = f'_1 \cdot \beta_2 \cdot \beta_3 \cdot \cdots \cdot \beta_i \tag{9-9}$$

若系统中的某些透镜单元沿轴向移动,使得系统的合成焦距发生了变化,同时各个透镜单元的横向放大倍率也都发生了变化。我们在发生了变化的各个参量的右上角加 * 号表示,此时有

$$f'^* = f'_1 \cdot \beta_2^* \cdot \beta_3^* \cdot \cdots \cdot \beta_i^* \tag{9-10}$$

值得注意,无论第一个透镜单元是否沿光轴移动,因为物在无穷远,所以总有 $\beta_1 = \beta_1^*$。因此,由式(9-9)和式(9-10)可得

$$\frac{f'}{f'^*} = \frac{\prod_{i=1}^{i} \beta_i}{\prod_{i=1}^{i} \beta_i^*} \tag{9-11}$$

式(9-11)中,左端是系统变焦前后的焦距之比,即是系统长焦距与短焦距之比,右端是系统的变倍比。此式说明,当物在无穷远时,变焦系统的长焦距与短焦距之比就等于变焦系统的变倍比。所以在此类系统中,变焦比与变倍比完全是等同的。例如某一摄影变焦镜头,其焦距 f' 在 50~175mm 中变化,它的变焦比为 3.5,所以它的变倍比也为 3.5。

9.2 两组元机械补偿法变焦系统的光学运动分析

在这一小节中,我们以一个两组元的机械补偿法变焦系统为例,分析系统在变焦变倍过程中所必须遵从的一些基本关系,为变焦变倍系统的初步设计打下基础。

9.2.1 机械补偿法变焦系统所应满足的变焦微分方程

1. 一个具体的数字计算案例

在研究讨论机械补偿法变焦系统所应满足的一般规律之前,为理清一些关系,制定出了一些物理量的正符号规定,我们先看看一个具体的数字计算案例。设一个变焦系统由两个透镜组元构成,前一个透镜组元的焦距 f_1' 为 1 个单位,即 $f_1'=1$;第二个透镜组元的焦距 f_2' 为 1.2 个单位,即 $f_2'=1.2$;最初二者的间隔为 4.8 个单位,即 $d_{12}=4.8$。并设 $l_1=-1.5$(单位),由高斯物像关系式可计算出(将单位略去不再写出来):

$$l_1' = 3$$
$$l_2 = l_1' - d_{12} = -1.8$$
$$l_2' = 3.6$$
$$\beta_1 = -2$$
$$\beta_2 = -2$$
$$\beta = \beta_1 \beta_2 = 4$$

此时的光路如图 9-11 所示,并称此时为变焦系统的初始状态,其中 β 是初始状态时整个系统的横向放大倍数。

图 9-11 两组元变焦系统初始状态光路图

在初始状态,第一个透镜组元的共轭距为 $G_1=l_1'-l_1=4.5$;第二个透镜组元的共轭距为 $G_2=l_2'-l_2=5.4$;整个系统的共轭距为 $G=G_1+G_2=l_2'+d_{12}-l_1=9.9$。

现假定在物面位置不动的情况下,第一个透镜组元顺光路方向的移动 δt_1 为 0.1 个单位,即第一个透镜向右移动了 0.1 个单位,并规定透镜沿顺光路方向的移动为沿正方向的移动,其移动量值规定为正值,则有

$$\delta t_1 = +0.1$$

这时,物面到第一个透镜组元的物距 l_1^* 为

$$l_1^* = -(1.5+0.1) = -1.6$$

由高斯物像关系式可算出一次像的像距 $l_1'^*$ 为

$$l_1'^* = 2.67$$

由于第一个透镜组元的移动,使它的物像共轭距 G_1 发生了变动,变动量 δG_1 为 $\delta G_1 = G_1^* - G_1 = (2.67+1.6) - 4.5 = -0.23$,负号说明透镜组元移动后的共轭距缩短了,像平面

向左移动了。也就是说在物面不动的情况下,第一个透镜组元向右移动0.1,则像平面向左移动0.23,像平面是逆光路方向移动的,所以像平面的移动量为-0.23,共轭距缩短了0.23。这时,第一透镜组元的横向放大倍率 β_1^* 和横向放大倍率的改变量 $\delta\beta_1^*$ 分别为

$$\beta_1^* = \frac{l_1'^*}{l_1^*} = \frac{2.67}{-1.6} = -1.67$$

$$\delta\beta_1^* = \beta_1^* - \beta_1 = 0.37$$

其时,为了使系统的最终像面保持不动,使其仍然位于初始状态时的位置,则第二个透镜组元就要做相应的运动,其移动量和移动方向仍然可由高斯物像关系式得到。

物面不动,要求像面也不动时,亦即要求整个系统的共轭距不变。第一个透镜组元的共轭距缩短了0.23,则要求第二个透镜组元的共轭距增加0.23,据此有

$$G_2^* = l_2'^* - l_2^* = 5.4 + 0.23 = 5.63$$

将它与关于第二个透镜组元的高斯物像关系式联立即可解出 l_2^* 和 $l_2'^*$,它们分别是

$$l_2^* = -1.73$$

$$l_2'^* = 3.90$$

由此可知,$\beta_2^* = -2.25$,$\delta\beta_2^* = -0.25$。第二个透镜组元像距的增加意味着透镜向左移动,移动量为 $\delta t_2 = -(l_2'^* - l_2') = -0.3$。通过将第二个透镜组元向左移动0.3可使像面保持稳定。此时整个系统的横向放大倍率为

$$\beta^* = \beta_1^* \beta_2^* = 3.76$$

这个状态时的系统光路如图 9-12(b)所示。将图 9-11 作为图 9-12(a)和(b)画在一张图上,并将它们的物面及像面上下对齐,可完整地表达二者间的光路变化,如图 9-12 所示。

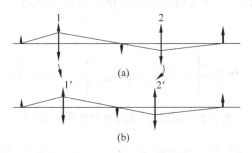

图 9-12 两组元机械补偿法变倍系统示意图

从这个有具体数字的计算中可以小结出如下几点:

(1) 物平面位置不动时,透镜的移动将会使像平面位置发生移动,从而使其共轭距发生变动,同时相应的横向放大率也在发生变化。例如上述例子中的第一个透镜组元。

(2) 物平面位置发生变动时,像平面位置也将发生变动。然而可以通过移动透镜将像平面拖回到原来的位置。换句话说通过透镜的移动,可将不同位置上的物成像在同一个位置处的像面上。也就是说,虽然物面位置不同,只要相应地移动透镜位置,像面位置有可能相同。当然,它们的共轭距不同,它们的横向放大率也不同。例如上述例子中的第二个透镜组元。

(3) 当物平面或像平面位置保持不动时,透镜的移动将使它的共轭距发生变动,其时共轭距可能增加(例如上述例子中的第二个透镜组元所对应的情况)也有可能缩短(例如上述

例子中的第一个透镜组元所对应的情况)。

(4) 如果一个系统中,若干可移动透镜组元移动时所引起的共轭距变动的代数和为零,则在物平面保持不动的情况下,像平面位置一定是稳定不变的。如上述例子中,第一个透镜组元向右移动 0.1 个单位时,共轭距变动了 -0.23 个单位;第二个透镜组元向左移动 0.3 个单位时,共轭距变动了 0.23 个单位,整个系统总的共轭距变动的代数和为零,像面保持稳定。

根据上述结论,将式(9-4)应用于变焦系统中的变倍组与补偿组,经微分后相加并取其代数和为零就可得出机械补偿法变焦系统所应服从的微分方程。

2. 机械补偿法变焦系统所应满足的变焦微分方程

在上述感性认识的基础上,我们进一步分析由两个透镜组元构成的机械补偿法变焦系统,如图 9-13 所示。根据上述结论,将式(9-4)分别应用于变焦系统的第一个透镜组元和第二个透镜组元,并将它们微分后相加取其代数和为零就可得出机械补偿法变焦系统所应服从的微分方程。

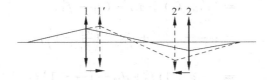

图 9-13 两组元机械补偿法变焦系统

将式(9-4)应用于变焦系统的第一个透镜组元,有

$$G_1 = f'_1\left(2 - \beta_1 - \frac{1}{\beta_1}\right) \tag{9-12}$$

这里,f'_1 是第一个透镜组元的焦距,β_1 是第一个透镜组元初始状态时的横向放大率,G_1 是第一个透镜组元初始状态时的共轭距。同样,将式(9-4)应用于第二个透镜组元,有

$$G_2 = f'_2\left(2 - \beta_2 - \frac{1}{\beta_2}\right) \tag{9-13}$$

上式中的 f'_2 是第二个透镜组元的焦距,β_2 是第二个透镜组元初始状态时的横向放大率,G_2 是第二个透镜组元初始状态时的共轭距。由于在整个变焦系统中第一个透镜组元的像即为第二个透镜组元的物,所以整个变焦系统的共轭距就是式(9-12)与式(9-13)之和,即为

$$G = G_1 + G_2 = f'_1\left(2 - \beta_1 - \frac{1}{\beta_1}\right) + f'_2\left(2 - \beta_2 - \frac{1}{\beta_2}\right) \tag{9-14}$$

将式(9-14)两端微分,有

$$\delta G = \delta G_1 + \delta G_2 = f'_1 \frac{1-\beta_1^2}{\beta_1^2}\delta\beta_1 + f'_2 \frac{1-\beta_2^2}{\beta_2^2}\delta\beta_2$$

这里用 δ 表示微分而不采用符号 d 来表示微分,是为避免与几何光学中的间隔或厚度的表示符号 d 混淆。取微分的物理含义是系统各组元横向放大率的变动(微分 $\delta\beta_i$)将导致系统共轭距的变动(δG)。若想在这个系统的变焦或变倍过程中像面始终保持稳定,则总的共轭距应该为常数,其微分 δG 应该为零,所以

$$f'_1 \frac{1-\beta_1^2}{\beta_1^2}\delta\beta_1 + f'_2 \frac{1-\beta_2^2}{\beta_2^2}\delta\beta_2 = 0 \tag{9-15}$$

式(9-15)是两组元机械补偿法变焦系统所必须遵从的微分方程。这个方程最具特色的地方在于,它在表述形式上就清清楚楚说明,变焦系统中可移动组元的横向放大率在变动。但各组元的变动不能是任意的,否则像面不能保持稳定。从数学上看,式(9-15)属于全微分方程形式,之所以是全微分形式,是因为它逐次假定某个透镜组元移动(表现为它的 β 变动),其他透镜组元不动而构成的方程。至于这个方程的解无须赘述,它就是式(9-14),其中共轭距 G 是由初始条件确定的常数,因为式(9-15)就是将式(9-14)微分后得到的。

3. 初始条件

变焦系统在不同的状态时具有不同的焦距,其中焦距最长时的状态称为长焦状态,常常作为分析变焦距系统时的初始状态。此时,除系统中两个透镜组元的焦距 f_1' 和 f_2' 已经确定外,长焦时的 β_1 与 β_2 就是它的初始条件。f_1'、f_2'、β_1 和 β_2 这四个参量给定了,总的共轭距 G 就是已知的。

对于我们现在研究的两组元变焦系统,它的共轭距 G 又可写成

$$\begin{aligned} G &= l_2' + d_{12} - l_1 \\ &= (x_2' + f_2') + d_{12} - (x_1 - f_1') \\ &= \left(\frac{x_2'}{f_2'} + 1\right) f_2' + d_{12} - \left(\frac{x_1}{f_1'} - 1\right) f_1' \\ &= (-\beta_2 + 1) f_2' + d_{12} - \left(\frac{1}{\beta_1} - 1\right) f_1' \end{aligned} \tag{9-16}$$

上式中,l_1 是物平面到第一个透镜组元物方主面间的距离,d_{12} 是第一个透镜组元像方主面至第二个透镜组元物方主面间的间隔,l_2' 是第二个透镜组元像方主面到像平面之间的距离;x_1 是以第一个透镜组元物方焦点为原点的物距,x_2' 是以第二个透镜组元像方焦点为原点的像距。顺便指出,上式的最后一步应用了牛顿公式形式的横向放大率。据此,初始条件又可取为 f_1'、f_2',以及长焦状态时的 β_1 和 d_{12},而长焦状态时的 β_2 由式(9-14)和式(9-16)共同确定,即联立二式,并消去共同所有的诸项,稍作整理得

$$\beta_2 = \frac{f_2'}{f_1'(1-\beta_1) - d_{12} + f_2'} \tag{9-17}$$

简言之,在二组元变焦系统中,常将选定的 f_1'、f_2',以及长焦时的 β_1 和 d_{12} 作为分析变焦系统的初始条件,初始状态时的 β_2 由式(9-17)确定。

9.2.2 透镜组元的移动与横向放大率变动的关系

如前已述,变焦系统的主要用途是在保持像面稳定的情况下变倍。在变焦系统的微分方程中,主要反映出的也是各组元横向放大率的变动所必须满足的关系,如式(9-15)。但是各透镜组元横向放大率的变动是通过各透镜组元的移动而实现的,即透镜组元的移动是因,而横向放大率的变动是果。所以我们还要关心这个因果之间的联系。

借用图 9-12,并就现在讨论的需要,增加一些标注,画成图 9-14。其中图 9-14(a)是初始状态,图 9-14(b)是微量变倍后的光路;δt_1 是第一个透镜组元的移动量,现假定它是沿光轴方向向右移动的一段微量,δt_2 是第二个透镜组元的移动量,现假定它是逆光轴方向向左移动的一段微量,这些都是基于前述数字计算案例的结果所做的假设。

由图 9-14 可看到,可将第一个透镜组元移动引起的横向放大率的变动认为是物距有了

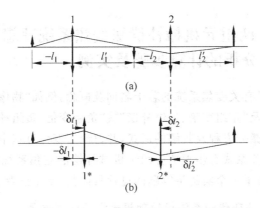

图 9-14 两组元机械补偿法变焦系统

变动所导致的。利用高斯物像关系式 $\frac{1}{l'_1}-\frac{1}{l_1}=\frac{1}{f'_1}$，稍作变形有 $\frac{l_1}{l'_1}-1=\frac{1}{f'_1}l_1$，代入横向放大率公式得 $\frac{1}{\beta_1}-1=\frac{1}{f'_1}l_1$，两端作微分有

$$-\frac{\delta\beta_1}{\beta_1^2}f'_1=\delta l_1 \tag{9-18}$$

由图 9-14 显见，这段物距的变动（变动以后的物距减去变动以前的物距）就是第一个透镜组元移动量 δt_1 的负值，所以有

$$\delta t_1=\frac{f'_1}{\beta_1^2}\delta\beta_1 \tag{9-19}$$

同样，由图 9-14 可看到，将第二个透镜组元移动引起的横向放大率的变动可认为是像距有了变动所导致的。利用高斯物像关系式 $\frac{1}{l'_2}-\frac{1}{l_2}=\frac{1}{f'_2}$，稍作变形有 $1-\frac{l'_2}{l_2}=\frac{1}{f'_2}l'_2$，代入横向放大率公式得 $1-\beta_2=\frac{1}{f'_2}l'_2$，两端作微分有

$$\delta l'_2=-f'_2\delta\beta_2 \tag{9-20}$$

由图 9-14 显见，这段像距的变动（变动以后的像距减去变动以前的像距）就是第二个透镜组元移动量 δt_2 的负值，所以有

$$\delta t_2=f'_2\delta\beta_2 \tag{9-21}$$

式(9-19)和式(9-21)分别是两个透镜组元微量移动与所引起的横向放大率改变的关系式。

当变焦系统在变倍过程中，第一个透镜组元的横向放大率由初始状态的 β_1 变为 β_1^*，第二个透镜组元的横向放大率由初始状态的 β_2 变为 β_2^* 时，两个透镜组元的移动量分别可由式(9-19)和式(9-21)的积分得到，即有

$$t_1=\int_{\beta_1}^{\beta_1^*}\frac{f'_1}{\beta_1^2}\delta\beta_1=f'_1\left(\frac{1}{\beta_1}-\frac{1}{\beta_1^*}\right) \tag{9-22}$$

$$t_2=\int_{\beta_2}^{\beta_2^*}f'_2\delta\beta_2=f'_2(\beta_2^*-\beta_2) \tag{9-23}$$

9.3 两组元机械补偿法变焦系统理想光学分析的计算步骤及实例

前两节,我们知晓了有关变焦系统的若干名词及概念,例如"物像交换原则"、"机械补偿法"和"光学补偿法",以及"正组变倍、负组补偿"或"负组变倍、负组补偿"等;讨论了机械补偿法变焦系统所服从的微分方程及其解的形式,并讨论了变焦过程中的光学运动,导出了一些关系式。如何将这些关系式有步骤地应用于机械补偿法变焦系统的理想光学计算中,是这一节阐述的内容,并列举一个实例将解题的过程具体化,便于读者学习。

1. 两组元机械补偿法变焦距系统设计理想光学的计算步骤

(1) 列出所要设计镜头的使用范畴和设计技术要求。技术要求包括焦距变化范围或变倍范围、相对孔径、画面尺寸和视场角,以及后工作距的要求等。

(2) 初步选择确定初始参数,选取 f_1' 和 f_2',预定出起算位置时的参数 β_1 和 d_{12},在往下的计算中它们都作为已知量。

(3) 利用式(9-17) $\beta_2 = \dfrac{f_2'}{f_1'(1-\beta_1) - d_{12} + f_2'}$,确定初始位置对的参数 β_2。

(4) 计算出系统在初始状态时的横向放大率 $\beta = \beta_1 \beta_2$。

(5) 将系统的变焦范围划分成若干段,例如若变焦范围为 25~500mm,则可划分成 500mm→300mm→150mm→50mm→25mm 这四段,选择 5 个焦距位置进行设计计算。或者将变倍比 $g = \dfrac{f'^*}{f'}$ 划分成相应的若干段进行设计计算,例如这里的数据,可选 $g = \dfrac{3}{5}, \dfrac{3}{10}, \dfrac{1}{10}, \dfrac{1}{20}$ 这几个变倍比作计算。

(6) 利用式(9-14) $G = f_1'\left(2 - \beta_1 - \dfrac{1}{\beta_1}\right) + f_2'\left(2 - \beta_2 - \dfrac{1}{\beta_2}\right)$,计算出共轭距 G。

(7) 联立

$$\begin{cases} G = f_1'\left(2 - \beta_1^* - \dfrac{1}{\beta_1^*}\right) + f_2'\left(2 - \beta_2^* - \dfrac{1}{\beta_2^*}\right) \\ g = \dfrac{\beta_1^* \beta_2^*}{\beta} \end{cases} \quad (9\text{-}24)$$

将第(5)步确定的变倍比 g 和第(6)步算出的共轭距 G 代入,求出 β_1^* 和 β_2^*;这个方程组是一个二次方程,有两个根,选择时要符合连续性原理,即选与第(6)步中所采用的 β_1、β_2 相连续的根。分几个小步骤将这一步的计算过程写出如下:

(a) $2a = 2\left(f_1' + \dfrac{f_2'}{g\beta}\right)$ \hfill (9-25)

(b) $b = G - 2(f_1' + f_2')$ \hfill (9-26)

(c) $4ac = 4\left\{(f_1'^2 + f_2'^2) + f_1'f_2'\left(g\beta + \dfrac{1}{g\beta}\right)\right\}$ \hfill (9-27)

(d) $\beta_1^* = \dfrac{-b \pm \sqrt{b^2 - 4ac}}{2a}$ \hfill (9-28)

(e) $\beta_2^* = \dfrac{g\beta}{\beta_1^*}$ (9-29)

(8) 利用式(9-22) $t_1 = \int_{\beta_1}^{\beta_1^*} \dfrac{f_1'}{\beta_1^2} \delta\beta_1 = f_1'\left(\dfrac{1}{\beta_1} - \dfrac{1}{\beta_1^*}\right)$，算出第一个透镜组元的移动量 t_1。

(9) 利用式(9-23) $t_2 = \int_{\beta_2}^{\beta_2^*} f_2' \delta\beta_2 = f_2'(\beta_2^* - \beta_2)$，算出第二个透镜组元的移动量 t_2。

(10) 采用下一个变倍比 g，再作第(7)步到第(9)步的计算，直至算完所有变倍比的情况。并画出两个透镜组元的变倍及补偿曲线，进行分析。

2. 设计计算实例

(1) 设计技术要求

$20^\times$ 彩色新闻 35mm 电影镜头

焦距变化范围 $f' = 25 \sim 500$mm

相对孔径 $D/f' = 1/4$

画面尺寸 22mm×16mm

视场角 $2\omega = 3° \sim 57°$

最近摄影距离 5m

后工作距离 $l' \geqslant 60$mm

(2) 初步选定 f_1'、f_2'，以及初始起算状态时的参量 β_1 和 d_{12}。

在做变焦距系统的理想光学计算时，通常先将 f_1' 的大小规划为1，讨论计算这种情况下 ($|f_1'| = 1$)，变焦系统的机械运动和光学运动。等所有要计算分析的各种变倍比的情况都做完后，再根据原设计技术的有关要求将整个系统作适当的焦距缩放。这时，选定的 f_2' 的大小本质上是两个组元焦距之比，即 $\left|\dfrac{f_2'}{f_1'}\right|$。至于这两个组元焦距是为正还是为负，就是前述的是正组变倍还是负组变倍，以及是正组补偿还是负组补偿的问题。这个问题的决断关系到整个变焦系统的根本性能，如外形尺寸如何，横向(即垂轴尺寸)是粗是细，轴向是长是短，以及像差校正消除的难易程度等。对于初学者，很难一次性就选择正确，因此可以通过借鉴与对比，分析一些典型的例子，再加上自己的计算对比，逐步做到正确的决断。这里，取

$$f_1' = -1$$
$$f_2' = 1.3$$

若将第一个透镜组元作为变倍组，第二个透镜组元作为补偿组的话，这个选择就是负组变倍、正组补偿。

β_1 的选择同样关系到整个变焦系统的外形尺寸和运动性能，即变倍组的运动曲线和补偿组的运动曲线的弯曲等状况如何。初学者同样可以通过借鉴与对比，分析一些典型的例子，再加上自己的计算对比，逐步做到正确的决断。这里，取

$$\beta_1 = -1$$

d_{12} 选择的考虑是，将这里所作理想光学计算的薄透镜组元变成实际加厚的透镜组元后，这两个组元间应有适当的预留间隔，不要因留小了使二者在变焦动中相碰，也不要因留大了使得系统体积无谓增加。初学者同样可以通过借鉴与对比，分析一些典型的例子，再加上自己的计算对比，逐步做到正确的决断。这里，取 $d_{12} = 0.7$。

(3) 由式(9-17)得 $\beta_2 = -0.928571$。

(4) 变焦系统初始状态时的 $\beta = \beta_1 \beta_2 = 0.928571$。

(5) 初始状态时 $g_0 = 1$, 其余的变倍比分别为 $g = \frac{3}{5}, \frac{3}{10}, \frac{1}{10}, \frac{1}{20}$。

(6) 利用式(9-14), 得变焦系统的共轭距 $G = 1.207143$。

(7) 分步求出 $g_0 = 1$ 时的 β_1^* 和 β_2^*:

(a) $2a = 2\left(f_1' + \frac{f_2'}{g\beta}\right) = 0.8000001$

(b) $b = G - 2(f_1' + f_2') = 0.607143$

(c) $4ac = 4\left\{(f_1'^2 + f_2'^2) + f_1' f_2'\left(g\beta + \frac{1}{g\beta}\right)\right\} = 0.331428$

(d) $\beta_1^* = \dfrac{-b \pm \sqrt{b^2 - 4ac}}{2a} = \begin{cases} -0.517855 \\ -1 \end{cases}$

(e) $\beta_2^* = \dfrac{g\beta}{\beta_1^*} = -0.928571$

值得指出的是, 第(d)步中有一个根为 -1, 这正是我们预设的初始条件, 说明这里的计算是正确的。

(8) 因为现在是初始状态, 所以必有 $t_1 = 0$。

(9) 因为现在是初始状态, 所以也必有 $t_2 = 0$。

(10) 其他变倍比情况的计算结果列入表 9-1。

表 9-1 两组元机械补偿法变焦系统计算例

g	1.1	1	3/5	3/10	1/10	1/20	1/30
G	1.207143	1.207143	1.207143	1.207143	1.207143	1.207143	1.207143
$2a$	0.5454557	0.800000	2.666669	7.333338	26.00001	54.00003	82.00004
b	0.607143	0.607143	0.607143	0.607143	0.607143	0.607143	0.607143
$4ac$	0.357667	0.331428	-1.470479	-9.355246	-45.72288	-101.4815	-157.401
β_1^*	-1.30503	-1	-0.736228	-0.508016	-0.284469	-0.198134	-0.1605826
β_2^*	-0.782686	-0.928571	-0.756752	-0.548351	-0.326422	-0.234329	-0.1927504
t_1	0.2337341	0	-0.358274	-0.968441	-2.515322	-4.0471	-5.22732
t_2	0.1896505	0	0.223364	0.494286	0.782794	0.902515	0.9565667

把全部变倍比的情况计算完毕后, 变倍及补偿组的移动情况就可以确定了, 如图 9-15 所示。

由于补偿曲线的形状以及变倍透镜组元的总移动量(称为导程)对变焦距镜头的外形尺寸(即镜头的粗细和长短)、凸轮的形状影响较大, 所以开始设计时就要考虑补偿曲线的弯曲情况和导程。这些问题仍需学习借鉴他人的经验、总结对比自己的计算设计实践来解决。

3. 对于初始参数中 f_2' 与 d_{12} 选择的进一步分析

在前面的实例中, 第二个透镜组元焦距 f_2' 的选择, 以及第一个透镜组元和第二个透镜组元间的间隔 d_{12} 的选择, 初看起来二者并无关系, 两者都可以独立地进行选择。其实不然, 现做较为详细的分析。

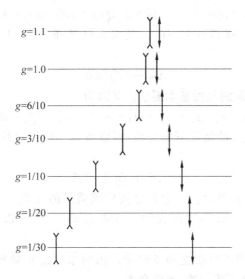

图 9-15 两组元机械补偿法变倍系统变倍组和补偿组的移动

在上述解题步骤中,第(7)步骤中的第(d)步要做开方运算,所以希望根号内的数值为正数或零,否则出现虚数,其解没有意义,这样就隐含着初始条件不合理,需要调整,重新选择。如上述,要想 $b^2-4ac \geqslant 0$,就应有

$$\{G-2(f_1'+f_2')\}^2 - 4\left\{(f_1'^2+f_2'^2)+f_1'f_2'\left(g\beta+\frac{1}{g\beta}\right)\right\} \geqslant 0 \quad (9\text{-}30)$$

上式中,左端第一项为正数,如果我们能够判定在何种条件下第二项的最大数总是一个小于或等于第一项的数,问题也就解决了。令 $Y=(f_1'^2+f_2'^2)+f_1'f_2'\left(g\beta+\frac{1}{g\beta}\right)$,将 $(g\beta)$ 看成是一个参量,并令 $A=g\beta$,求 Y 的极值有

$$\frac{\delta Y}{\delta A} = f_1'f_2'\left(1-\frac{1}{A^2}\right) = 0 \quad (9\text{-}31)$$

即当

$$A = \pm 1 \quad (9\text{-}32)$$

时,Y 有极值。又因为

$$\frac{\delta^2 Y}{\delta A^2} = 2f_1'f_2'\frac{1}{A^3} \quad (9\text{-}33)$$

在上述例子中,已选定 $f_1'=-1<0, f_2'>0$,所以有

$$\frac{\delta^2 Y}{\delta A^2} = 2f_1'f_2'\frac{1}{A^3} = \begin{cases} <0 & A=1 \\ >0 & A=-1 \end{cases} \quad (9\text{-}34)$$

所以当 $A=1$ 时,Y 有极大值

$$Y_{\max} = (f_1'+f_2')^2 \quad (9\text{-}35)$$

将其代回到式(9-30)中,有

$$\{G-2(f_1'+f_2')\}^2 - 4(f_1'+f_2')^2 \geqslant 0 \quad (9\text{-}36)$$

即

$$G(G-4f_1'-4f_2') \geqslant 0 \quad (9\text{-}37)$$

若想上式成立,应有①$G>0,G-4f_1'-4f_2'>0$;②$G<0,G-4f_1'-4f_2'<0$。先结合上述实例讨论条件①,据式(9-14),有$G=G_1+G_2$;又因为已选择$\beta=-1$,所以据式(9-5)知$G_1=4f_1'$,所以

$$G_2-4f_2'\geqslant 0 \tag{9-38}$$

显然,上述要求是一个必须满足的基本要求。又因为

$$G_2=l_2'-l_2=l_2'-(l_1'-d_{12})=l_2'-2f_1'+d_{12} \tag{9-39}$$

因为是在G_2为极小值$G_{2\min}$的情况下的分析,所以有$l_2'=2f_2'$,将其与式(9-39)一并代入式(9-38)有

$$-2f_1'+d_{12}\geqslant 2f_2' \tag{9-40}$$

上式是选择初始参数f_1',f_2'及d_{12}时,它们之间应该满足的关系。例如上述实例中,我们已经选择了$f_1'=-1$及$d_{12}=0.7$,则由式(9-40)知$1.35\geqslant f_2'$,所以实例中选$f_2'=1.3$是合理的。

现在再看看能使式(9-37)成立的条件②。因为条件②将导致$G_2\leqslant 4f_2'$,由于已选定$f_2'>0$,故一般情况下它是不成立的,所以舍去。

值得指出,式(9-40)关系的得出,是在$f_1'=-1,\beta_1=-1,f_2'>0$的情况下找出来的。换句话说,在已选定了负组变倍、正组补偿、非物像交换原则的情况下,才可用式(9-40)考虑f_2'与d_{12}的匹配问题。

4. 选择前固定组和后固定组的原则

如前所述,变焦距镜头的物平面位置和像平面位置是由使用要求给出的。例如这里设计的摄影镜头,物平面是在无穷远处,像平面应与胶片重合,所以在上述两组元变焦系统的前面设置前固定组O以将无穷远的物成像在两组元变焦系统的物平面上,在两组元变焦系统的后面设置后固定组O'以将最终的像面成在胶片上。

选择前固定组焦距和后固定组焦距除要考虑满足物平面位置和像平面位置的要求外,还要考虑它们和变倍组以及和补偿组间的最小间隔。在变倍过程中,前固定组与变倍组不能相碰,补偿组与后固定组不能相碰。它们间的最小间隔$d_{01\min}$和$d_{2 0'\min}$,在实际系统中分别指前固定组的后主面到变倍组的前主面之间的最小间隔,以及补偿组的后主面到后固定组的前主面间的最小间隔。所以,这些最小间隔选择的恰当与否,还与各透镜组的前表面或后表面至主面间的距离有关。故从薄透镜变为实际透镜组时,往往是已选的最小主面间间隔$d_{\min}$不够大,镜面相碰;反过来若将$d_{\min}$选大了,则空隙多了,整个系统就不紧凑。出现这两种情况,都需要重新给定$d_{\min}$,再调整一下计算。

9.4 光学补偿法变焦系统理想光学分析实例

光学补偿法变焦系统的理想光学分析要解决的是焦距分配问题,也就是根据参数确定的要求,来求各透镜组元的焦距以及相互之间的间隔。在变倍过程中像面是稳定的或近似稳定的,变倍比及焦距是合乎参数要求的,可以根据相对孔径及视场的要求设计出来。

这里,我们以一个实例阐述光学补偿法变焦系统要讨论的基本问题和问题的分析过程。

1. 所要设计的变焦镜头的性能及技术要求

显微物镜中有一类物镜,按使用时的情况讲物和像,其物在有限距,而像位于无穷远,称

为无穷大筒长物镜。在使用时，配以一辅助物镜，辅助物镜焦距与无穷大筒长物镜焦距之比就是这个"显微物镜"的倍数（即它的横向放大率），工作原理如图 9-16 所示。值得指出的是，图 9-16 是按使用时的情况示意的，即 1 是无穷大筒长显微物镜，2 是辅助物镜。

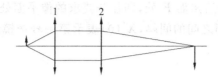

图 9-16　无穷大筒长显微物镜工作原理示意图

我们现在要设计一个辅助物镜，它的焦距 f' 在 150～180mm 范围内连续可变，像面稳定。显然，当辅助物镜变焦时，显微物镜是变倍的。在这个物镜系统中采用现成标准的 40× 无穷大筒长物镜，假设它的数值孔径 NA 为 0.65，焦距 f'_o 为 6.158mm，物方线视场 2y 为 0.96mm。所要设计的辅助物镜的相对孔径 $\dfrac{D}{f'}$ 约为 $\dfrac{1}{20}$（数值孔径 NA 约为 0.025），视场 2ω 为 9°。所以我们要设计的辅助物镜是一个小视场、小孔径、小变焦比的变焦镜头。

2. 选型

因为要设计的是一个小孔径、小视场、小变焦比的变焦镜头，它的焦深范围比较大，像面稳定的要求不会太苛刻；另外虽则它的光阑在外（在图 9-16 中的显微物镜 1 上），如果图 9-16 中显微物镜 1 和辅助物镜 2 之间的平行光路在结构上允许压缩一定长度，光阑离辅助物镜不会太远，主光线在辅助物镜上的投射高度也不会太大，轴外像差的校正就不会太困难。所以选光学补偿法中的简单形式，即三透镜系统。如前所述，它有两种基本结构形式，即正组在前的结构形式，如图 9-17(a)所示；以及负组在前的结构形式，如图 9-17(b)所示。

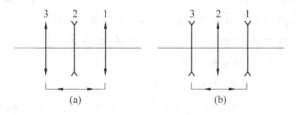

图 9-17　光学补偿法三透镜系统

至于是采用正组在前的结构形式和还是采用负组在前的结构形式，将在下面的解题分析过程中再去决定。

3. 设计过程及分析

现针对上述设计任务介绍三透镜系统的光学补偿法。如前述，它们可有图 9-17 所示的结构形式示意图，透镜组元 1、3 连在一起同步移动以达到变焦的目的，若其中 1、3 是正光焦度组元、而 2 是负光焦度组元，这种结构形式就是正组在前的结构形式；而 1、3 是负光焦度组元、而 2 是正光焦度组元的结构形式就是负组在前的结构形式。

与机械补偿法不同，光学补偿法是不用凸轮机构进行像面位移补偿的，所以在透镜组元移动时应该同时兼有变倍和补偿像面位移的作用。下面先简要地讨论光学补偿法中的公式组。

(1) 合成总焦距 f'

参考图 9-18，各透镜组之间前一个透镜组的后焦点与后一个透镜组的前焦点之间的间隔用 Δ 表示，在整个系统的后焦面 F' 处，即任务要求的像平面处，取一个参考面 RP_b，l_b 表示第一号透镜组元至参考面之间的间隔，$X'(0)$ 表示第一号透镜组元后焦点到参考面之间的距离。

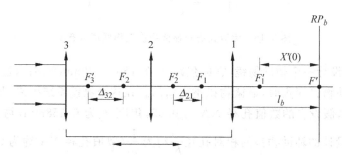

图 9-18 三透镜系统中的标注

将参考面 RP_b 作为输出参考面，另取一个输入参考面 RP_a，它离开第三号透镜组元的距离为 l_a（图 9-18 中没有标出），利用第 2 章中讲过的矩阵近轴光学知，上述系统的特性矩阵 $\boldsymbol{M}$ 为：

$$\boldsymbol{M} = \begin{pmatrix} 1 & -l_b \\ 0 & 1 \end{pmatrix} \begin{pmatrix} 1 & 0 \\ \varphi_1 & 1 \end{pmatrix} \begin{pmatrix} 1 & -d_{21} \\ 0 & 1 \end{pmatrix} \begin{pmatrix} 1 & 0 \\ \varphi_2 & 1 \end{pmatrix} \begin{pmatrix} 1 & -d_{32} \\ 0 & 1 \end{pmatrix} \begin{pmatrix} 1 & 0 \\ \varphi_3 & 1 \end{pmatrix} \begin{pmatrix} 1 & -l_a \\ 0 & 1 \end{pmatrix}$$

$$= \begin{pmatrix} 1 - l_b\varphi_1 & -l_b \\ \varphi_1 & 1 \end{pmatrix} \begin{pmatrix} 1 - d_{21}\varphi_2 & -d_{21} \\ \varphi_2 & 1 \end{pmatrix} \begin{pmatrix} 1 - d_{32}\varphi_3 & -d_{32} \\ \varphi_3 & 1 \end{pmatrix} \begin{pmatrix} 1 & -l_a \\ 0 & 1 \end{pmatrix}$$

$$= \begin{pmatrix} 1 - d_{21}\varphi_2 - l_b\varphi_1 + l_b d_{21}\varphi_1\varphi_2 - l_b\varphi_2 & l_b d_{21}\varphi_1 - d_{21} - l_b \\ \varphi_1 + \varphi_2 - d_{21}\varphi_1\varphi_2 & -d_{21}\varphi_1 + 1 \end{pmatrix}$$

$$\times \begin{pmatrix} 1 - d_{32}\varphi_3 & -l_a + l_a d_{32}\varphi_3 - d_{32} \\ \varphi_3 & -l_a\varphi_3 + 1 \end{pmatrix}$$

$$= \begin{pmatrix} (1 - d_{21}\varphi_2 - l_b\varphi_1 + l_b d_{21}\varphi_1\varphi_2 - l_b\varphi_2)(1 - d_{32}\varphi_3) + \varphi_3(l_b d_{21}\varphi_1 - d_{21} - l_b) & M'_{12} \\ (\varphi_1 + \varphi_2 - d_{21}\varphi_1\varphi_2)(1 - d_{32}\varphi_3) + \varphi_3(-d_{21}\varphi_1 + 1) & M'_{22} \end{pmatrix}$$

(9-41)

其中

$$d_{21} = f'_2 + \Delta_{21} + f'_1 \tag{9-42}$$

$$d_{32} = f'_3 + \Delta_{32} + f'_2 \tag{9-43}$$

这里，M'_{12}、M'_{22} 为系统特性矩阵的两个矩阵元，因此处无用，所以不再详细写出。现将矩阵元 M'_{21} 详细写出，有

$$M'_{21} = (\varphi_1 + \varphi_2 - d_{21}\varphi_1\varphi_2)(1 - d_{32}\varphi_3) + \varphi_3(-d_{21}\varphi_1 + 1)$$

$$= \varphi_1 + \varphi_2 - d_{21}\varphi_1\varphi_2 - d_{32}\varphi_1\varphi_3 - d_{32}\varphi_2\varphi_3 - d_{21}\varphi_1\varphi_3 + \varphi_3 + d_{21}d_{32}\varphi_1\varphi_2\varphi_3$$

$$= \varphi_1 + \varphi_2 + \varphi_3 - d_{21}\varphi_1\varphi_2 - d_{21}\varphi_1\varphi_3 - d_{32}\varphi_1\varphi_3 - d_{32}\varphi_2\varphi_3 + d_{21}d_{32}\varphi_1\varphi_2\varphi_3 \tag{9-44}$$

由第 2 章近轴光学知，它就是系统的光焦度 φ，即

$$\varphi = M'_{21} \tag{9-45}$$

利用这个结论,并将式(9-42)和式(9-43)代入后逐步化简有

$$\varphi = \frac{1}{f'_1} + \frac{1}{f'_2} + \frac{1}{f'_3} - \frac{f'_2 + \Delta_{21} + f'_1}{f'_1 f'_2} - \frac{f'_2 + \Delta_{21} + f'_1}{f'_1 f'_3} - \frac{f'_3 + \Delta_{32} + f'_2}{f'_1 f'_3} - \frac{f'_3 + \Delta_{32} + f'_2}{f'_2 f'_3}$$

$$+ \frac{(f'_2 + \Delta_{21} + f'_1)(f'_3 + \Delta_{32} + f'_2)}{f'_1 f'_2 f'_3}$$

$$= \frac{1}{f'_1 f'_2 f'_3}(f'_2 f'_3 + f'_1 f'_3 + f'_1 f'_2 - f'_2 f'_3 - \Delta_{21} f'_3 - f'_1 f'_3 - f'^2_2 - \Delta_{21} f'_2 - f'_1 f'_2$$

$$- f'_2 f'_3 - \Delta_{32} f'_2 - f'^2_2 - f'_1 f'_3 - \Delta_{32} f'_1 - f'_1 f'_2 + f'_2 f'_3 + \Delta_{32} f'_2$$

$$+ f'^2_2 + \Delta_{21} f'_3 + \Delta_{32}\Delta_{21} + f'_2\Delta_{21} + f'_1 f'_3 + \Delta_{32} f'_1 + f'_1 f'_2)$$

$$= \frac{1}{f'_1 f'_2 f'_3}(\Delta_{32}\Delta_{21} - f'^2_2) \tag{9-46}$$

所以系统的焦距(即三透镜系统的合成焦距)f'为

$$f' = \frac{f'_1 f'_2 f'_3}{\Delta_{32}\Delta_{21} - f'^2_2} \tag{9-47}$$

将上式中的分母简记为b_2,即令

$$b_2 = \Delta_{32}\Delta_{21} - f'^2_2 \tag{9-48}$$

(2) 关于透镜1的后焦点F'_1至系统后焦点F'之间的距离$X'(0)$

如前所述,当输出参考面RP_b取在系统的后焦面上时,由第2章中的近轴矩阵光学可知,必有$M'_{11}=0$,所以由式(9-41)有

$$M'_{11} = (1 - d_{21}\varphi_2 - l_b\varphi_1 + l_b d_{21}\varphi_1\varphi_2 - l_b\varphi_2)(1 - d_{32}\varphi_3) + \varphi_3(l_b d_{21}\varphi_1 - d_{21} - l_b)$$

$$= 1 - d_{21}\varphi_2 - l_b\varphi_1 + l_b d_{21}\varphi_1\varphi_2 - l_b\varphi_2$$

$$- d_{32}\varphi_3 + d_{21}d_{32}\varphi_2\varphi_3 + d_{32}l_b\varphi_1\varphi_3 - l_b d_{21}d_{32}\varphi_1\varphi_2\varphi_3 + l_b d_{32}\varphi_2\varphi_3$$

$$+ l_b d_{21}\varphi_1\varphi_3 - d_{21}\varphi_3 - l_b\varphi_3$$

$$= -l_b(\varphi_1 + \varphi_2 + \varphi_3 - d_{21}\varphi_1\varphi_2 - d_{21}\varphi_1\varphi_3 - d_{32}\varphi_1\varphi_3 - d_{32}\varphi_2\varphi_3 + d_{21}d_{32}\varphi_1\varphi_2\varphi_3)$$

$$+ (1 - d_{21}\varphi_2 - d_{21}\varphi_3 - d_{32}\varphi_3 + d_{21}d_{32}\varphi_2\varphi_3)$$

$$= -l_b\varphi + (1 - d_{21}\varphi_2 - d_{21}\varphi_3 - d_{32}\varphi_3 + d_{21}d_{32}\varphi_2\varphi_3)$$

$$= 0 \tag{9-49}$$

将式(9-42)和式(9-43)代入上式,有

$$l_b\varphi = 1 - d_{21}\varphi_2 - d_{21}\varphi_3 - d_{32}\varphi_3 + d_{21}d_{32}\varphi_2\varphi_3$$

$$= 1 - \frac{f'_2 + \Delta_{21} + f'_1}{f'_2} - \frac{f'_2 + \Delta_{21} + f'_1}{f'_3} - \frac{f'_3 + \Delta_{32} + f'_2}{f'_3}$$

$$+ \frac{(f'_2 + \Delta_{21} + f'_1)(f'_3 + \Delta_{32} + f'_2)}{f'_2 f'_3}$$

$$= \frac{1}{f'_2 f'_3}(f'_2 f'_3 - f'_2 f'_3 - \Delta_{21} f'_3 - f'_1 f'_3 - f'^2_2 - \Delta_{21} f'_2 - f'_1 f'_2 - f'_2 f'_3 - \Delta_{32} f'_2 - f'^2_2$$

$$+ f'_2 f'_3 + \Delta_{32} f'_2 + f'^2_2 + \Delta_{21} f'_3 + \Delta_{32}\Delta_{21} + \Delta_{21} f'_2 + f'_1 f'_3 + \Delta_{32} f'_1 + f'_1 f'_2)$$

$$= \frac{1}{f'_2 f'_3}(\Delta_{32}\Delta_{21} + \Delta_{32} f'_1 - f'^2_2) \tag{9-50}$$

所以

$$l_b = f' \cdot \frac{1}{f_2'f_3'}(\Delta_{32}\Delta_{21} - f_2'^2 + \Delta_{32}f_1')$$

$$= \frac{f_1'f_2'f_3'}{b_2} \cdot \frac{1}{f_2'f_3'}(b_2 + \Delta_{32}f_1')$$

$$= \frac{f_1'}{b_2}(b_2 + \Delta_{32}f_1')$$

$$= f_1' + \frac{\Delta_{32}f_1'^2}{b_2} \tag{9-51}$$

其间已利用式(9-48)和式(9-47)。据图 9-18 及上式,有

$$X'(0) = l_b - f_1' = \frac{\Delta_{32}f_1'^2}{b_2} \tag{9-52}$$

(3) 关于变倍组向后移动 z 后的系统焦距 $f'(z)$

此时

$$\Delta_{32} \Rightarrow \Delta_{32} - z \tag{9-53}$$

$$\Delta_{21} \Rightarrow \Delta_{21} + z \tag{9-54}$$

这里 ⇒ 表示用它后面的内容取代它前面的内容。将上述关系代入式(9-47),得

$$f'(z) = \frac{f_1'f_2'f_3'}{(\Delta_{32} - z)(\Delta_{21} + z) - f_2'^2}$$

$$= \frac{f_1'f_2'f_3'}{-z^2 + (\Delta_{32} - \Delta_{21})z + \Delta_{32}\Delta_{21} - f_2'^2} \tag{9-55}$$

将 $(\Delta_{32} - \Delta_{21})$ 简记为 b_1,即令

$$b_1 = \Delta_{32} - \Delta_{21} \tag{9-56}$$

利用式(9-48)和式(9-56),式(9-55)可写为

$$f'(z) = \frac{f_1'f_2'f_3'}{-z^2 + b_1 z + b_2} \tag{9-57}$$

(4) 关于变倍组向后移动 z 后, F_1' 至 F' 之间的距离 $X'(z)$

将式(9-48)、式(9-53)和式(9-54)代入式(9-52),有

$$X'(z) = \frac{(\Delta_{32} - z)f_1'^2}{(\Delta_{32} - z)(\Delta_{21} + z) - f_2'^2}$$

$$= \frac{(\Delta_{32} - z)f_1'^2}{-z^2 + (\Delta_{32} - \Delta_{21})z + \Delta_{32}\Delta_{21} - f_2'^2}$$

$$= \frac{(\Delta_{32} - z)f_1'^2}{-z^2 + b_1 z + b_2} \tag{9-58}$$

(5) 关于变倍组向后移动 z 后,像面的位移 $y(z)$

如图 9-19 所示,图(a)是变倍组在初始位置时的第一号透镜组元焦点和系统焦点的位置,图(b)是变倍组向后移动 z 后,第一号透镜组元焦点和系统焦点的位置。其中,变倍组移动前后两系统焦点位置间的距离就是变倍组移动 z 后像平面的位移量,这里用 $y(z)$ 表示。

由图 9-19 可得:

$$X'(z) - y(z) + z = X'(0) \tag{9-59}$$

所以

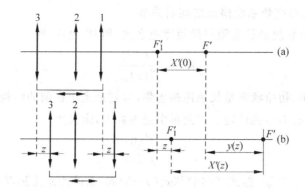

图 9-19 变倍组移动前后像面的位移

$$y(z) = X'(z) - X'(0) + z \tag{9-60}$$

将式(9-58)代入上式,有

$$\begin{aligned}
y(z) &= f_1'^2 \frac{\Delta_{32} - z}{-z^2 + b_1 z + b_2} - X'(0) + z \\
&= \frac{1}{-z^2 + b_1 z + b_2}(\Delta_{32} f_1'^2 - f_1'^2 z + X'(0)z^2 - b_1 X'(0)z - b_2 X'(0) - z^3 + b_1 z^2 + b_2 z) \\
&= \frac{z^3 - (X'(0) + b_1)z^2 + (b_1 X'(0) + f_1'^2 - b_2)z + (b_2 X'(0) - \Delta_{32} f_1'^2)}{z^2 - b_1 z - b_2}
\end{aligned} \tag{9-61}$$

要求像面稳定,即要求 $y(z)=0$,由于式(9-61)右端分子是一个关于 z 的三次多项式,所以三透镜光学补偿法变焦系统最多有三个像面完全不动的 z_i 点,分别用 z_1、z_2 和 z_3 表示。取初始状态时的 z 为 z 轴的原点,并将 (z_3-z_1) 作为最大导程(导程即为变倍组元的最大位移量),为计算方便,将最大导程规划为 1(单位),即令

$$\left.\begin{aligned} z_1 &= 0 \\ z_3 &= 1 \end{aligned}\right\} \tag{9-62}$$

并让导程两端的像面完全不动,即 $y(0)=y(1)=0$。由于

$$(z-z_1)(z-z_2)(z-z_3) = 0$$

即

$$z^3 - (z_1 + z_2 + z_3)z^2 + (z_1 z_2 + z_1 z_3 + z_2 z_3)z - z_1 z_2 z_3 = 0 \tag{9-63}$$

令

$$\left.\begin{aligned} r_1 &= z_1 + z_2 + z_3 \\ r_2 &= z_1 z_2 + z_2 z_3 + z_3 z_1 \\ r_3 &= z_1 z_2 z_3 \end{aligned}\right\} \tag{9-64}$$

并将式(9-63)与式(9-61)右端的分子比较有

$$\left.\begin{aligned} r_1 &= X'(0) + b_1 \\ r_2 &= b_1 X'(0) + f_1'^2 - b_2 \\ r_3 &= \Delta_{32} f_1'^2 - b_2 X'(0) \end{aligned}\right\} \tag{9-65}$$

这就是由变倍系统结构参数决定了的像面被完全补偿了的三个变倍组的位置。

(6) 关于变倍比与变焦系统诸元之间的关系

将变倍比定义为系统最长焦距与最短焦距之比,用 W 表示,即

$$W = \frac{f'(z)_{\max}}{f'(z)_{\min}} \tag{9-66}$$

在这个三透镜系统中,初始状态是长焦还是短焦,与它是正组在前的结构形式还是负组在前的结构形式有关,目前尚不能确定。因此再引进参数 V,定义为

$$V = \frac{f'(0)}{f'(1)} \tag{9-67}$$

先分析 W 与 V 的关系,据式(9-44)和式(9-45)知,系统的总光焦度为

$$\varphi = \varphi_1 + \varphi_2 + \varphi_3 - d_{21}\varphi_1(\varphi_2 + \varphi_3) - d_{32}\varphi_3(\varphi_1 + \varphi_2) + d_{21}d_{32}\varphi_1\varphi_2\varphi_3 \tag{9-68}$$

变倍组向后移动 z 后,有

$$d_{32} \Rightarrow d_{32} - z \tag{9-69}$$

$$d_{21} \Rightarrow d_{21} + z \tag{9-70}$$

采用式(9-69)和式(9-70),分别取代式(9-68)中的 d_{32} 和 d_{21},即得变倍组向后移动 z 后系统所具有的光焦度 $\varphi(z)$,即

$$\begin{aligned}\varphi(z) =& \varphi_1 + \varphi_2 + \varphi_3 - d_{21}\varphi_1(\varphi_2 + \varphi_3) - d_{32}\varphi_3(\varphi_1 + \varphi_2) + d_{21}d_{32}\varphi_1\varphi_2\varphi_3 \\ & - z\varphi_1(\varphi_2 + \varphi_3) + z\varphi_3(\varphi_1 + \varphi_2) + [z(d_{32} - d_{21}) - z^2]\varphi_1\varphi_2\varphi_3\end{aligned} \tag{9-71}$$

式(9-71)和式(9-68)相减,并作整理有

$$\varphi(z) = \varphi(0) + z\varphi_2(\varphi_3 - \varphi_1) + z(d_{32} - d_{21})\varphi_1\varphi_2\varphi_3 - z^2\varphi_1\varphi_2\varphi_3 \tag{9-72}$$

为分析随着变倍组的移动系统焦距的变化规律,对式(9-72)求关于 z 的导数有

$$\frac{d\varphi(z)}{dz} = \varphi_2\varphi_3 - \varphi_2\varphi_1 + d_{32}\varphi_1\varphi_2\varphi_3 - d_{21}\varphi_1\varphi_2\varphi_3 - 2z\varphi_1\varphi_2\varphi_3 \tag{9-73}$$

由于式(9-72)是一个 z 的二次函数,所以它只可能有一个极值点。令 $\dfrac{d\varphi(z)}{dz} = 0$ 有

$$2z\varphi_1\varphi_2\varphi_3 = \varphi_2\varphi_3 - \varphi_2\varphi_1 + d_{32}\varphi_1\varphi_2\varphi_3 - d_{21}\varphi_1\varphi_2\varphi_3 \tag{9-74}$$

即

$$z = \frac{1}{2}(f'_1 - f'_3 + d_{32} - d_{21}) \tag{9-75}$$

这就是光焦度函数极值点的位置。如果这个三透镜系统的参数(即 $f'_1, f'_2, f'_3, d_{32}, d_{21}$)的选取使得式(9-72)的极值点在 z 的区间 $(0,1)$ 之外,则在 z 的区间 $(0,1)$ 之内,式(9-72)一定是单调变化的。也就是说,若

$$\frac{1}{2}(f'_1 - f'_3 + d_{32} - d_{21}) \geqslant 1 \tag{9-76}$$

或者

$$\frac{1}{2}(f'_1 - f'_3 + d_{32} - d_{21}) \leqslant 0 \tag{9-77}$$

则 $\varphi(z)$ 在 $0\sim1$ 区间内是单调的。

下面分别讨论式(9-76)或式(9-77)所表示的两种情况。将式(9-73)改写为

$$\frac{\mathrm{d}\varphi(z)}{\mathrm{d}z} = \varphi_2(\varphi_3 - \varphi_1 + d_{32}\varphi_1\varphi_3 - d_{21}\varphi_1\varphi_3 - 2z\varphi_1\varphi_3)$$

$$= \varphi_1\varphi_2\varphi_3(f'_1 - f'_3 + d_{32} - d_{21} - 2z) \tag{9-78}$$

① 如果满足式(9-76)的条件,即 $\frac{1}{2}(f'_1 - f'_3 + d_{32} - d_{21}) \geqslant 1$,则在 z 的 $0 \sim 1$ 区间内必有

$$f'_1 - f'_3 + d_{32} - d_{21} - 2z > 0 \tag{9-79}$$

因为$(f'_1 - f'_3 + d_{32} - d_{21}) \geqslant 2, 2 > 2z > 0$;对于图 9-20 所示的正组在前的结构形式又有 $\varphi_1\varphi_2\varphi_3 < 0$,所以据式(9-78),有 $\frac{\mathrm{d}\varphi(z)}{\mathrm{d}z} < 0$,故在 z 的 $0 \sim 1$ 区间内,φ 是减函数,所以断定

$$f'(1) = f'_{\max}$$
$$f'(0) = f'_{\min}$$

据式(9-66)和式(9-67),有

$$V = 1/W \tag{9-80}$$

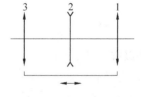

图 9-20 三透镜系统正组在前的结构形式

值得再次指出的是,下述关系是紧密相关的,只有在第一行所表示的条件下,针对第二行所表示的结构形式,后面的第三、第四两行的结论才成立,即

$$\begin{cases} \frac{1}{2}(f'_1 - f'_3 + d_{32} - d_{21}) \geqslant 1 \\ \begin{array}{c}\text{[图]}\end{array} \\ \begin{cases} f'(1) = f'_{\max} \\ f'(0) = f'_{\min} \end{cases} \\ V = 1/W \end{cases}$$

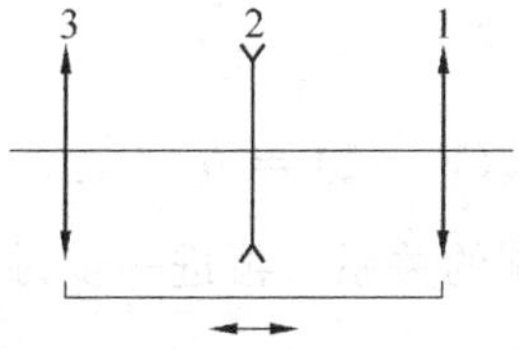

对于图 9-21 所示的负组在前的结构形式,通过雷同的分析得到 $\frac{\mathrm{d}\varphi(z)}{\mathrm{d}z} > 0$,故在 z 的 $0 \sim 1$ 区间内,$\varphi(z)$ 是增函数,所以断定

$$f'(0) = f'_{\max}$$
$$f'(1) = f'_{\min}$$

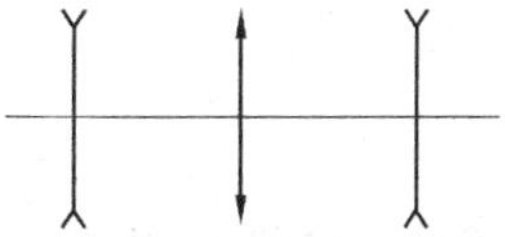

据式(9-66)和式(9-67),有

$$V = W \tag{9-81}$$

图 9-21 三透镜系统负组在前的结构形式

值得再次指出的是,下述关系仍然是紧密相关的,只有第一行所表示的条件成立,针对第二行所表示的结构形式,后面的第三、第四两行的结论才成立,即

$$\begin{cases} \dfrac{1}{2}(f'_1 - f'_3 + d_{32} - d_{21}) \geqslant 1 \\ \\ \begin{cases} f'(0) = f'_{\max} \\ f'(1) = f'_{\min} \end{cases} \\ V = W \end{cases}$$

下面利用式(9-57)导出 V 与诸元的制约关系。因为

$$f'(z) = \frac{f'_1 f'_2 f'_3}{-z^2 + b_1 z + b_2} \tag{9-57}$$

所以有

$$\begin{cases} f'(z=0) = \dfrac{f'_1 f'_2 f'_3}{b_2} \\ \\ f'(z=1) = \dfrac{f'_1 f'_2 f'_3}{-1 + b_1 + b_2} \end{cases} \tag{9-82}$$

式(9-82)中的两式相除,有

$$V = \frac{f'(0)}{f'(1)} = \frac{b_2 + b_1 - 1}{b_2} \tag{9-83}$$

所以

$$b_2(V-1) = b_1 - 1 \tag{9-84}$$

上式就是 V 与变焦系统中诸元间的制约关系。再进一步讨论其他几个制约关系:

由式(9-42)和式(9-43)知

$$\begin{cases} f'_1 + \Delta_{21} + f'_2 = d_{21} \\ f'_2 + \Delta_{32} + f'_3 = d_{32} \end{cases}$$

上述两式相减,有

$$f'_1 - f'_3 + \Delta_{21} - \Delta_{32} = d_{21} - d_{32} \tag{9-85}$$

即

$$f'_1 - f'_3 + d_{32} - d_{21} = \Delta_{32} - \Delta_{21} \tag{9-86}$$

将式(9-56)代入,得

$$f'_1 - f'_3 + d_{32} - d_{21} = b_1 \tag{9-87}$$

在 $\dfrac{1}{2}(f'_1 - f'_3 + d_{32} - d_{21}) \geqslant 1$ 情况下,有 $(f'_1 - f'_3 + d_{32} - d_{21}) \geqslant 2$,由上式得

$$b_1 \geqslant 2 \tag{9-88}$$

为便于分析,将式(9-62)、式(9-64)、式(9-65)及上式几个式子联立在一起作为式(9-89),即

$$\begin{cases} r_1 = X'(0) + b_1 \\ r_1 = z_1 + z_2 + z_3 \\ z_1 = 0 \\ 0 < z_2 < 1 \\ z_3 = 1 \\ b_1 \geqslant 2 \end{cases} \tag{9-89}$$

由式(9-89)中的第二、第三、第四、第五式知

$$0 < r_1 < 2 \tag{9-90}$$

则由式(9-89)中的第一、第六式得

$$X'(0) < 0 \tag{9-91}$$

而若要求 $X'(0)<0$，在物理意义上讲，则只有正组在前的结构形式才有实用意义。很显然，负组在前的结构形式如果满足式(9-91)，则像平面一定是虚的，如图9-22所示。

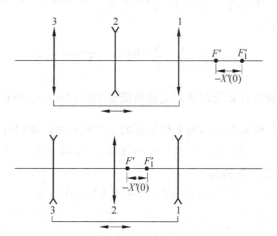

图 9-22 满足 $X'(0)<0$ 时的像平面位置

综上所述，在式(9-76) $\left(\dfrac{1}{2}(f_1' - f_3' + d_{32} - d_{21}) \geqslant 1\right)$ 所示的情况下，则只有正组在前的结构形式才可能是允许的，即

$$\varphi_1 > 0 \tag{9-92}$$

当我们只考虑正组在前的结构形式时，据前面的讨论结果有

$$V < 1 \tag{9-93}$$
$$b_1 \geqslant 2 \tag{9-94}$$
$$b_2(V-1) = b_1 - 1 \tag{9-95}$$

由式(9-93)有 $(V-1)<0$，由式(9-94)有 $(b_1-1)>0$，由式(9-95)就有

$$b_2 < 0 \tag{9-96}$$

现在讨论 $\dfrac{1}{2}(f_1' - f_3' + d_{32} - d_{21}) \geqslant 1$ 的现实性，即 $b_1 \geqslant 2$ 的条件在实际上能否满足？

由式(9-65)有

$$b_1 = -X'(0) + r_1 \tag{9-97}$$

并由式(9-84)有

$$b_2 = \frac{b_1 - 1}{V - 1} = \frac{r_1 - 1 - X'(0)}{V - 1} \tag{9-98}$$

又据式(9-65),并将上式代入得

$$r_2 = (r_1 - X'(0))X'(0) + f_1'^2 - \frac{r_1 - 1 - X'(0)}{V - 1} \tag{9-99}$$

移项并整理有

$$f_1'^2 = r_2 + \frac{r_1 - 1}{V - 1} - \frac{X'(0)}{V - 1} - r_1 X'(0) + X'^2(0) \tag{9-100}$$

据式(9-91),有 $X'(0)<0$。参照图 9-22 可知,此时应有

$$X'^2(0) < f_1'^2 \tag{9-101}$$

将其代入式(9-100)有

$$r_2 + \frac{r_1 - 1}{V - 1} - \frac{X'(0)}{V - 1} - r_1 X'(0) + X'^2(0) > X'^2(0) \tag{9-102}$$

即

$$r_2 + \frac{r_1 - 1}{V - 1} - \frac{X'(0)}{V - 1} - r_1 X'(0) > 0 \tag{9-103}$$

如前所述,我们所要设计系统的焦距变化范围是 150~180mm,所以 $W = \frac{f'_{\max}}{f'_{\min}} = \frac{180}{150} = 1.2$;另外在式(9-64)中,近似取 $z_2 \approx 0.5$,加上已取定的 $z_1 = 0, z_3 = 1$,我们有如下三个基本数据

$$V = 1/1.2, \quad r_1 = 1.5, \quad r_2 = 0.5$$

将它们代入式(9-103)进行估算有

$$0.5 - 3 + 6X'(0) - 1.5X'(0) > 0 \tag{9-104}$$

估算结果要求

$$X'(0) > 0.56 \tag{9-105}$$

显然这与 $X'(0)<0$ 的要求矛盾,所以式(9-94)并不能满足,故要求 $b_1 \geqslant 2$ 的条件并不现实,也就是说在 $\frac{1}{2}(f_1' - f_3' + d_{32} - d_{21}) \geqslant 1$ 的情况下找不到合适的解,故将这种情况排除在外。

② 讨论 $\frac{1}{2}(f_1' - f_3' + d_{32} - d_{21}) \leqslant 0$ 的情况,即讨论式(9-77)所示的情况。与①中的讨论方法和论述过程完全雷同,现简述之。

将 $\frac{1}{2}(f_1' - f_3' + d_{32} - d_{21}) \leqslant 0$ 代入式(9-78),针对正组在前的三透镜系统在区间 0~1 内有 $\frac{d\varphi}{dz} > 0$,进而有 $\varphi(z)$ 是增函数,所以有

$$\begin{cases} f'(0) = f'_{\max} \\ f'(1) = f'_{\min} \end{cases} \tag{9-106}$$

和

$$V = W \tag{9-107}$$

而对于负组在前的结构形式,在区间$(0,1)$内有$\dfrac{d\varphi}{dz}<0$,因而$\varphi(z)$是减函数,所以有

$$\begin{cases} f'(0) = f'_{\min} \\ f'(1) = f'_{\max} \end{cases} \tag{9-108}$$

和

$$V = 1/W \tag{9-109}$$

现在讨论在$\dfrac{1}{2}(f'_1-f'_3+d_{32}-d_{21})\leqslant 0$条件下存在的几个制约关系。由式(9-87)有

$$b_1 < 0 \tag{9-110}$$

当考虑负组在前的结构形式时有

$$X'(0) > f_1 \tag{9-111}$$

这是因为系统要成实像时,系统焦点应该在1号透镜的右边。另外尚有

$$b_2 > 0 \tag{9-112}$$

这是因为

$$b_2 = \frac{b_1 - 1}{V - 1} \tag{9-113}$$

及

$$V = 1/W \tag{9-114}$$

当考虑正组在前的结构形式时有

$$b_2 < 0 \tag{9-115}$$

和

$$V = W \tag{9-116}$$

(7) 确定要采用的结构形式

先判断负组在前的结构形式是否可用。利用基本关系式(9-65)和式(9-84)有

$$\begin{cases} r_1 = X'(0) + b_1 \\ r_2 = b_1 X'(0) + f'^2_1 - b_2 \\ b_2(V-1) = b_1 - 1 \end{cases} \tag{9-117}$$

因为$r_1=1.5, b_1<0$,所以$X'(0)>1.5$。但在式(9-117)中消去b_1, b_2后可得

$$r_2 = (r_1 - X'(0))X'(0) + f'^2_1 - \frac{1}{V-1}(r_1 - X'(0) - 1) \tag{9-118}$$

即

$$r_2 + \frac{r_2 - X'(0)}{V - 1} - r_1 X'(0) + X'^2(0) = f'^2_1 \tag{9-119}$$

据式(9-111),有$X'(0)>f_1$
所以

$$r_2 + \frac{r_2 - X'(0)}{V - 1} - r_1 X'(0) < 0 \tag{9-120}$$

将$V=1/1.2, r_1=1.5, r_2=0.5$代入式(9-120),有

$$X'(0) < 0.56 \tag{9-121}$$

这个显然与$X'(0)>1.5$的要求矛盾。所以对于负组在前的结构来说,式(9-117)是矛盾方

程组,故负组在前的结构形式不可用。初步决定采用正组在前的结构形式进行试算。

(8) 在计算机上筛选合适的解

将基本方程集中如下:

$$\begin{cases} r_1 = X'(0) + b_1 \\ r_2 = b_1 X'(0) + f_1'^2 - b_2 \\ b_2(V-1) = b_1 - 1 \\ X'(0) = \dfrac{\Delta_{32} f_1'^2}{b_2} \\ b_2 = \Delta_{32} \Delta_{21} - f_2'^2 \\ b_1 = \Delta_{32} - \Delta_{21} \\ d_{21} = f_1' + f_2' + \Delta_{21} \\ d_{32} = f_2' + f_3' + \Delta_{32} \end{cases} \tag{9-122}$$

另外有

$$\begin{cases} V = W = 1.2 \\ d_{21} > 0 \\ d_{32} > 1 \end{cases} \tag{9-123}$$

式(9-123)中第二式反映的是第二号透镜组与第一号透镜组在初始位置就应有一定的间隔;第三式反映的是第三号透镜组与第二号透镜组的间隔在初始位置时要大于规划的导程。若 d_{21},d_{32} 预先给定,这样基本方程有 8 个,未知量也是 8 个,即 f_1',f_2',f_3',Δ_{21},Δ_{32},b_1,b_2,$X'(0)$。对于上述的 8 元非线性方程组求解可能有一定困难,因此暂且先放弃后两个方程,而以 $X'(0)$ 为自由变量在计算机上筛选。为了用较小的计算工作量得出满足要求的解,可先对 $X'(0)$ 的范围初步作个估计。

在式(9-122)的前三个方程中消去 b_1,b_2,并将 $V=1.2$,$r_1=1.5$,$r_2=0.5$ 代入,再作一些简单的运算,有

$$X'(0) > 6.011 \tag{9-124}$$

即将 $X'(0)=6+0.1K$(K 为正整数)分别代入基本方程组(9-122),筛出 $f_1'^2>0$,$f_2'^2>0$,$d_{12}>0$ 的解,并从中再挑选一组作为基础,补充添加必要的数据,作光线追迹看像面稳定情况。筛选后选取的一组数据是

$$\begin{cases} X_0 = 11.8 \\ f_1' = 8.095677859 \\ f_2' = -7.429814283 \\ \Delta_{21} = 0.12758621 \\ \Delta_{32} = -10.17241379 \\ d_{21} = 0.793449786 \end{cases} \tag{9-125}$$

据此算得

$$\begin{cases} b_1 = -10.29999979 \\ b_2 = -56.49999786 \end{cases} \tag{9-126}$$

假设选取

$$d_{32} = 3 \tag{9-127}$$

从而得

$$f'_3 = 20.60222807 \tag{9-128}$$

据式(9-47)和式(9-48)知变焦系统的总焦距为

$$f' = \frac{f'_1 f'_2 f'_3}{b_2} = 21.93294431 \tag{9-129}$$

实际导程为

$$Z_m = f'_\text{实}/f' = 8.206832492 \tag{9-130}$$

实际的各组元之焦距及组元间隔为

$$\begin{cases} f'_1 = 66.4398721 \\ f'_2 = -60.97524127 \\ f'_3 = 169.0790347 \\ d_{21} = 6.511709485 \\ d_{32} = 24.62049748 \end{cases} \tag{9-131}$$

将这组数据换算成薄透镜参数如表 9-2 所列。

表 9-2 初步设计好的变焦系统薄透镜参数

r	d	n
174.591 −174.591	0 24.62～16.62	1 1.5163 1
−62.963 62.963	0 6.51～14.51	1.5163 1
68.606 −68.606	0	1.5163 1

在变焦过程中,进行近轴光线追迹,结果如表 9-3 所列。

表 9-3 变焦过程中的像面位置

d_{32}	d_{21}	f'	l'
24.62	6.51	180.008	163.286
23.62	7.51	176.051	162.292
22.62	8.51	172.178	161.292
21.62	9.51	168.388	160.290
20.62	10.51	164.683	159.286
19.62	11.51	161.061	158.282
18.62	12.51	157.523	157.280
17.62	13.51	154.067	156.280

据此画出已初步设计好的变焦系统在变焦过程中像面随变倍组移动而移动的曲线如图 9-23 所示。

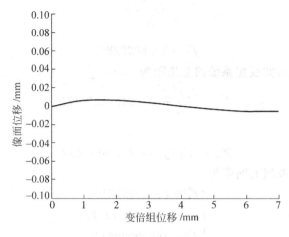

图 9-23 像面位移曲线

可以看出,变倍过程中像面有微小的移动,最大仅为 $7\mu m$,远在系统的焦深范围内,所以上述设计案例基本上是成功的。

在这一节中,我们以一个具体例子的设计详述了光学补偿法变焦系统的理想光学问题的分析和设计过程。我们花费了一定的笔墨用排除法去掉了不可能实现的情况和不合理的结构形式,这也是光学工程师经常采用的方法。

习　题

1. 简要回答下列问题:
(1) 什么是机械补偿法?
(2) 什么是光学补偿法?
(3) 机械补偿法与光学补偿法各自有什么特点?

2. 简要解释下列各名词:
(1) 物像交换原则;
(2) 正组变倍、负组补偿;负组变倍、负组补偿;
(3) 正组在前三透镜系统;负组在前三透镜系统。

3. 何谓"变倍",何谓"变焦",二者有何区别与联系?定焦镜头能否变倍?若能变倍,有什么缺点?变焦镜头变倍又有什么优点?

4. 对什么类型的变焦镜头,"变焦比"就等于"变倍比"?在变倍显微物镜中,能否应用式(9-11)说明其变焦比等于变倍比?为什么?

5. 一个两组元机械补偿法变焦摄影镜头,前固定组的焦距 $f'_0=3.222$,其变倍比 $g=-1/6$。当变焦镜头的第一号透镜组最靠近前固定组时,其 $d_{01}=0, d_{12}=2.866, f'_1=-1$,采用负组补偿,试求 f'_2 的取值范围。

6. 一个两组元变焦摄影镜头,前固定组的焦距为 $f'_0=3.993$,其变倍比 $g=-1/6$。当变焦镜头的第一号透镜组最靠近前固定组时,其 $d_{01}=0.3, d_{12}=2.82, f'_1=-1$,采用正组补偿结构形式,试求 f'_2 的取值范围。

7. 在图 9-18 的下面画出当变倍组向后移动 z 后的三透镜系统结构图,在作图时将变倍时不动的第二号透镜组元与图 9-18 中的第二号透镜组元对齐。由图得出式(9-53)和式(9-54)。

8. 在三透镜光学补偿法的变焦系统中,当要求 $X'(0)<0$ 时,为什么说对于负组在前的负-正-负结构形式,变焦系统的最终像平面是虚的而不能采用这种结构形式?

9. 在三透镜光学补偿法设计例中,若令 $y(0.25)=y(0.5)=y(0.75)=0$,试重新求解此例中的各个参数,完成设计并与书中的计算结果相比较。

参 考 文 献

[1] 常群. 变焦镜头的光学设计[A]. 见:光学设计文集[M]. 北京:科学出版社,1976.
[2] 电影镜头设计组. 第5章,变焦距摄影物镜设计[A]. 见:电影摄影物镜光学设计[M]. 北京:中国工业出版社,1971.
[3] 陶纯堪. 变焦距光学系统设计[M]. 北京:国防工业出版社,1988.
[4] 李林,安连生. 计算机辅助光学设计的理论与应用[M]. 北京:国防工业出版社,2002.
[5] 胡家升. 光学工程导论[M]. 大连:大连理工大学出版社,2002.
[6] Smith W J. Modern Optical Engineering[M]. Boston:The McGraw-Hill Companies,Inc. ,2001.
[7] 顾培森. 第16章,典型光学系统设计[A]. 见:张以谟. 应用光学(下册)[M]. 北京:机械工业出版社,1982.
[8] Clark A D. Zoom Lens. Monographs in Applied Optics No. 7[M]. London:Adam Hilger,1973.
[9] Smith W J. Practical Optical System Layout[M]. New York:McGraw-Hill,1997.
[10] 顾培森. 应用光学例题与习题集[M]. 北京:机械工业出版社,1985.

部分习题参考答案

第1章

3. $c \approx 299792458 \text{m/s}$, $n_{water} \approx 1.333$, $n_{diamond}(\lambda=0.589\mu m) = 2.4175$

5. $\nu = 64.07$，国产玻璃 K_9

6. $n_F = 1.63813$

7. $i_1 = 25.79°$

第2章

3. $l_2' = 180\text{mm}$；十字线的共轭像在透镜内，距平面 7.78mm

5. ①球心处的物成像在球心；②若气泡在球心右侧，从球右侧看，气泡的像在球右侧面前 80mm 的地方；从球左侧看，气泡的像在球右侧面

6. 当 $l=\infty$, $\beta=0$；当 $l=-1000\text{mm}$, $\beta=-0.4285$；当 $l=-100\text{mm}$, $\beta=1.5$；当 $l=0$, $\beta=1$；当 $l=100\text{mm}$, $\beta=0.75$；当 $l=150\text{mm}$, $\beta=0.6667$；当 $l=1000\text{mm}$, $\beta=0.2307$

7. $l_2' = 48\text{mm}$

8. $l_2' = -400\text{mm}$, $\beta = -3$

第3章

3. $f' = 600\text{mm}$，像方主点 H' 在物方主点 H 的左边

4. $f' = 216\text{mm}$

5. $f_1' = 40\text{mm}$, $f_2' = 240\text{mm}$

6. $f' = 100\text{mm}$

7. $f_1' = 450\text{mm}$, $d = 300\text{mm}$, $f_2' = -240\text{mm}$

8. $f_1' = -35\text{mm}$, $d = 15\text{mm}$, $f_2' = 25\text{mm}$

10. $d = 100\text{mm}$

18. 当 $l = -0.8\text{m}$ 时，前片前移 7.76mm

第4章

4. ①10mm；②20mm；③17.32mm；④34.14mm；⑤43.3mm；⑥46.19mm（潜望高 $A = 2.667D$）

5. ① $\boldsymbol{P}^*$ 垂直反射面；② $\boldsymbol{P}^*$ 平行两反射面的交棱；③ $\boldsymbol{P}^*$ 平行屋脊棱；④ $\boldsymbol{P}^*$ 平行两反射面的交棱；⑤ $\boldsymbol{P}^*$ 在主截面内且平行于出射面；⑥ $\boldsymbol{P}^*$ 在主截面内且垂直于出射面

8. ①在图 4-21 的物方坐标系中表示，$\boldsymbol{P}_m = -\frac{\sqrt{2}}{2}\boldsymbol{j} + \frac{\sqrt{2}}{2}\boldsymbol{k}$；

② 在图 4-14 的物方坐标系中表示，$\boldsymbol{P}_m = \boldsymbol{k}$；

③ 在图 4-15 的物方坐标系中表示，$\boldsymbol{P}_m = \frac{\sqrt{2}}{2}\boldsymbol{j} + \frac{\sqrt{2}}{2}\boldsymbol{k}$；

④ 在如图所示的物方坐标系中表示，$\boldsymbol{P}_m = \frac{\sqrt{2}}{2}\boldsymbol{j} + \frac{\sqrt{2}}{2}\boldsymbol{k}$；

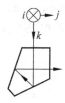

⑤ 在图 4-16(b)的物方坐标系中表示，$\boldsymbol{P}_m = \boldsymbol{k}$

10. ① $\theta_\mathrm{I} = \delta 45°, \theta_\mathrm{II} = 1.4\gamma_\mathrm{A}$；② $\theta_\mathrm{I} = \delta 45°, \theta_\mathrm{II} = 1.4\gamma_\mathrm{C}$

第 5 章

2. $d = 40\mathrm{mm}$

3. $f'_o = 4.64\mathrm{mm}, f'_e = 16.7\mathrm{mm}, d = 206.9\mathrm{mm}, \Gamma = 600^\times$

4. $\beta_o = -2.5^\times \approx -3^\times$

5. $d = 275\mathrm{mm}, \Gamma = -10^\times$

6. $f'_o = 120\mathrm{mm}, f'_e = 20\mathrm{mm}$

8. $\beta = -10^\times, \Gamma = -100^\times, l_1 = -16.5\mathrm{mm}, f'_\text{equivalent} = 2.5\mathrm{mm}$

9. ① $f'_{o-k} = 140\mathrm{mm}, f'_{e-k} = 20\mathrm{mm}$；② $f'_{o-g} = 186.7\mathrm{mm}, f'_{e-g} = 26.7\mathrm{mm}$；③ 设 $|\Gamma| = 7$，$f'_o = 140\mathrm{mm}$，则筒长 $T_k = 160\mathrm{mm}, T_g = 120\mathrm{mm}$，所以 $\dfrac{T_g}{T_k} = \dfrac{3}{4}$

10. $l'_{F'} = 177\mathrm{mm}, l'_{H'} = 27\mathrm{mm}$

第 6 章

1. $2\omega = 2 \times 27.41°$

3. ① $f'_o = 36.74$；② 设物镜框为孔径光阑，则 $\phi_o = 15.43\mathrm{mm}$；③ 如果是远心光路，则 $\phi_o = 23.43\mathrm{mm}$

4. 极限视场角 $2\omega_\text{max} = 11.33°$，$K = 0.5$ 时视场角 $2\omega_{K=0.5} = 9.08°$

5. $f'_\text{fieldlens} = 54\mathrm{mm}$

第 7 章

1. $\Gamma_m = 200^\times \sim 250^\times$（设人眼分辨角为 $2'$），例 $\beta = -20^\times, \Gamma_e = 10^\times$

2. (1) $\mathrm{NA} = 0.9$；(2) $\Gamma_m = 400^\times \sim 500^\times$；(3) $\beta = -60^\times, \Gamma_e = 10^\times$

3. $\mathrm{NA} \geqslant 0.3, \Gamma \geqslant 100^\times$

4. $\Gamma \geqslant 5^\times$

5. (1) $\Gamma = -50^\times$；(2) $f'_1 = 250\mathrm{mm}, f'_2 = -150\mathrm{mm}$；(3) $D = 75\mathrm{mm}$；(4) $\Delta x = \pm 0.5\mathrm{mm}$；(5) $\Delta d = 17.93\mathrm{mm}$；(6) $l'_{p3} = 10.43\mathrm{mm}, D' = 1.5\mathrm{mm}$；(7) $\psi = 1.87''$；(8) $\phi' = 2001.5\mathrm{mm}$

6. ① $\dfrac{D}{f'} = \dfrac{1}{3.5}$ 时，$\Delta = 0.244\mathrm{m}$；② $\dfrac{D}{f'} = \dfrac{1}{22}$ 时，$\Delta = 1.64\mathrm{m}$

7. ① $p = 16.164\mathrm{m}$，景深为 $8.082\mathrm{m}$ 一直到无穷远；② $p_2 = 16.164\mathrm{m}$，景深为 $16.164\mathrm{m}$ 一直到无穷远。③ 前者景深范围大

8. ① $F = 125.66\mathrm{lm}$；② $E = 2.5\mathrm{lx}$；③ $F = 1.25\mathrm{lm}$

9. $E = 9.2 \times 10^8 \mathrm{lx}$

10. (2) $l=-120.75\text{mm}$, $l'=19413\text{mm}$; (3) $2\omega'=2\omega=12.21°$; (4) $J=3.566\text{mm}$; (5) $K=1$; (6) $E_A'=48.71\text{lx}$; (7) $E_W'=0.9775E_A'$; (8) $K_e=6.67\%$

第8章

2. (2) $n_A=1.3$; (3) $d=50\text{mm}$。

3. (1) $n(r)$随r递减; (2) $n(r)=n_0-\dfrac{r^2}{2fd}$。

6. (1) $\alpha=0.51712/\text{mm}$; (2) $d=3.038\text{mm}$; (3) $f'_{\min}=1.29\text{mm}$

第9章

5. $f_2'>-25.28$

6. $f_2'\leqslant 1.203$，或 $2.721\leqslant f_2'<4.154$